# 价值导向的中国近现代体育建筑保护更新研究

时昀泽 著

中国建材工业出版社

北 京

图书在版编目(CIP)数据

价值导向的中国近现代体育建筑保护更新研究 / 时昀
泽著 . -- 北京 : 中国建材工业出版社 , 2024.1（2024.4 重印）
ISBN 978-7-5160-3975-5

Ⅰ . ①价… Ⅱ . ①时… Ⅲ . ①体育建筑—保护—研究
—中国—近现代 Ⅳ . ① TU245

中国国家版本馆 CIP 数据核字 (2023) 第 231137 号

价值导向的中国近现代体育建筑保护更新研究
JIAZHI DAOXIANG DE ZHONGGUO JINXIANDAI TIYU JIANZHU BAOHU GENGXIN YANJIU
时昀泽　著
出版发行：中国建材工业出版社

地　　址：北京市海淀区三里河路 11 号
邮　　编：100831
经　　销：全国各地新华书店
印　　刷：北京雁林吉兆印刷有限公司
开　　本：787mm×1092mm　　1/16
印　　张：17
字　　数：420 千字
版　　次：2024 年 1 月第 1 版
印　　次：2024 年 4 月第 2 次
定　　价：88.00 元

# 前　　言

中国近现代体育建筑是我国城市化进程的重要标志和历史见证。自 19 世纪下半叶近现代体育运动进入我国以来，中国体育建筑经历了一百余年的近现代化转型和发展，留下了许多经典案例。改革开放以来，中国体育建筑进入快速发展阶段，大量新建体育建筑给既有体育建筑带来了挑战。当前，大中型城市的体育建筑数量趋于饱和，一些具有突出历史、艺术、科学、社会价值的近现代体育建筑同样面临着拆除的困境。我国近现代体育建筑的保护更新已成为建筑学界的热点问题。本书以价值为导向，对中国近现代体育建筑保护更新的理论和方法进行了系统性研究。

本书共 6 章，包括绪论、研究内容的基础理论和方法、中国现近代体育建筑的价值评价体系构建——指标及其权重、中国近现代体育建筑的价值评价体系构建——评价方法、价值导向的中国近现代体育建筑保护更新策略、结论与展望。本书分析了我国近现代体育建筑的发展和其保护更新以及当前保护更新所面临的问题和难点，从多元价值构成的角度，归纳了我国近现代体育建筑的历史价值、艺术价值、科学价值、社会价值、使用价值、经济价值等的属性，提出中国近现代体育建筑价值的构成及其特征；结合一般建筑综合评价方法的共性和体育建筑价值评价的特殊性，分析中国近现代体育建筑典型案例的特征，构建中国近现代体育建筑的价值评价体系及评价模型，提出基于价值评价的中国近现代体育建筑保护更新策略并辅以典型案例分析。本书弥补了我国该领域现有研究的不足，具有一定的现实和指导意义。愿本书成为我国近现代体育建筑保护更新管理者和广大关心近现代体育建筑保护更新人士的良师益友。

本书在撰写过程中，得到了全国工程勘察设计大师、中国体育科学学会中国建筑学会体育建筑分会理事长、同济大学教授钱锋先生的悉心指导和鼎力帮助。钱锋先生是我硕士和博士期间的导师，先生学术造诣深厚、设计实践丰富，在此表达我由衷的感谢！同时，衷心感谢同济大学汤朔宁教授、宗轩教授以及原上海建筑学会理事长吴之光先生、上海建筑设计研究院总建筑师赵晨先生等专家学者在本书撰写过程中给予的精心帮助和大力支持。

由于撰写时间仓促，水平有限，本书难免有错误和不足之处，恳请读者批评指正。

作　者

2023 年 10 月 18 日

# 目　录

# 1 绪　　论

## 1.1　研究背景与意义

### 1.1.1　中国城镇化和体育事业的发展

　　当城镇化发展到一定阶段，城市资源需要进行维护、改造、置换和拆除等更新工作，以优化公共资源配置，更好地服务于经济社会发展的实际需要。从本质上看，城市更新的背后是土地、空间与产业三种主体的调整重构，人的需求是城市更新的核心与目的。当下中国城市的城镇化进程已进入较快速发展的中后期，城市更新已成为今后城镇化进程中的主要工作，特别是在经历了 2014—2020 年国家推动的新型城镇化规划与建设后，中国常住人口城镇化率已达 60.6%，第三产业增加值占国内生产总值比例达 53.9%（据 2019 年统计数据），这两组关键数据标志着当前中国的城镇化进程已经由粗放式增量开发转变为精细式存量更新转型的新阶段。优化用地方式，提升空间品质，激发产业活力，推动城市更新已成为管理者与设计师的共同任务。2020 年 11 月，党的十九届五中全会通过的《关于制定国民经济和社会发展第十四个五年规划和二〇三五年远景目标的建议》，明确提出实施城市更新行动，并具体提出"推进以人为核心的新型城镇化""塑造城市风貌"等具体要求。对大中城市和历史城市，城市更新的要求及难度更高。尽管在近现代建筑遗产集中的上海、广州、北京等城市已经初步形成了政府主导或引导的更新管理模式，更大层面的城市更新规范化政策仍亟待深入研究。

　　体育事业是体现国民健康水平与文明程度的重要标志，体育建筑是增强民众体质、丰富文化生活、发展体育产业的主要场所。近年来，体育产业及体育建筑建设的地位不断提升。2014 年，国务院印发《国务院关于加快发展体育产业　促进体育消费的若干意见》，首次将"全民健身"上升为国家战略。2015 年，十八届五中全会通过《中共中央关于制定国民经济和社会发展第十三个五年规划的建议》，首次提出健康中国战略，要"发展体育事业，推广全民健身，增强人民体质"。作为城市中功能特殊、形式鲜明的公众聚集性建筑，体育建筑也化为城市的象征符号，构建了地域的集体认同感，提升了区域的传播影响力，可以为城市发展带来充足的活力。

### 1.1.2　中国近现代体育建筑的发展转型

　　近现代体育建筑曾被建筑理论家罗西（Aldo Rossi）喻为"当代城市大教堂"，是城市建筑的核心类型。自 19 世纪下半叶现代体育运动进入我国以来，我国近现代体育建筑经历了 100 多年的现代化转型和发展历程，留下了许多经典作品。总体来看，我国近现代体育建筑的建设先后经历了诞生时期（1850—1936 年）、动荡时期（1937—1951 年）、起步时期（1952—1965 年）、艰难曲折时期（1966—1976 年）、改革开放初期（1977—1995 年）、市场化时期（1996—2003 年）、奥运会时期（2004—2012 年）、后奥运时期（2013—2021 年）等多个发展阶段。

值得关注的是，从备战北京夏季奥运会这一重大赛事契机的 2004 年开始，10 年内我国新建体育场地数量达 84.45 万个，接近 2003 年以前我国全部已建体育场地数量 85.01 万，总量翻了一番；在后奥运时期，我国的体育场地建设速度仍在继续加快，通过对比 2019 年度的统计数据，我国利用 6 年时间总量再度实现了翻番，见表 1.1。三个时期内，我国体育场地总体数量平均增长率为 91.99%，场地总面积平均增长率为 63.99%，平均场地面积增长率分别为 28.74%、−27.25%、−27.61%；奥运会时期与后奥运时期体育场地的总数量呈现快速增长态势，总面积增长总体上相对平稳，平均场地面积则呈现先增后减的趋势。上述变化与我国体育事业发展及越来越重视全民健身工作有密切关系，表明体育场地的多样化、小型化和社区化已成为当前的发展趋势。

表 1.1　市场化、奥运会、后奥运时期我国体育场地总数量、场地总面积、平均场地面积

| 指标名称 | 1995 年 | 2003 年 | 2013 年 | 2021 年 | 1996—2003 年增长率（%） | 2004—2013 年增长率（%） | 2014—2021 年增长率（%） |
|---|---|---|---|---|---|---|---|
| 场地总数量（个） | 615693 | 812118 | 1642410 | 3971400 | 31.90 | 102.24 | 141.80 |
| 场地总面积（m²） | 780000000 | 1324495427 | 1948773324 | 3411000000 | 69.81 | 47.13 | 75.03 |
| 平均场地面积（m²/个） | 1266.87 | 1630.91 | 1186.53 | 858.89 | 28.74 | −27.25 | −27.61 |

　　资料来源：笔者自制，数据来自国家体育总局发布的第五、六次全国体育场地普查数据和 2021 年全国体育场地调查数据。

从六次全国体育场地普查中的面积与数量整体变化趋势（图 1.1、图 1.2）也可以看出，体育场地建设整体呈快速增长且逐年加快的趋势。

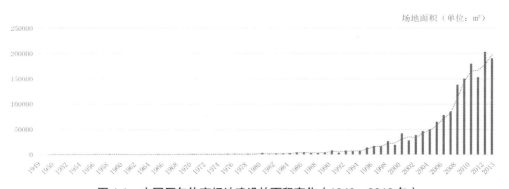

**图 1.1　中国历年体育场地建设的面积变化（1949—2013 年）**

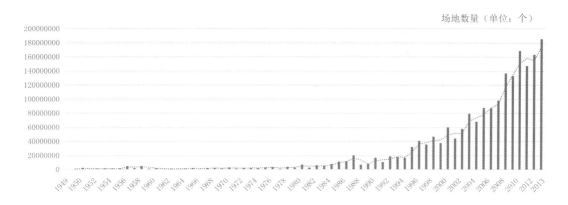

**图 1.2 中国历年体育场地建设的数量变化（1949—2013 年）**

另外，由全国普查数据的年新建数量及既有数量的差值，笔者还得到每年拆除数量，1996—2003 年间和 2004—2013 年间被拆除体育场馆的实际使用年限分布对比可见图 1.3。综合分析已消失体育场地的使用年限的动态变化可知，2004—2013 年期间实际使用年限不足 30 年的已消失体育场地数量要显著高于 1996—2003 年期间同条件的已消失体育场地数量，且使用年限不足 30 年的体育场地已成为被拆除的主体，这直观地说明我国体育场地的使用年限在缩短，拆旧建新的进程在不断加快。

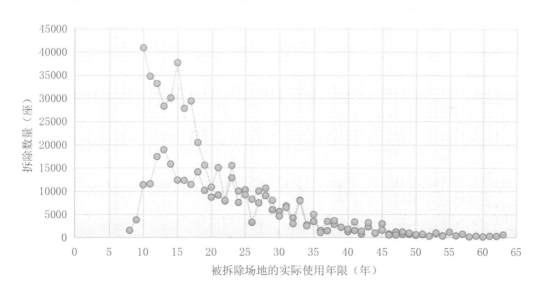

**图 1.3 已被拆除体育场地的实际使用年限分布**

当前，随着我国已经进入新发展阶段，大中城市的体育建筑数量趋于饱和，城市管理者面临着既有体育建筑取舍的选择。由于缺乏科学的评价依据，一些具有时代特征的优秀近现代体育建筑面临拆除的困境。作为一种发展时间相对较短的建筑类型，中国体育建筑的发展历史、价值评价、保护方式等系统性研究相对欠缺，历史阶段及其特征的判断不尽相同。近现代体育建筑的保护更新已成为工程领域重点关注的问题，其关键之一就是面对样本数量大、属性复杂、与城市关联紧密的我国近现代体育建筑遗产，如何科学地构建价值评价体系，进而提供针对性的保护更新策略指导。

### 1.1.3 近现代体育建筑的保护更新

过去百年是人类历史上发展最快的时期，社会生活实现了从工业文明、电力文明到信息文明的转变，新兴建筑的类型与数量前所未有。快速发展的社会环境是否依然保有留存历史与记忆的作用，是应不断检视的。虽然当代建筑学界对保护、修缮与更新的研究越加深入，但仍不足以抵消建成环境更新与再利用的经济利益因素所带来的现实压力，正如建筑史学家雷纳托·博内利（Renato Bonelli）所言：当代社会对历史和艺术形式本身并无兴趣，无论它们是古老的还是现代的。当代社会讲求的是使用与消费，但它也是一个充满复杂性的系统，总还是敞开着若干出口。

自 20 世纪 80 年代以来，以悉尼歌剧院申报世界文化遗产事件为标志，国际遗产保护界对优秀近现代建筑遗产的界定、价值、登录与保护等问题展开了一系列研究，世界文化遗产增加体育建筑、观演建筑、工业建筑、景观建筑以及新城市设计等近现代建筑类型，优秀近现代建筑保护问题受到关注。

近现代体育建筑伴随 19 世纪现代体育运动的诞生而出现，存在时间相对较短，保护需求相对更高。大型体育建筑设计规格高，能够体现不同时代的建筑审美与设计水平，是不同阶段建筑技术与艺术发展水平的重要见证。然而，优秀近现代体育建筑的保护研究不足，国内外业界缺乏对近现代体育建筑的保护价值、保护技术与实例分析进行系统研究的公开论著，在一般保护标准面前，体育建筑因年限相对较短而被低估，更难以列入建筑遗产保护名单。截至 2020 年，中国唯一针对近现代建筑保护的国家规定是原建设部（现住房城乡建设部）于 2004 年 3 月发布的《关于加强对城市优秀近现代建筑规划保护工作的指导意见》，其中，"优秀近现代建筑"被定义为"从十九世纪中期至二十世纪五十年代建设的，能够反映城市发展历史、具有较高历史文化价值的建筑物和构筑物"。这点对建成年限不足 70 年的建筑占主体的中国现代体育建筑来说是不适用的，由此，现代体育建筑所面临的保护身份问题十分突出。

近现代体育建筑的保护更新难言乐观，无论是国内还是国外，均是亟待深入探讨和研究的议题。2017 年美国亚特兰大奥运会和"超级碗"场馆、世界第二大跨度体育建筑——佐治亚穹顶（Georgia Dome）（图 1.4）的拆除，2023 年日本原东京奥运会手球馆、丹下健三结构表现主义代表作——香川体育馆（图 1.5）的拆除，2018 年中国首座国际奥委会 / 国际体育休闲设施协会（IOC/IAKS）获奖作品、深圳建城八大建筑——深圳体育馆（图 1.6）的拆除，2020 年新中国建国十大建筑——北京工人体育场（图 1.7）的拆除复建等一系列事件，都引起建筑保护学界的广泛关注和讨论。据笔者的不完全统计，2000 年以来我国大型竞技类体育建筑被拆除或建成不久便改造的案例已达数十座，具体见表 1.2。

体育赛事的标准提升、体育建筑的自然老化、城市发展的结构变化等因素是拆除事件发生的直接原因，而近现代体育建筑保护制度的不健全、体育建筑价值认知的缺失、短期经济利益的驱动等则是拆除事件屡见不鲜的内在原因。

图 1.4 佐治亚穹顶（右）拆除前及其继任者（左）

图 1.5 香川体育馆拆除前

图 1.6 深圳体育馆拆除重建前

图 1.7 北京工人体育场拆除复建前

表 1.2 21 世纪以来我国大型体育设施大幅度拆除改造的不完全统计

| 序号 | 名称 | 建成时间 | 干预时间 | 干预方式 |
|---|---|---|---|---|
| 1 | 河南省体育场 | 1955 年 | 2000 年 | 拆除 |
| 2 | 广州天河体育中心 | 1987 年 | 2001 年 | 整体更新 |
| 3 | 山东省体育场 | 1988 年 | 2003 年 | 整体更新 |
| 4 | 北京奥体中心体育场 | 1990 年 | 2006 年 | 整体更新 |
| 5 | 上海虹口足球场 | 1999 年 | 2007 年 | 整体更新 |
| 6 | 辽宁体育馆 | 1975 年 | 2007 年 | 拆除 |
| 7 | 沈阳五里河体育场 | 1988 年 | 2007 年 | 拆除 |
| 8 | 大连市人民体育场 | 1925 年 | 2009 年 | 拆除 |
| 9 | 北京五棵松棒球场 | 2007 年 | 2009 年 | 拆除 |
| 10 | 天津河北省体育场 | 1935 年 | 2011 年 | 拆除 |
| 11 | 沈阳绿岛体育中心 | 2003 年 | 2012 年 | 拆除 |
| 12 | 唐山市体育中心 | 1983 年 | 2015 年 | 拆除 |
| 13 | 兰州七里河体育场 | 1957 年 | 2017 年 | 拆除 |
| 14 | 太原滨河体育中心 | 1998 年 | 2017 年 | 整体更新 |
| 15 | 咸阳市体育场 | 1958 年 | 2018 年 | 拆除 |
| 16 | 贵阳六广门体育场 | 1945 年 | 2018 年 | 拆除 |
| 17 | 上海体育场 | 1999 年 | 2018 年 | 专业足球场改造 |
| 18 | 深圳体育馆 | 1985 年 | 2018 年 | 拆除 |
| 19 | 深圳体育场 | 1985 年 | 2018 年 | 整体更新 |

续表

| 序号 | 名称 | 建成时间 | 干预时间 | 干预方式 |
|------|------|----------|----------|----------|
| 20 | 上海国际体操中心 | 1997 年 | 2018 年 | 拆除 |
| 21 | 哈尔滨八区体育场 | 1970 年 | 2019 年 | 拆除 |
| 22 | 北京工人体育场 | 1959 年 | 2020 年 | 拆除复建 |

资料来源：笔者整理。

### 1.1.4 近现代体育建筑的可持续性发展

我国体育产业的进步是人民追求健康生活需求的直接体现，并会随着人民生活水平的提高而长期增长，是潜力巨大的朝阳产业。2019 年，中国体育产业总规模接近 30000 亿元，成为经济发展的重要增长点，见图 1.8。但与体育产业的繁荣景象相对，中国体育建筑的总体运营状况不甚理想，既有大型体育建筑的赛后闲置、低效利用的现象依然突出。当前中国体育场馆的收入中，财政拨款与运营收入为两大主要来源；场馆支出则由前期建设投入、人力资源薪酬支出、日常维护支出、大型维修费用和场馆付税等组成。2013 年，我国体育场馆收入的利润率为 −2.6%，其中大型体育场馆收入的利润率为 −19.0%，大型场馆运营的亏损程度显著高于体育场馆整体水平。坚持公益性是中国大型体育场馆的基本原则，但商业盈利是体育场馆生存发展的主要手段，经济效益决定了场馆维护发展的可持续性。拓展体育建筑的经营模式、激活既有空间资源、提高大型体育建筑利用率已成为中国体育产业发展的主要课题。破解目前的运营困境需要从体育建筑的策划、设计、管理多个环节进行可持续性思考，对近现代体育建筑来说，服务空间及外部空间的更新与再利用则是重要手段。

图 1.8 中国体育产业的快速发展趋势（2015—2019 年）

除了经济运营层面的可持续性，生态资源层面的可持续性同样值得关注。近现代体育建筑建造成本高、跨度体量大、资源消耗多，对周边城市环境能够产生巨大的影响。2021年年初，国际奥委会通过《奥林匹克 2020+5 议程》（*Olympic Agenda* 2020+5），确定了国际体育未来发展的战略路线，其中最重要的议题就是将可持续性理念引入奥运会的各个方面及日常运动之中。可持续性要求从 2024 年巴黎奥运会开始，显著提高碳排放标准，实现体育建筑及环境的能源可持续利用，并实现奥运建筑遗产的可持续保护。在 20 世纪兴建的大量体育建筑中，绿色节能与赛后利用的设计相对较少，绿色可持续化改造的潜力较大。直至在 1996 年亚特兰大奥运场馆赛后成功转型的引领下，体育建筑设计逐步注重全生命周期的可持续设计，新材料、新技术与新的建造方法开始大量应用。2022 年北京冬季奥运会的场馆多采用原夏季奥运会场馆，并运用最新节能技术与体育工艺加以改造更新，让奥运遗产焕发新的活力。例如，原北京夏季奥运会篮球馆的五棵松体育中心，被改造为举办冬奥会冰球比赛的冰上运动中心，并成为全世界规模最大的超低能耗体育建筑（改造前见图 1.9，改造后见图 1.10）。今后，中国近现代体育建筑的可持续性改造工程将广泛开展。

图 1.9　原五棵松篮球馆　　　　　　　　图 1.10　五棵松冰上运动中心

## 1.1.5　研究意义

### 1. 现实意义

当前，中国建筑遗产保护工作仍在法治化的进程中，与欧洲及美国相对健全的建筑遗产保护法治化体系仍有差距，特别是亟待保护又易受忽视的近现代建筑遗产，其保护观念、评定标准、法规制度与管理方式等方面均有待完善。另外，国家层面与地方层面也存在着制度建设的不平衡。在优秀近现代建筑数量较多的上海等地，已经做出针对建成年限较短的建筑遗产的细化规定，如建筑年限的要求、干预审批的步骤等，具体见图 1.11，可以为未来国家层面统一的保护制度修订带来有益的参考。

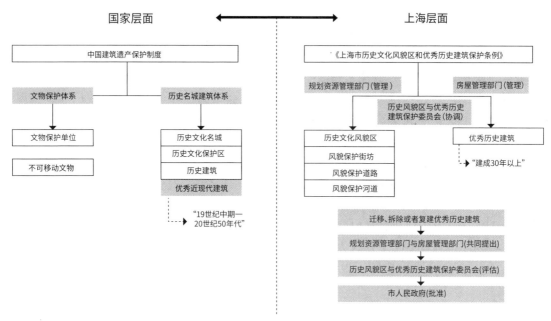

图 1.11 国家层面与上海层面优秀近现代建筑相关保护制度建设对比

2014 年 4 月，中国文物学会成立了 20 世纪建筑遗产委员会。自 2016 年起，中国文物学会、中国建筑学会先后公布了六批中国"20 世纪建筑遗产项目"，截至 2022 年 8 月，共收录了 597 处建筑项目，其中包含北京国家奥林匹克体育中心、北京工人体育场、北京首都体育馆、北京工人体育馆、南京中央体育场旧址、北京体育馆、广州天河体育中心、天津体育馆、上海体育场、重庆市体育馆、天津市人民体育馆、天津市第一工人文化宫（原天津回力球场）、南京五台山体育馆、浙江人民体育馆、重庆大田湾体育中心（含体育场、体育馆与跳伞塔）共 15 处体育建筑遗产。相较于我国体育建筑的庞大基数，目前的保护名单仍然不足，并且建筑保护的评判与保护方式研究仍显浅略。正如 2020 年 10 月众多专家在《中国建筑文化遗产传承创新·奉国寺倡议》中所提出的现状矛盾："有鉴于各级法规的欠缺，对数量巨大的表现百年城乡风貌的 20 世纪经典建筑的保护却顾及不到，再优秀的 20 世纪建筑项目也难免以各种借口遭遇修缮保护性拆除。"

2. 理论意义

本书是国内首次以近现代体育建筑为对象进行系统性保护更新研究的专著，有利于补充和完善国内近现代建筑的保护体系。同时，本书的价值评价方法同样具有一定的创新性，DEMATEL-AHP-FCE 组合方法的应用具有良好的可行性和指导性，有助于为近现代建筑价值评价带来新思路。本书的保护更新策略以价值为线索，创新性地分析和归纳了中国近现代体育建筑的具体干预策略，对今后实际保护更新工程的实践可以起到较强的借鉴作用。

综上所述，中国近现代体育建筑的保护更新研究具有重要的理论和现实意义。本书将通过对中国近现代体育建筑演变特征的分析，研究其特征性价值（历史价值、艺术价值、科学价值、社会价值）和一般性价值（使用价值、经济价值）等价值要素，对我国体育建筑价值评价体系进行研究与构建，旨在为中国体育建筑保护的价值取向提供有益指导。本书还将基于价值评价结果，探索近现代体育建筑保护更新的基本原则、策略方法和实践技术，结合实践层面的实例研究，解决我国近现代体育建筑保护的关键问题。本书将补充目前该研究领域的不足，为体育建筑保护工作提供理论依据，帮助当前体育建筑建设回归理性，增强社会公众对近现代体育建筑的保护观念，帮助体育建筑良性发展，为未来中国体育建筑保护更新提供样本。

# 1.2　研究对象及其内涵

## 1.2.1　近现代体育建筑

体育建筑在《大辞海·建筑水利卷》的概念为"供体育教学、竞技运动、身体锻炼和体育娱乐等活动的建筑物。包括建筑物和场地设施，其中场地设施是最基本的部分。其组成因用途、规模和建设条件的不同，差异较大。一般由比赛场地、运动员用房（休息室、更衣室、浴室、厕所等）和管理用房（办公室、器材室、设备房等）组成，供竞技用的体育建筑还有观众座席和裁判座席、贵宾座席，以及休息用房"；体育建筑在《体育建筑设计规范》（JGJ 31—2003）的概念为"作为体育竞技、体育教学和体育锻炼等活动之用的建筑"；体育建筑在《建筑设计资料集（第三版）》的概念为"体育建筑供体育竞技、体育教学、体育娱乐和体育锻炼等活动使用，其类型较多，并不断发展"。综合上述释义，体育建筑的主要承担活动类型有体育教学、体育竞技、体育锻炼和体育娱乐等，建筑组成为场地、看台和功能用房。

本研究的体育建筑主要指以竞技性活动为主要功能的建筑，其中又以体育场、体育馆为主兼顾其他专项类型。以体育竞技为主的体育建筑最大的特点是设有大量的观众席位，形成了特殊的围合型空间。体育建筑类型很多，并随着体育运动项目的增加、变化和发展而不断发展。其分类方式有很多，常见的有：按照建筑空间的限定来划分，有室内体育馆和室外体育场；按照使用功能划分，有竞赛场馆建筑、练习训练场馆建筑、健身游乐场馆建筑和体育医疗建筑；按照运动类别和复杂性划分，有单项运动场馆建筑和综合性运动项目场馆；按照电视转播情况划分，有可电视转播和无电视转播的体育场馆。

为了进一步明确本书的研究对象及其范围，笔者结合建筑史及体育学等领域来分析近现代体育建筑的内涵。近现代体育建筑中的"近现代"可理解为现代诞生前期及现代时期，"近"在英文语境理解中就是指早期现代，而"现代"一词可以产生两个层面的含义：一是"现代体育"的"建筑"，即进行"现代体育活动"的功能场所，这是对其功能的限定；二是"现代"的"体育建筑"，即受到19—20世纪"现代主义运动"影响的体育建筑，这是对其设计方法及建筑风格的限定，涵盖19世纪下半叶至20世纪末建设的大多数体育建筑。本书"近现代体育建筑"的含义是两者兼有的，下文将具体加以阐释。

1. "近现代体育"的"建筑"

尽管体育已经深入现代人类的日常生活，但对"体育"一词的内涵解读并非易事，特别是在谈论"体育（Sport）"与"休闲（Leisure）"的区别时，至今尚无统一的结论，世界体育科学大会也曾将体育的内涵列为重要的研究课题。理解体育的内涵对提升体育建筑的设计也大有裨益。经过相关文献研究，笔者认为其中两种论述是相对严谨且触及本质的。国际体育联会（International Sports Federations）认为，体育具有几个特征：有竞技的元素、不会伤害生命、不依赖单一供应者的设施、不依赖运气因素。体育理论学者张洪潭教授认为，体育的本质是强化体能的非生产性人体活动。

综上所述，笔者总结出近现代体育的几个本质要素：

（1）身体性：体育与人的身体相关，以强化体能、增强体质为目的。

（2）平等竞技性：体育有竞技的成分，可以有多方参与，且会产生无伤害性的强弱与胜负，同时实现竞技性的前提是平等性，参与者地位的平等和体育规则的平等。

（3）非生产性：体育的发生源自人心理层面的需求，不包含天然的实用目的，体育追求的目标也是无止境的。

因此，"近现代体育"的"建筑"必须同时具备以人的身体活动为参考尺度的体育服务空间（运动区），以保证平等竞技为目标的规则服务空间（规则场地与裁判区），以及以提升参与者的归属感与认同感为目标的观赏服务空间（看台区）。另外，运营应参与现代社会的资本运作，保证现代体育的良性发展。"近现代体育的建筑"的内涵关系如图1.12所示。

在理解体育及近现代体育内涵的基础上，古代奥林匹克运动会出现于古希腊时期的伯罗奔尼撒（Peloponissos）便不难理解。古希腊的社会体制相对松散，公众之间相对平等，且祭祀与军事活动对古代体育的出现影响很大。随后，古罗马时期的斗兽等活动已脱离上述体育的本质，大规模的古代体育活动从此销声匿迹。近现代体育的出现则与西方资产阶级革命密切相关：从个体角度来看，资本主义的生产方式令社会分工不断细化，人的主体性被不断切分或消解，物质丰富的同时心理层面的自我价值实现却越加难以满足，继而产生不同于工作劳动的"异化劳动"，催生了近现代体育；从群体角度来看，在人的分工角色逐渐解构的近现代社会，集体归属感和认同感的需求不断提高，进而群体聚集并举行非生产性活动，也就出现近现代体育。由此可见，相比古代体育，近现代体育与近现代社会的资本发展水平紧密关联，并且承担了更多构建归属感与认同感的社会使命。

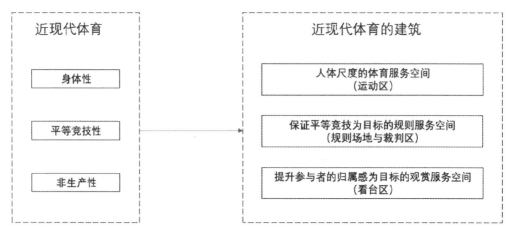

图 1.12　"近现代体育的建筑"内涵

2. "近现代" 的 "体育建筑"

现代主义建筑思想的核心内容是摒弃装饰美学，回归功能类型的设计。对体育建筑来说，现代主义思想的主要表现就是现代体育功能类型的明确形成及发展，它的基础则是古代时期体育建筑的漫长演变。

现存最早的体育场（Stadium）是公元前 4 世纪古希腊时期的帕纳辛纳克体育场（Panathenaic Stadium），其内场是用于田径比赛的矩形场地，周围三面大理石看台围合成半开放的 U 形平面。事实上，若对端头处的看台进行局部分析，可以看出这种半圆形的转弯处理与古希腊时期另一种经典场地原型——半围合剧场（Amphitheater）有着紧密联系，代表性建筑是公元前 5 世纪的埃皮达鲁斯古剧场（Ancient Theatre of Epidaurus）。这两种古典形式成为古希腊时期的体育建筑原型。中世纪时期，体育建筑建设极少，尽管此时因骑士文化盛行而开展了众多的赛马运动，但场地多选在教堂前的空旷广场，例如，意大利锡耶纳（Siena）的坎波广场（Piazza del Campo）和佛罗伦萨（Firenze）的圣十字广场（Piazza Santa Croce）。此时体育建筑的形式主要为圆形竞技场与露天运动场。文艺复兴时期，欧洲的上流阶级发展出贵族运动，并相应建设了小型体育场所，例如，苏格兰的福克兰宫（Falkland Palace）在 1541 年建设了世界上第一座网球场。

18 世纪以来，板球、棒球、足球等现代体育运动率先在英国及其殖民地的工人阶级中兴起，体育俱乐部和体育联合会出现，体育建筑的类型逐渐形成适用于现代体育的功能构成与平面布局。1787 年筹划建设、1867 年建成看台的英国洛德板球场（Lord's Cricket Ground）被视作第一座现代体育建筑。1868 年建成的英格兰草地网球和槌球俱乐部（All England Lawn Tennis and Croquet Club）是现代网球规则和赛事的发源地，并从这座场馆开始，钢与混凝土开始运用于体育场的水平结构。1892 年建成的英国利物浦古迪逊公园（Goodison Park），是第一座专业足球场；1900 年美国波士顿汉廷顿大道球场（Huntington Avenue Baseball Grounds）是第一座专业棒球场；1903 年建成的哈佛体育场（Harvard Stadium）是第一座看台采用混凝土结构的体育场；1908 年第四届奥运会的英国伦敦白城体育场（White City Stadium）则被认为是第一座现代综合性体育场；1910 年建成的英国老特拉福德球场是第一座观众看台沿体育场轮廓连续布局的体育建筑。随后，1914 年的耶鲁碗（Yale Bowl）、1922 年的玫瑰碗（Rose Bowl）、1923 年的洛杉矶纪念体育场（L.A. Coliseum）相继落成，让 "碗状空间" 逐渐取代了 "盒装空间" 和 "马蹄状空间"，成为体育建筑的主要空间形式。发展到 20 世纪 20 年代，近现代体育建筑的类型化进程基本完成。20 世纪后期，对体育建筑的基本功能结构产生深刻影响的一大事件是 1989 年针对希尔斯堡球场灾难调查（Hillsborough Stadium Disaster Inquiry）的《泰勒报告》（Taylor Report）。1990 年起，英国球场开始了大规模的观众看台改造，世界范围内的体育建筑也从此广泛采用全座席的看台模式。

由上述分析可知，"近现代" 的 "体育建筑" 是一个以体育建筑的类型独立化、规范化为线索的动态概念，从 20 世纪体育场地与功能独立化出现开始，直到 20 世纪末体育建筑设计范式的基本形成，类型独立化、规范化是现代体育建筑的标志。"近现代的体育建筑" 的内涵关系如图 1.13 所示。

图 1.13  "近现代的体育建筑"内涵关系

基于"近现代的体育建筑"内涵的分析，笔者认为，在西方体育建筑中现代嬗变相对成熟的标志是 1908 年的伦敦白城体育场，在中国体育建筑中现代嬗变相对成熟的标志是 1917 年的上海西门公共体育场。

尽管英国维多利亚时期就已经出现诸多体育运动场所，然而彼时的体育场所大约等同于体育场地，即使发展至 1896 年的第一届现代奥运会举办，体育比赛仍在古代遗址中或空地上举行。1900 年与 1904 年的两届奥运会甚至出现体育建筑类型化进程的倒退，体育比赛多数安排在世博会的展览建筑中举行，体育功能成为博览建筑的附庸。1908 年的白城体育场是第一座专门为现代奥运会建设的综合性体育场，设计了多功能运动场地、多层看台及顶棚、运动员更衣室与组委会办公室等现代体育的功能布局，运用铸铁顶棚及围栏等，摒弃了繁复的古典形式，成为近现代体育建筑最早的范例。

尽管 1850 年中国就已经建设了第一座专业体育场地——上海跑马场，但 19 世纪的中国公共体育依然是属于西方人及国内上流社会的娱乐活动，赌博成分大，且租界内的体育场地也存在一系列排华限制，而学校体育和教会体育活动的参与度低，其体育建筑的尺度较小、功能单一，对体育建筑类型化的影响十分有限。1917 年的上海西门公共体育场是第一座中国人自建自办的公共体育场，建成之初便包含 300m 田径跑道、足球场、网球场、排球场、健身馆、室内篮球馆等多功能体育场地，不久后便成为上海普通市民集会的主要场所。西门公共体育场对民国时期随后建设的武昌公共体育场、南京中央体育场、上海江湾体育场等起了重要示范作用。

综合两种"近现代体育建筑"理解的内涵可知，近现代体育建筑是指同时具备以人的身体活动为参考尺度的体育服务空间（运动区），以保证平等竞技为目标的规则服务空间（规则场地与裁判区），以及以提升参与者的归属感与认同感为目标的观赏服务空间（看台区），并围绕核心功能不断实现独立化、规范化的一种建筑类型。

## 1.2.2  建筑保护更新

### 1. 建筑保护的内涵及其演变

从 18 世纪近代保护思想产生以来，建筑保护的内涵一直处于动态变化的状态，根本原因是其触及"时间""变化""抵抗变化"等哲学范畴的探讨,在其演变过程中学者也产生了许多观念上的分歧甚至对立,建筑保护的内涵也在碰撞中不断延展与深化。因此,要清晰地理解当今及本书中建筑保护的内涵,需要首先按照时间的序列厘清重要学者的保护定义。

1764 年,德国艺术史学家约翰·温克尔曼(Johann Joachim Winckelmann)出版了《古代艺术史》(*Geschichte der Kunst des Alterthums*),从风格演变的视角解析了埃及、希腊、罗马时期的建筑遗产,确立了近代美学体系基础。1777 年,威尼斯艺术品修复专家佩特罗·爱德华兹(Pietro Edwards)根据亲身实践出版了《修复规范》(*Capitolato*),其中的观念与现代的"修旧如旧"的理念相近,初步将"保护(conservation)"从"清洁(cleaning)""维修(repair)""恢复(recover)"等概念范畴中独立出来。19 世纪启蒙运动的传播,进一步推进了公众将历史遗迹作为民族与地域文化认同的氛围。1849 年,英国艺术家约翰·拉斯金(John Ruskin)出版了《建筑的七盏明灯》(*The Seven Lamps of Architecture*)。他推崇岁月带来的如画般的(picturesque)痕迹,认为任何干预举措都是对建筑遗产的改变与破坏,特别将批判矛头指向法国哥特建筑的修复方法。在此书出版前,巴黎圣母院、亚眠大教堂等重要哥特建筑已在法国建筑师维奥莱特 - 勒 - 杜克(Viollet-le-Duc)的指挥下修缮完成。1866 年,勒 - 杜克在著作《11—16 世纪法国建筑辞典》中指出"修复建筑指的既不是维护建筑,也不是去维修或重建它,而是重现其完美的状态,即使这种状态历史上从未出现过。"拉斯金和勒 - 杜克不仅成功地建立了两种相对的建筑保护观念,也定义了建筑保护策略界限的两极。后世的保护理论家大多在他们两位的观点之间寻求新的平衡,如意大利建筑师卡米洛·博伊托(Camillo Boito)。他认为建筑保护应忠实于原初的文献,并提出当今的建筑保护观念中依然广泛认可的"可辨别性",他的建筑保护理念可以被视为基于考古学与历史学的"科学保护"。这两种保护观念之争延续到 20 世纪初,1931 年《雅典宪章》的公布意味着建筑保护师们已达成部分共识。1963 年,意大利历史学家切萨雷·布兰迪(Cesare Brandi)出版了《修复理论》(*Teoria del Restrauro*),辨析了保护中各类价值的概念,并提出"可逆性""预防性修复"等原则,为当代建筑保护概念的构建起到了关键作用,也为 1964 年的《威尼斯宪章》提供了理论基础。20 世纪后期,材料科学在建筑保护中的运用促进了科学保护理论的发展,进而产生"新科学保护",并成为当今建筑保护的技术基础。针对一些东方木构建筑的周期性更换特性,1994 年《关于真实性的奈良原文件》补充了原真性的注解,并完善发展了《威尼斯宪章》的思想。在 20 世纪末与 21 世纪初,预防性保护、信息性保护、可持续保护等概念的兴起,建筑保护继续延展出新的形式与内涵。

2. **本研究保护更新的内涵**

本书的保护接近于"新科学保护"的内涵,保护的对象以建筑的文献完整性为主,保护的技术重视科学技术的干预,并且强调建筑的预防性保护,即进行日常监测与定期维护。本书保护的方式在下段结合近义词进行比较性阐释。

本书"保护"的英文表达的是"Conservation",而没有使用"Preservation",意在表明本书中的保护是广义上的保护概念。此处参考建筑史学家丹尼尔·麦吉尔弗雷(Daniel MacGilvray)的保护观点:"针对历史资源,我们只有三种处理方法:保持原貌、改变它或毁坏它。若复原重建是第四种方法,其实是破坏之后的再造。"狭义的保护是指代保存或保持性的活动,与修复活动相对,常用"Preservation"表示;广义的保护是包括保存、修复及更新等一系列活动的系统性方法，常用"Conservation"表示。辨明中文及英文语境中的"保护"内涵后，另外应理解欧洲大陆的"保护"内涵。在欧洲大陆的拉丁语系语境中，"保护"常用拉丁语"restitutio"的衍生词来表示，如意大利语的"restauro"、法语的"restauration"、西班牙语的"restauracion"。本书主标题"保护更新"的英文用语为"Conservation-Restoration"，参考欧洲保护师组织联盟、英国国家保护理事会等欧洲组织的英文用词，希望更加精确地表达国际语境下的广义保护概念。因此，本书的"保护更新"与国际语境中的广义保护是同义的。

综合上述分析，本书"保护更新"的内涵可由图 1.14 表示。

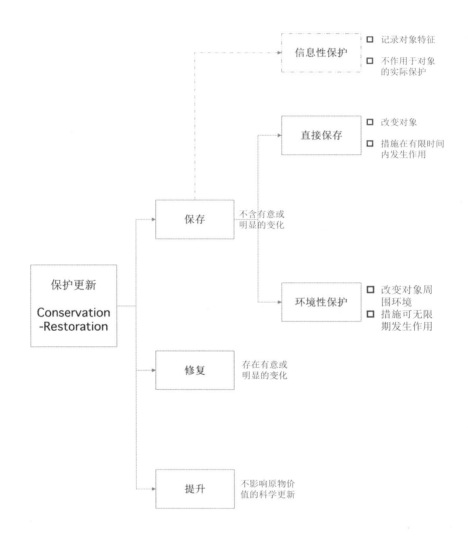

图 1.14  本书"保护更新"的内涵

### 1.2.3  建筑价值

价值评价是建筑保护工作的依据，影响保护方案的实施与修复技术的选择。维也纳艺术史学家阿洛伊斯·李格尔（Alois Riegl）在著作《纪念物的现代崇拜》（*Der Moderne Denkmalkultus*）中，用价值的概念定义了历史性纪念物，并用两种对立的价值为分析结构，分别是"回忆性的价值（Erinnerungswerte）"与"现时性的价值（Gegenwartswerte）"，也是如今公认的遗产中"历史价值"与"艺术价值"的起源。"双重价值"理论的提出，用一种非教条的相对主义哲学观缓和了 19 世纪末保护学界里勒 - 杜克、拉斯金、卡米洛·博伊托等学者间的观念矛盾，也为 20 世纪一系列建筑保护理论与宪章文件制定奠定了基础。

建筑价值的内涵与构成相对复杂，且价值的含义又涉及哲学范畴，因此，在里格尔二元价值理论之后，大多数当代时期与建筑保护更新有关的宪章、公约、法规、指南以及学术论著都会提出系统自洽的建筑价值的内涵与构成，但分类方式及解释说明不尽相同。提及建筑保护价值，学者们往往会借鉴联合国教科文组织（UNESCO）《实施〈世界遗产公约〉操作指南》的"突出普遍价值"标准，《中华人民共和国文物保护法》的"历史、艺术、科学"价值标准等。

须指出的是，"建筑价值"的本质，涉及深刻的哲学思辨，哲学界有主观主义、客观主义与过程哲学价值论等多种思想流派。笔者认为，建筑的价值并非历史建筑的固有属性，而属于相对关系的范畴，是建筑的特征对人的效应。也就是说价值是客观存在的，但评价价值的行为是主观赋予的。价值主体不同，价值客体的指标会存在一定的差异。因此，建筑保护价值是一种动态、开放的体系，不同时空背景、不同功能类型的建筑保护价值均有其各自的特殊性。研究者应依据实例调研与类型分析，从满足相关方共同利益的角度，得出价值指标与评价标准。

## 1.2.4　价值导向的保护更新

自 1979 年《巴拉宪章》通过以来，建筑保护学界开始逐渐研究"价值导向的 / 基于价值的 / 价值中心的（Value-led/ Value-based/ Value-centered）"建筑保护方法。《巴拉宪章》是第一部以历史建筑环境的"文化重要性（Cultural Significance，文化重要性的内涵就是美学、历史、科学、社会和精神价值）"为核心的建筑保护文件，并提出一套以价值为核心的保护工作流程。由《巴拉宪章》演变出的价值导向的保护打破了欧洲修复理论中线性的、权威主导的保护工作流程，而转向一种利益相关者共同参与的保护与管理过程。在跟随当代建筑保护理论进行 1981 年、1988 年、1999 年三次修订之后，《巴拉宪章》已获得学界共识，成为目前国际古迹保护领域的权威章程。

美国洛杉矶盖蒂保护研究所（The Getty Conservation Institute）在开展了一系列关于价值导向的保护实践后，在《文化遗产价值评估研究报告》（*Assessing the Values of Cultural Heritage: Research Report*）一文中，提出以"文化重要性 / 价值评估（Cultural Significance/ Value Assessment）"为中心，"鉴别与描述（Identity and Description）""评价与分析（Assessment and Analysis）""响应（Response）"三大步骤构成的保护方法论。

结合笔者研究及当今保护学界的相关论述，价值导向的保护更新是一种以建筑价值为目标，组织协调各方利益相关者，动态、参与式、系统性的建筑保存、修复和提升的工作流程。

# 1.3　研究现状

## 1.3.1　近现代体育建筑保护更新的理论基础

### 1.3.1.1　近现代体育建筑的发展阶段

在多项现代体育运动起源地的英、美等国，近现代体育建筑的实践与研究进展相对成熟，P. Thompson、Geraint John、Rod Sheard、Peter Culley 等学者在其体育建筑专著中对此话题有过相对深入的研究，总体来看，技术集成化、感知提升化、可持续运营化和城市共荣化是今后体育建筑的发展趋势，其中的可持续设计就依赖于对目前既有体育建筑的保护更新。

体育建筑专家罗德•希尔德（Rod Sheard）在《体育场：新全球文化建筑》（*The Stadium: Architecture for the New Global Culture*）一书中，将现代体育场发展及其历史演进的过程分为五代，称为"五代论"（表1.3）：第一代体育场——现代形式的探索，最早可以追溯到19世纪的后期。第一代体育场的设计重点在于尽可能多地容纳观众，却很少关注设施的品质和观众的舒适性。第二代体育场——电视技术的影响，20世纪30年代发展起来的电视技术，逐渐开始用于转播体育比赛。作为回应，第二代体育场着重提高现场观赛的舒适度和设施服务水平，体育场内有了舒适的座位和较大的罩棚，还有餐饮供应，多项提高观赛品质的技术相继被引入。第三代体育场——家庭体育场，出现在20世纪90年代早期，这个时期的体育场着力发展丰富多彩的服务设施去吸引整个家庭的参与。体育场的主体收入来源也由体育俱乐部比赛收入，转变为商业广告营销和电视转播收入为主。第四代体育场——赞助商和媒体，大型体育场馆一直是需要市政建设巨大投入的内容之一。第四代体育场旨在通过对设计、融资及管理的整合而使场馆实现盈利，从而减小政府的财政负担。第五代体育场——城市更新，进入21世纪的体育场馆迎来城市更新时代。体育建筑已经成为一种可以成为新世纪城市发展催化剂的重要建筑类型。场馆成为城市文化的有力象征，是我们理想的象征，但是城市中场馆的衰败也证明了我们的失败，我们需要学着如何去更新利用它，使其成为新兴城镇发展的驱动力，以及让老城区重现活力的原动力。

表1.3　罗德•希尔德的现代体育场"五代论"

| 世代 | 特征 | 案例 |
|---|---|---|
| 第一代 | 可供现场聚集的运动场地，观众设施简单 | 伯明翰别墅公园（Villa Park in Birmingham England） |
| 第二代 | 可供电视转播的体育场，观众设施设计进步 | 休斯敦穹顶（Houston Astrodome） |
| 第三代 | 可供家庭聚会娱乐的体育场，安全性受到重视 | 阿纳海姆天使体育场（Angels Stadium in Anaheim） |
| 第四代 | 可供多功能使用的体育场，经济效益受到重视 | 达拉斯牛仔体育场（Cowboy's Stadium in Dallas） |
| 第五代 | 推动都市更新发展的体育场，与城市共生共荣 | 巴尔的摩金莺公园球场（Oriole Park at Camden Yards in Baltimore） |

资料来源：笔者自制，数据参考文献[23]。

体育建筑专家杰兰特·约翰（Geriant John）等在著作《体育场：一部设计与发展指南》（*Stadia：A design and development guide*）一书中，开篇章节以类型学的视角，将19世纪的体育建筑作为近现代体育建筑的开端，指出奥运会及古希腊时期竞技场对近现代体育建筑的影响，并分析20世纪之后的代表性综合体育场与专项体育场特征，以及观众、运动员、经营者、收入补贴等多方对近现代体育建筑的具体需求。在接下来的第2章提出未来体育场在经济性、技术性、环境功效性等方面的研究前景。

我国建筑大师庄惟敏、李兴钢、丁洁民、钱锋等在《体育建筑发展的当下思考：从增量到存量》中指出，体育建筑正在从增量发展走向存量保护更新时代，面临着建设、需求与运维的矛盾，从决策环节、设计环节到技术应用环节也存在诸多现实问题。

麻省理工学院Yaroni E.在学位论文《体育场馆的发展进化》一文中，以结构和功能为重点线索，研究了大型竞技场馆的历史，以及当今众多大型场馆的多功能利用、开合屋盖等前沿技术，并指出未来体育场馆的发展方向。

史立刚、康健教授在《场所·触媒·性能——后工业时代英国体育建筑发展研究》一文中指出英国体育建筑在后工业时代的四点转变动力机制，并提出相应的四点发展趋势，即形态流体信息化、功能簇群几何化、技术应用立体集成化与场所设施现代化。英国体育建筑的发展特征对世界整体体育建筑的发展研究有一定的借鉴意义。

另外，一些西方学者专注于专项体育场的发展研究，以全世界范围内影响最广泛的专业足球场与专业橄榄球场为主。这些专项场馆发展研究为整体发展研究提供了更好的细节，如场地观赛的安全性视角，对干预策略有指导作用。

英国建筑历史学者乔纳森·史密斯（Jonathan Smith）在《足球场的考古与保护引述》（*An Introduction to the Archaeology and Conservation of Football Stadia*）一文中，讲述了足球场在英国的起源与发展，从19世纪末期的木结构球场到20世纪的混凝土球场，直到1989年《泰勒报告》（*The Taylor Report*）提出，令早期现代足球场开启了保护更新的时代。其后，分析了保护更新面临的困境，并提出调查与记录应作为保护更新工作的前提与指南。最后，以历史悠久的英国博尔登公园球场（Burden Park）为例，分析其1895年建成至今所经历的七个时期及相应的更新方式。

### 1.3.1.2 中国近现代体育建筑的演变特征

作为中国近现代建筑类型的一个重要组成部分，多位学者曾经研究过关于中国体育建筑的发展脉络。现有文献多为依据时间年代，分析中国体育建筑的各个发展阶段及特点，显得相对宏观与笼统。

首先，本领域的文献基础较为完整，对本研究有较大的参考价值：

天津大学邹德侬教授等著的《中国现代建筑史》一书中，系统地分析了1920—2019的中国现代建筑发展特征，准确地把握了重大时代背景与建筑创作发展的关系，通过翔实的案例研究，将中国现代建筑演变划分为八个阶段：被动输入和主动发展（1920—1949）、现代建筑的自发延续（20世纪50年代初期）、民族形式的主观追求（1953—1957年）、技术初潮与理论高潮（1958—1964年）、政治性地域性现代性（1965—1976年）、繁荣创作对千篇一律（1977—1989年）、设计市场和建筑创作（1990—1999）、全球化背景下的建筑应对（2000—2019年）。近年来，喻汝青、侯叶等学者的相关历史划分阶段的思路也受到该著作的启发。

中国体育科学学会、中国建筑学会体育建筑分会编写的《新中国体育建筑70年》一书中，按照时间的顺序收录了 1949—2019 年间的中国重要体育建筑，以图片资料为主，提供了极具代表性的研究案例样本库。

其次，本研究领域近年来的文献数量不多，研究结论具有一定的延续性：

马国馨院士在《体育建筑一甲子》一文中，以国内各个特定历史时期为脉络，对我国 1949—2010 年体育建筑六十年的发展历程做了整体性的回顾，将中国体育建筑发展划分为改革开放前的近 30 年、改革开放后的 30 年两个阶段，而后一阶段又以 1990 年召开的第十一届亚运会为界分为两个阶段。该文介绍了 1990 年北京亚运会等大型赛事的召开等政策因素和社会需求、时代发展对中国体育建筑发展的影响，并根据国家体育发展大事摘录，对新中国体育建筑发展的前 60 年中出现的体育建筑按类型进行整理。

东南大学胡振宇博士在《新中国体育建筑发展历程初探》一文中，以时间为轴，结合实例，对其发展历程进行初步探索，将新中国体育建筑发展分为初创时期（1949—1966 年）、曲折发展期（1966—1976 年）、改革开放期（1976—1990 年）、全面发展期（1990—2000 年）、走向新世纪的体育建筑（2000 年至今）。

哈尔滨工业大学连旭在博士论文《大跨体育建筑有效地域文本研究》中，总结了现代新中国体育建筑的有效地域文本谱系，归纳出体育建筑经历的前现代主义、形式地域主义、现代主义、批判地域主义和整体地域主义五个阶段。

同济大学喻汝青在博士论文《中国近现代体育建筑的发展演变研究（1840—1990）》中，划分出中国体育建筑的主要发展时期：中国古代体育建筑（1840 年以前）、被动输入时期（1840—1912 年）、吸收移植时期（1912—1949 年）、开基创业时期（1949—1978 年）、融合转型时期（1978—1990 年）、关键转折时期（1990 年），并分析每个阶段中国体育建筑的布局、功能、结构与形式的演变特征及其影响因素。

华南理工大学侯叶在博士论文《中国近现代以来体育建筑发展研究》中，以政治社会的变革点为分界，研究了近现代以来中国体育建筑发展的近代、现代、改革开放、新常态四个阶段时期；基于系统论视角，研究了近现代体育建筑的演变特征，形成了综合性研究成果。

另外，还有针对地域体育建筑或者专项体育建筑进行演变特征研究的文献，以国内最早开放的上海城市的体育建筑居多，可以对本书的演变研究提供更多的细节和补充：

张天洁、李泽在《20 世纪上半期全国运动会场馆述略》一文中，论述了 20 世纪初我国公共体育场的诞生和 1910—1948 年共七届的全国运动会体育场馆的发展特征，其中分析场地标准的发展过程，即临时场地发展为专用比赛场馆；形式语言的发展过程，即由单纯模仿西方古典风格转变成中国民族形式探索和民族体魄的空间表征，并分析这些改变发生的深层原因。

同济大学刘洋在硕士论文《上海市娱乐体育建筑发展研究》中，研究了上海市现代时期娱乐体育建筑的兴起与发展，并探讨了其发展模式与设计倾向，填补了这种特殊类型的研究空缺。

苏州科技大学周小林老师等在《近代上海体育建筑的兴起于可持续发展研究》一文中，结合中国近代体育史，将其分为租界区体育建筑、公共体育建筑与学校体育建筑三种类型，分析近代以来上海体育建筑兴起的内外因素，调查了上海现存的近代体育建筑代表，最终提出相关的保护更新以及可持续发展策略。

### 1.3.1.3　近现代建筑的保护理论

由于对建成时间短的建筑的历史价值认定存在着很大分歧，国内外的近现代建筑保护理论尚未达成广泛共识。在国内的历史建筑保护领域，古代及近代历史建筑遗产的研究成果丰富，而中华人民共和国成立以后的近现代建筑遗产研究成果很少，研究内容多是关于某一特定地区或历史文化风貌区的历史建筑保护与评价，建筑类型上多为历史民居与小型文化类公共建筑，关于近现代体育建筑等大型公共建筑的保护理论研究成果尚未完善。

首先，本领域的文献大多基于古代建筑遗产的研究成果，对古典建筑价值的意见较为统一，近现代建筑的针对性理论及策略的研究稍显不足：

芬兰历史建筑保护专家尤卡·约奇勒托（Jukka Jokilehto）撰写的《建筑保护的历史》（*A History of Architectural Conservation*）一书，是西方建筑保护史教育的经典读物，正式出版前就成为国际文化财产保护与修复研究中心（ICCROM）的课程教材。约奇勒托根据历时性线索，对历史建筑保护的历史进行全面的梳理、回顾和研究。其中涉及从中世纪到文艺复兴，到18世纪启蒙时期的考古发现和修复，19世纪风行整个欧洲的"修复狂潮"和历史保护运动，以及现代文化遗产的保护理论和实践等内容，成为历史建筑保护相关问题研究不可或缺的重要理论著作。约奇勒托采用横纵两套研究体系，其横向研究背景主要锁定欧洲的特定国家，如英国、法国、德国、意大利等。而在纵向系统中，作者按照年代秩序行文，跨度从懵懂的"纪念碑"保护到相对完善的现代保护体系。

东南大学朱光亚教授等在所著的《建筑遗产保护学》一书中，全面地总结了东南大学建筑保护实验室的成果，涉及话题全面。其中对近现代建筑的考量也较为充分，探讨了设计层面的保护方法、加固与补强技术、展示利用及管理的注意事项等内容。该著作为本书研究提供了理论支撑。

国家文物局原局长单霁翔在《20世纪遗产保护的实践与探索》一文中，较为全面地阐述了"20世纪遗产"的概念产生、基本特征、现存问题、研究意义、我国实践和方法探索。该论文有助于读者建立对20世纪遗产保护的宏观认识。

蒋楠与王建国院士在《近现代建筑遗产保护与再利用综合评价》一书中，通过对国内外评价系统的梳理与结合，整理了近现代建筑遗产的现状、适应性再利用、再利用完成效果等保护更新的各个阶段的评价方法，并在最后提出以评价为中介工具的遗产保护管理新思路。

同济大学张松教授在《20世纪遗产与晚近建筑的保护》一文中，通过回顾国际上保护20世纪遗产理念的提出过程，阐述了晚近遗产概念的实质和内涵。在比较国内外登录保护建筑评估标准的基础上，对建成不足50年历史的建筑遗产、建成环境和文化景观的保存状况和潜在危机进行分析，呼吁尽快建立我国20世纪遗产保护的理论体系和技术框架。

其次，本研究领域近年来的文献对认定标准与登录制度等热点问题进行补充式研究，让评价过程中和结束后的方法得到较清晰的解释：

华南理工大学汤丁峰在硕士论文《优秀近现代建筑认定标准研究》中，主要对有关近现代建筑保护的关键概念与现行政策进行阐述，并对构建优秀近现代建筑认定标准提出自己的观点，并结合重庆、上海等地方标准进行分析与探讨。

东南大学蒋楠老师等在《基于全程评价的近现代建筑遗产登录制度探索》一文中，重点提出遗产保护利用全程评价作为遗产登录制度的实施途径，并分析它的操作流程与发展展望。

另外，以工业建筑为代表的其他近现代建筑类型保护方法研究成果已有一定基础，对本书研究可以起到一定的借鉴作用：

同济大学黄琪在博士论文《上海近代工业建筑保护和再利用》中，对上海近代工业建筑的界定、分类标准进行探讨，同时对其保护和再利用的基本原理、应用方法和实用技术加以论证，建立起近代工业建筑的价值评估体系，为近代工业建筑的保护和再利用提供理论依据。通过研究其发展脉络，阐明上海近代工业建筑保护的特殊性以及保护中再利用的重要性，根据已有保护案例归纳出保护和再利用策略以及改造方法。

## 1.3.2　近现代体育建筑保护更新的价值评价

### 1.3.2.1　历史建筑的价值分析

国外在这方面的工作开展得较早，最初也是主要对历史建筑进行现状评价，从而对其进行等级划分或列管工作。早在 1830 年法国就创建了历史性建筑监察官一职，历史性建筑监察官和历史性建筑委员会合作参与古建筑的等级划分。加拿大于 1970 年成立了历史建筑资料管理局，搜集了 20 万处古建筑资料，并在此基础上开展历史建筑的评价工作。这类传统和严谨的分析过程对本研究具有一定的参考意义。

19 世纪末至 20 世纪初，艺术史学家阿洛伊斯•里格尔（Alois Riegl），是对历史建筑拥有何种价值、价值的演变过程、不同时期人们对不同价值重视和崇拜的原因和方式等方面，研究最为系统、全面、透彻的理论家之一。其在《历史建筑的现代崇拜：纪念物的特性及其起源》一文中，从哲学、历史和法律的角度去研究历史建筑保护，从遗产对人类的意义出发辨别历史建筑的各种价值，首次将纪念物划分为有意识纪念物和无意识纪念物两大类，并且将纪念物拥有的价值划分为纪念性价值和现在价值两大类，其后对每一类价值中所包含的每一项具体价值产生的背景、发展脉络关系等内容展开了细致深入的论述。时至今日，文中的一系列重要论述仍是我们认识和理解历史建筑本质意义和持续存在价值的重要依据。他第一次为我们认识现代人如何建构文物的多重价值以及这些价值之间是如何发生矛盾的，给出了极其全面而透彻的分析。尤其是对文物提供给现代人的现今价值的讨论，为以后一个多世纪里人类历史保护的种种探索与思考准备了极为坚实的理论武器。

20 世纪 80 年代以来，国际古迹遗址理事会（ICOMOS）原主席、联合国教科文组织（UNESCO）文物保护顾问费尔顿（Bernard M. Feilden）在《欧洲关于文物建筑保护的观念》一文中指出，欧洲人认为历史建筑拥有多方面的价值。作者建议将历史建筑的价值归纳为三方面，即情感价值、文化价值、使用价值。文中作者对其所界定的每一类价值包含的内容分别给予了简要的陈述。费尔顿对历史建筑价值的这一分类法，已在历史性城市及建筑研究领域作为基础性依据，被大量引用，受到广泛认同。

21 世纪以来，关于历史建筑价值的研究涵盖遗产价值概念、价值类型体系、价值评估、遗产经济学计算和分析、价值与遗产传播关系、遗产旅游价值再生，以及遗产实践和政策中新兴的价值方法等各个方面，遗产价值分析在遗产保护事业中的作用相关文献体系正在显著扩大。如美国盖蒂保护研究所相继出版了多部遗产价值的研究报告和论文集，《文化遗产保护的历史和哲学问题》（1996 年）、《经济学与遗产保护》（1998 年）、《价值与遗产保护》

（2000 年）、《文化遗产价值评估》（2002 年）、《遗址管理中的遗产价值：四个案例研究》（2005年）、《遗产管理中的价值研究：新方法和新方向》（2019 年）、《20 世纪遗产专题框架：遗产地评估工具》（2021 年），并梳理回顾了 2000—2019 年间建筑遗产价值研究领域的阅读书目（含论著、论文、国际文件），共计 163 篇。

此外，一些学者在不同阶段的建筑遗产评价中尝试引入量化方法，并在历史建筑资源丰富的国家和地区进行相关应用，对本书研究方法部分具有较大的参考价值，让笔者更加笃定引入量化方法解决价值评价问题的思路：

荷兰自由大学空间经济学系教授彼得·尼坎普（Peter Nijkamp）在《数量与质量：我们的建筑文化遗产评价指南》（*Quantity and Quality: Evaluation Indicators for Our Cultural-Architectural Heritage*）一文中，旨在设计一种能够将多维度的建筑文化遗产（无论是有形的还是无形的）整合于一身的评价方法。

Sophie Eberhardt 和 Martin Pospisil 研究了"E-P 文物价值评估方法"，既考虑了针对性的价值指标，又考虑了建筑价值和现存结构的相互关系。

M.Moreno、A.J. Prieto 和 R. Ortiz 为保护南美洲的历史性建筑，提出一种基于专家知识的模糊系统方法，并采用 Mamdani 模糊模型对历史建筑的可用性进行评价。该方法考虑了10 个与建筑物易损性直接相关的内在变量和 9 个外部危害因素，根据结构特征和环境危害进行分类，对今后南美洲历史建筑的修复工作提供了合理的指导。

Ioannis Vardopoulos 以 FIX 啤酒厂改造为希腊国家当代艺术博物馆为例，探索了城市工业建筑适应性再利用中的 11 个可持续发展因素，应用 DEMATEL 模型来评估它们之间的相互作用和作用水平，得出了土地保护和文化遗产保护是城市工业建筑适应性改造的关键因素。

土耳其伊兹密尔理工学院 Başak İpekoğlu 研究了基于价值评价的土耳其传统民居保护的建筑修复评价方法。其中，作者通过评估传统民居的建筑、历史、环境、视觉与美学要素的水平来将建筑分级，并提出不同级别的保护方案。

回观国内，建筑价值评价的研究起步较晚，但近十年来该领域得到较多关注，研究方法在逐渐丰富，研究体系正在形成并不断完善：

北京工业大学刘孟涵在硕士论文《北京 20 世纪现代建筑遗产健康诊断评价体系及保护策略研究》中，介绍了现代建筑的常见病害以及相关检测技术，构建健康诊断的指标评价体系，并以北京大栅栏劝业场这一修复工程为例，说明健康诊断工作的收集、建成、评估、诊断、报告等一系列流程。

宋刚、杨昌鸣教授等在《近现代建筑遗产价值评估体系再研究》一文中，从基本价值与附属价值两个方面建立了近现代建筑价值的层次结构模型，并运用层次分析法（AHP）来确定相关指标权重，在价值评估层面提出操作性较强的评价方法。

闫觅、青木信夫、徐苏斌教授等在《基于价值评价方法对天津碱厂进行工业遗产的分级保护》一文中，在国内相对成熟的工业遗产保护研究基础上，以天津碱厂为实例，分别评价了它的技术价值、历史价值与艺术价值，得出了相对的保护分级及相应级别的保护更新策略。

武汉大学的丁倩等在《历史建筑价值评估的汇总模型》一文中，总结了历史建筑的基本指标计算，通过数学建模完成了价值评估模型，并结合某一座武汉历史建筑的专家评估分数，示范了其结构方程及汇总结果。

#### 1.3.2.2　近现代体育建筑的价值分析

当前近现代体育建筑保护价值与量化评价的研究成果相对较少，在已有的成果中，学者们对近现代体育建筑保护的宏观要求、道德责任、策略方法等问题有所研究。

一些学者对近现代体育建筑的价值构成进行定性分析：

Adam G. Pfleegor、Chad S. Seifried、Brian P. Soebbing（2012）分析体育和娱乐设施中的价值构成，认为体育和娱乐设施是一种能够反映社区民意的重要建筑遗产，保存它们是居民的道德义务。

Robles（2010）提出近现代体育建筑具备一般历史遗迹的七种价值，包括类型学、结构学、功能学、美学、建筑学、历史和象征性。

Miranda Kiuri 和 Jacques Teller（2015）对奥运场馆的价值进行分析，探讨了奥运会比赛场地的遗产价值及其文化意义，表明这些体育场馆的价值已不仅是建筑价值，而且包括政治、社会和体育层面；奥运体育建筑的价值，一方面包括遗产价值类型强调的创作的重要性、材料的真实性、结构或场地模式的创新性；另一方面奥运会的筹备和庆祝活动带来了额外的无形价值，如组织活动的努力、规划大规模的体育建筑、创建公园进行娱乐等，赋予了奥林匹克体育场馆特定的意义。活动本身的成功也是非常重要的，例如，在创造新的体育纪录方面，以及受欢迎程度，但也有奥运会的稀有性，额外的社会或历史事件，公民参与和围绕奥运会庆祝活动的政治支持等。

Orr Levental（2020）提出体育建筑聚集的五种价值，这是认可一个体育场馆为文化遗产的必要条件：①从使用程度和使用频率来看，体育场馆是当今最受欢迎的集会场所；②场馆象征着"家"、个人和集体的场所意识；③场馆的规模和景观具有个性，建筑在城市环境中脱颖而出；④举办重要体育赛事和比赛的不可或缺的场所；⑤场馆在一段持续的时间内不断地投入功能使用。

### 1.3.3　近现代体育建筑保护更新的主要策略

#### 1.3.3.1　保护更新的策略方法

在研究对象方面，多为具有较高历史价值的近代体育建筑，已经列为文物保护单位。对中华人民共和国成立后出现的体育建筑保护的研究很少；在研究内容方面，关于体育建筑改造的研究较多，体育建筑保护的研究较少，且多为案例分析，缺乏系统研究。

首先，该领域研究基础主要涉及近现代体育建筑保护更新的基本原则，即保存与改造的程度与比例判断，以国外学者的研究成果为主。

西班牙保护学者萨尔瓦多·穆尼奥斯·维尼亚斯在《当代保护理论》（*Contemporary Theory of Conservation*）一书中，提出许多当代保护界的新观点，是对《威尼斯宪章》所代表的"真实""可逆""最小干预"等现代保护观的全面反思与补充。其中，无论是保护内涵的探讨，例如对当代建筑保护的任务、预防性保存、信息型保存等，还是科学保护的原则，例如当代保护无法避免的主观性与社会性，对现代建筑的保护原则有很好的借鉴意义。

美国建筑保护学家西奥多·普鲁顿（Theodore Prudon）在《现代建筑保护》（*Preservation of Modern Architecture*）一书中深刻地提出，面对现代建筑时，传统保护哲学应顺应时代发展做出改变。其中提出许多具体的观点，例如，现代建筑会产生使用功能的过时或废弃而进行巨大改变；现代透明性材料的运用会让室内与室外空间越发难以分离；现代建筑的材料失效是难以允许自然锈迹的存在和生长的；重建会破坏建筑的真实性，却可以让临时性建筑变为永久性建筑，进而更好地保存其设计观念。随后，本书按照建筑材料的类型进行分类讨论，辅以翔实的美国现代建筑保护案例，说明现代建筑不同材料及结构的保护与修复逻辑。

代尔夫特理工大学 Marieke Kuiper 与 Wessel de Jonge 教授合著的电子出版物《遗产设计的保护与转变策略》(*Designing from Heritage: Strategies for Conservation and Conversion*) 一书中，介绍了许多欧洲代表性的现代建筑遗产的更新实例，重点讲述了建筑师在提升建筑价值过程中的作用。

其次，针对近现代体育建筑的具体保护策略的研究较为零散，研究深入程度有限，多以奥运会建筑以及优秀历史建筑等具体案例的更新为切入点，列举具体的改造策略及方法。

卡尔迪夫大学 Julliet Davis 教授在《避免"白象"？ 2012 年伦敦奥运与残奥会场的规划设计 2002—2018》(*Avoiding white elephants? The planning and design of London's* 2012 *Olympic and Paralympic venues, 2002–2018*) 一文中，指出之前多届奥运会建筑在赛后成为城市的沉重负担，出现"白象效应"，拖累了主办城市甚至主办国的经济发展；为了避免这种情况，伦敦奥运会会场的最终选址、赛时与赛后的规划布局以及单体的赛后保留或拆除都进行系统性的研究，实现了总成本的良好控制以及赛后的可持续性利用。

Juliet Davis 分析多届奥运会建筑在赛后成为城市沉重负担的现状，为避免这种情况，伦敦奥运会会场的选址、赛时与赛后的规划布局以及体育建筑单体的赛后保留或拆除都进行研究，以期实现总成本的合理控制与赛后的可持续性利用。

喻汝青、钱锋教授在《上海近代体育建筑发展脉络及保护改造》一文中，探讨了上海近代体育建筑的保护价值、发展脉络，研究了上海近代体育建筑保护改造的三个阶段及保存现状及问题，探索了其保护改造模式及趋势。

同济大学刘洋在博士论文《体育建筑的改扩建研究》中，利用历史建筑保护理论、更新再利用理论和城市更新等相关理论工具，以历史上体育建筑改扩建的相关案例为基础，分析体育建筑改造的主要动因、主要类型，并运用分析的结果进行设计探索，最后针对我国体育建筑相关的公共理念和政策提出建议。

同济大学陈凌在《上海江湾体育场文物建筑保护与修缮工程》一文中，通过对该体育建筑保护修缮工程设计过程的分析，简要阐述了保护逻辑与设计对策、修缮技术与文物建筑更新与再利用等方面的问题。对江湾体育场建筑群进行价值判断后提出针对性的整体保护策略，对其在更新过程中的具体干预决策也进行评估，从而总结了准确、有效的修缮技术，如针对看台防水和清水砖墙的处理，同时加入"寓新予旧"的设计——在看台下方空间加入体育博物馆和体育商业，对游泳池更新，进行功能的延伸和提升，使其成为全天候康复的现代化水上体育休闲中心，给它注入新的生命力。

刘芳、田庆平、何本贵在《清华大学西体育馆的保护修缮技术》一文中，介绍了建于 1921 年的清华大学西体育馆的历史背景和建筑现状，重点阐述修缮前的准备工作和加固改造中的修缮技术。通过基础整体托换、增设构造柱和圈梁、墙体加固等保护性修缮技术，保证结构安全并加入了新的使用功能，做到了功能完善与保持原貌相结合，其成功经验可以为相似现代文物建筑的加固、修缮提供借鉴参考。

陈海峰、梁凯庆的《"原真性"的"原"与"真"之辩证关系探讨——以原国立中山大学旧体育馆保护修缮为例》一文中，探讨了在文物建筑遗产保护与修缮中"原"与"真"的关系，以国立中山大学旧址体育馆保护修缮工程为例，分析其修缮技术与策略，研究如何对两者间的矛盾进行权衡与取舍。

哈尔滨工业大学陆诗亮教授等在《增量走向存量？——新常态下体育场体育建筑更新改造趋势研究》一文中，重点阐述了目前国内既有场馆存在的外在环境与内部空间问题，并相应提出更新策略，针对室外训练场地、交通系统、停车系统等外部空间以及比赛场地尺度、看台座席数量、辅助服务空间等内部空间问题提出相应的解决策略。最后指出我国体育建筑的三点更新趋势。

同济大学钱锋教授、赵诗佳在《上海体育建筑改造的几点思考》一文中，对上海各个时期的体育建筑进行梳理，总结实施改造的动因及策略，并对改造中产生的问题和对策进行探讨。

### 1.3.3.2　保护更新的实践技术

近现代建筑的保护技术主要涉及日常维护、防护加固、现状整修和重点部位修复四个方面。目前，我国对建筑遗产的保护及修缮技术的相关研究已涵盖常见的材料与结构，但缺乏一套针对完整的建筑结构及材料体系的适应性方法。现行相关规范与标准较少，结构受损的大多数近现代建筑遗产存在因"安全因素"被拆除的风险。

首先，本研究领域的文献基础较为普适，一般历史建筑与近现代建筑的修复技术多在一起加以论述：

英国保护专家大卫·瓦特（David Watt）所著的《建筑病理学：原理与实践》（*Building Panthology：Priciples and Pratice*）一书中，从建筑物的结构体系与材料体系出发，系统、翔实地研究了影响建筑性能的各个部位及各种材料，各自的衰退或损伤肌理，并提出调查评估、修复及后期检测的一系列方法。

东南大学淳庆在《典型建筑遗产保护技术》一书中，重点介绍了建筑遗产的结构检测评估方法和适应性保护技术两个方面。其中，近现代建筑中常用的混凝土结构和砌体结构的修缮有较为详细的介绍，且对近现代建筑遗产的平移、托换技术也有所涉及。

天津大学张帆在博士论文《近代历史建筑保护修复技术与评价研究》中，对价值理论与评价方法在历史建筑保护科学体系中的重要作用进行阐述，并以之作为研究框架的理论基础；按照建筑材质的类别选择砖、石、木三种基本类型进行修复技术适宜性评价选择的定性和定量研究；重点以清水砖墙的保护修复为例，创新性的架构清水砖墙保护修复技术量化评价模型，形成今后保护修复工作的参考；最后构建历史建筑修复后评价（PRE）过程模型，并将其应用到青岛常州路监狱保护修复工程项目中。该文献对保护与修复的理论与技术都进行较为深入的研究。

天津大学成帅在博士论文《近代历史性建筑维护与维修的技术支撑》中，分析近代历史性建筑的劣化现象与维护、维修或替换的方式选择，重点研究了近代建筑最常见的砌体外墙、石材外墙、木构件与铁件的维护维修技术。该文献对本书的具体技术策略有一定的指导作用。

北京工业大学张爱莉在博士论文《基于价值评估的建筑遗产室内装修适宜性修复技术

研究》中，以北京 20 世纪的现代建筑遗产室内装修为具体研究对象，构建较为全面的室内装修综合价值评估体系，并根据评估结果将建筑室内的装修价值从高到低分为四大类；根据价值类型提出相应的适宜性修复模式及其修复策略；最后针对室内的结构构件、室内界面、装修材料、管线设施等多个方面分别阐述了维修更新的技术与策略。另外，该文献的研究方法与论证逻辑对本书也有一定的借鉴意义。

其次，近现代体育建筑的修复技术主要涉及混凝土看台结构以及钢结构、玻璃等围护材料的修缮问题，研究学者部分来自土木工程的防灾减灾方向。

体育建筑专家 P. Thompson、J. Tolloczko 与 J. N. Clarke 编写的《体育场、体育馆与看台：设计、建造与运营》(*Stadia, Arenas and Grandstands：Design, Construction and Operation：Proceedings of the First International Conference "Stadia 2000"*) 一书中，收录了一篇名为《旧体育场需要更新、修缮与维护》(*Old stadia meet current requirements by renovation, rehabilitation and repair*) 的文章。其中以三座美国 20 世纪 20—30 年代建造的美式足球场为例，分析现代体育场可能出现的退化原因，以及相应的修复方案。

Pascoe J、Culley P. 在《体育设施及其技术》(*Sports Facilities and Technologies*) 的技术篇中，提出体育建筑可持续性技术、修复技术与可再生技术的应用。

上海建筑设计研究院顾平在《上海体育建筑保护修缮节能技术》一文中，主要研究了对体育建筑的保护修缮与节能技术，阐述了建筑节能的重要性与必要性，修缮的原则与程序，并以体育大厦为例进行相关实践。

史铁花、唐曹明、肖青在《体育场馆抗震加固及改造方法的研究》一文中，以北京的大跨度体育场馆为主要研究对象，分析薄壳结构、网格结构、张拉结构三种结构的特点，并归纳为钢筋混凝土结构与钢结构两种主要材料结构形式，并进一步研究了两种形式的抗震加固方法，为体育场馆的结构修复技术提供了简明的思路。

## 1.3.4 近现代体育建筑的可持续性更新

近现代体育建筑的保护更新工程中，以降低运营成本和能源消耗的可持续性设计已逐步成为业主和运营者的共同要求。该研究主题主要涉及三个方面：一是以降低能耗为目标的绿色节能改造；二是基于使用后评估 (Post-Occupancy Evaluation) 的研究对近现代体育建筑进行的室内外功能与环境改造；三是从遗产经济学 (Heritage Economics) 视角为近现代体育建筑提出的降低成本的可持续性运营建议。这三个方面的理论研究有一定的基础，而针对性研究在国内外均较为缺乏较为系统性的成果。

### 1.3.4.1 体育建筑的节能改造

节能改造是可持续性更新的重要方面，相关文献较为丰富，分析角度较为全面，后评估研究中的行为观察等调研方法也为本研究的调研方法提供了思路：

天津大学邢赫在硕士论文《全民健身背景下的大众体育场馆可持续性设计研究》中，从全民健身馆设计全程的顺序，分析从功能设计、空间设计到环境性能优化的可持续性设计思考，为本书提供了一定的策略思路。

同济大学刘洋在《体育建筑的节能改造》一文中，主要分析节能改造的三个方面，即延长使用寿命（结构加固）、减少能源依赖（适应性环境改造、替换节能材料）与利用新能源（光伏组件与现有建筑构件结合），为本书提供了一定的方法借鉴。

华南理工大学孙一民教授等在《体育建筑使用后评估——广州亚运柔道、摔跤馆使用后评估研究》一文中，对从建筑使用后评估到体育建筑使用后评估的相关研究进行综述，随后以现华南理工大学体育馆为例，构建评估框架，对其光环境、热环境与风环境进行现场实测，并提出技术改进建议。

武汉大学杨尧在《黄龙体育中心使用后评价研究》一文中，着重现场调研并评价了黄龙体育中心的室外场地现状，包含道路使用、场地使用、景观绿化、商业经营四个方面，并给予了相关改进建议。

浙江大学徐伟伟在硕士论文《体育公园使用后评估研究初探——以杭州城北体育公园为例》中，进行较为全面的使用后评估研究综述，细致地设计了体育公园使用后评估的调查方法与研究过程，运用行为观察、访谈与问卷调查法，辅以均数分析、方差分析、因子分析三种数据分析方式，对体育公园的 22 项指标进行调研，并得出相应改造意见。

### 1.3.4.2 基于遗产经济学的体育建筑改造

东南大学朱光亚教授曾在某房地产论坛中发表了《建筑遗产保护工作中的经济学课题讨论》的主题演讲。朱教授着眼于建筑学领域之上的更基础层面的社会科学——经济学，用一些平实的例证指出，目前许多地方部门的历史名城名镇保护就是改造或加建成旅游景点以获取利益，完全忽视了其不可复制性等特征的经济价值。因此，对文化遗产进行经济价值的科学量化评估研究，有助于让大众纠正目前的建筑保护认知误区。朱教授的演讲内容帮助笔者更好地理解了中国近现代体育建筑当下的拆建浪潮，相关内容后整理入其专著中。既有体育建筑的维护成本巨大，如果不能充分、有效地进行城市资源配置，拆除重建有时是更加节约短期经济成本的行为，但这种决定显然忽视了近现代体育建筑的完整价值。

## 1.3.5 现有研究的不足之处

### 1. 体育建筑保护更新研究依旧欠缺

以 1990—2019 年中文主要期刊发表的全部体育建筑研究文章为研究样本，进行主题聚类分析，结果见表 1.4。在共计 996 篇样本中，以保护为研究主题的文章数量为零；以改造为研究主题的文章数量为 35，占整体样本数量的 3.51%，且无相关定量分析；前策划后评估大类的主题文章 105 篇，占整体样本数量的 10.54%。由此可得，体育建筑保护更新主题的研究成果依然相对欠缺，前策划后评估的研究较为不平衡，是未来体育建筑研究值得加强的部分。

### 2. 价值评价定量分析研究尚有不足

由表 1.4 还可看出，前策划后评估大类的定量分析仍有空缺。另从现有的保护价值评价的文献成果来看，价值评价的定量分析部分研究尚有不足，多数文章停留在构建价值指标的层面，部分尽管应用了层次分析（AHP）等方法得出权重，但大多没有得出量化转换的完整过程。具体至体育建筑领域的研究，则尚无相关文献，相关研究亟待补充。

表 1.4 1990—2019 年的体育建筑有关中文文献的研究领域分布

| 研究领域 | 关键技术问题 | 文章数量（单位 / 篇） | 成果形式 | |
|---|---|---|---|---|
| | | | 策略 | 定量结论 |
| 体育建筑建造领域 | 装配式 | 2 | ■ | |
| | BIM | 7 | ■ | ■ |
| | 材料 | 18 | ■ | |
| | 表皮 | 11 | ■ | |
| | 体育工艺 | 41 | ■ | ■ |
| | 看台 | 17 | ■ | ■ |
| 特殊体育建筑领域 | 专业足球场 | 22 | ■ | |
| | 网球场 | 34 | ■ | |
| | 高校体育建筑 | 86 | ■ | |
| 冰上运动体育建筑领域 | 冰上运动体育建筑 | 15 | ■ | |
| 体育建筑史领域 | 地域性、文化 | 30 | ■ | |
| | 体育建筑史 | 6 | ■ | |
| | 综述 | 58 | ■ | |
| 建筑的前规划与后评估领域 | 赛后利用 | 13 | ■ | |
| | 改造 | 35 | ■ | |
| | 选址 | 4 | ■ | |
| | 多功能 | 41 | ■ | ■ |
| | 场馆合一 | 1 | ■ | |
| | 规模 | 11 | ■ | |
| 体育竞演与健身产业领域 | 全民健身 | 53 | ■ | |
| | 体育综合体 | 3 | ■ | |
| 室内环境领域 | 视线 | 5 | ■ | ■ |
| | 舒适性 | 10 | ■ | ■ |
| | 风、光、热、声、空气环境 | 49 | ■ | ■ |
| 绿色节能领域 | 可持续 | 27 | ■ | |
| | 设备技术 | 25 | ■ | |
| | 绿色、节能 | 81 | ■ | |
| 体育建筑与城市关系领域 | 城市设计 | 15 | ■ | |
| | 规划 | 72 | ■ | |
| | 体育公园 | 10 | ■ | |
| | 县级、中小型 | 27 | ■ | |
| 体育建筑的公共安全领域 | 安全疏散 | 96 | ■ | ■ |
| 体育建筑的形态结构领域 | 结构与形式 | 12 | ■ | ■ |
| | 可开合屋盖 | 10 | ■ | ■ |
| | 结构选型 | 23 | ■ | ■ |
| | 结构理性 | 26 | ■ | |

资料来源：郭旗，梅洪元，陆诗亮. 基于 CiteSpace 的中国体育建筑研究溯源及流变 [J]. 新建筑，2020（03）:112-117.

### 3. 体育建筑保护更新策略研究缺乏系统性视野

从现有的体育建筑保护更新策略的文献成果来看，研究对象集中于方法论的角度，即为了解决比赛赛事、城市更新、使用感受等某一方面需求而进行的改造方法研究，而基于多因素综合视野的经过权衡取舍的保护更新策略研究相对缺乏，而这方面的研究可以对实际保护更新工程产生更为直接和全面的指导意义。

# 1.4　研究内容与创新点

基于研究背景与研究对象的内涵分析，本书着重提出四个中国近现代体育建筑保护更新研究方向：多维特征、综合价值分析、保护更新策略、可持续性发展模式。

## 1.4.1　中国近现代体育建筑的发展历史与案例

中国近现代体育建筑的发展历史较短，发展演变研究成果较少，历史阶段的断代及其特征缺乏统一认识，这是民众对其缺乏保护意识的直接原因，也是本研究的首个研究方向。本书将以典型案例的特征分析来窥探中国近现代体育建筑的发展与演变，明确研究对象的历史价值内涵，探究不同案例保护更新的异同，并通过多个不同规模尺度、不同年代级别、不同功能类别、不同空间特征的近现代体育建筑更新的调查研究，在总结现状问题的基础上，从发展与演变层面把握近现代体育建筑保护评价工作的指标与策略要点。通过对中国近现代体育建筑的价值发掘，结合评价学与价值工程学理论，得出中国近现代体育建筑的价值要素构成。

## 1.4.2　中国近现代体育建筑的价值分析与评价

构建中国近现代体育建筑的价值评估体系及评价模型是本研究的核心章节。首先对现有的一般建筑价值的代表论著与约束性文件进行比较分析，对现有的一般综合评价方法及目前实施的建筑评价方法进行适用性分析，指出保护价值及评价研究的理论思辨（局限性）。结合一般建筑综合评价方法的共性和近现代体育建筑价值评估的特殊性，深入分析中国近现代体育建筑典型案例的特征，明确中国近现代体育建筑价值指标评价体系的构成。运用决策实验室分析 - 层次分析法确定了价值指标的权重，以模糊综合评价法为中心提出适于本研究的综合评价方法。通过将典型案例应用于综合评价模型，验证了该评价方法的可行性和指导性，明确了不同价值等级的干预原则与模式。

## 1.4.3　中国近现代体育建筑的保护更新策略

基于价值评价的中国近现代体育建筑保护更新策略是本研究的重要章节。依据价值评价得到的评级、峰度和偏度结果，制定不同干预程度的保护更新策略。本书详述了基于不同价值类型、不同干预程度的具体保护更新策略及案例分析：

（1）基于历史价值的保护更新策略：原真性的彰显、解释性的修正、解释性的补充、解释性的延伸。

（2）基于艺术价值的保护更新策略：形式语言的延续、演绎和叠加。

（3）基于科学价值的保护更新策略：建筑与体育工艺的保留与修缮、建筑与体育工艺的改造与提升。

（4）基于社会价值的保护更新策略：场地与城市环境的衔接，场所对城市环境的触媒；关联居民生活的功能聚合，满足居民需求的体验提升。

在近现代体育建筑的保护技术方面，依据评定结果制定不同价值级别体育建筑的保护与更新综合策略，每一种策略应厘清策略的实施原则、具体方法及预期结果；最后，要讨论一种特殊的情况，即本来不含体育功能的建筑改造为体育建筑时应采取的策略，结合实例加以分析。保护性修缮的核心技术是针对长时间使用后的建筑进行病理分析，解决其结构性病害，并进行结构性加固，进而保护建筑的原真性与使用价值。大跨度结构技术的应用是中国近现代体育建筑发展的重要线索。本研究涉及近现代体育建筑钢筋混凝土结构观众看台的修复、砖石结构体育建筑的外立面修复、各大跨度屋顶结构的材料修复等问题。

## 1.4.4　中国近现代体育建筑的可持续性更新

近现代体育建筑应根据保护价值分析，允许灵活的功能性利用方式，从"修旧如旧"，维持原貌与"破旧立新"，全部拆除的两种对立选择中跳脱出来，从单一满足比赛要求、适应场地标准逐渐向灵活与多样性方向转变，以价值提升为保护与再利用的目标，消除负价值，改善既有价值，增加新价值，并从不同空间层次逐步分析，发掘近现代体育建筑的城市示范价值、区域触媒价值与建筑可持续运营方式。此外，针对我国体育建筑面临的大拆大建，科学严谨的体育建筑保护体系建设尤为重要。目前，我国建筑遗产保护工作仍在法治化的进程中，与欧洲及美国健全完备的建筑遗产保护法治化体系仍有差距。推动近现代建筑保护制度建设，使近现代建筑遗产的保护有法可依，得到切实的法治保障。

可持续性更新要求工程实践的更新方法既能够满足当下的要求，又不应影响到后代的使用需求，具有代际公平原则。关于可持续性发展的近现代体育建筑保护更新重点体现在基于一般性价值的干预策略中，涉及两个方面：一是基于使用后评估（Post-Occupancy Evaluation）研究对近现代体育建筑进行的室内外功能与环境改造；二是从遗产经济学（Heritage Economics）视角为近现代体育建筑提出的降低成本的可持续性运营建议。相较于建筑本体，降本增效的保护更新策略对既有近现代体育建筑的发展有更加深远的影响。使用价值和经济价值组成的一般性价值不属于历史建筑的价值分析范畴，但它们会影响历史建筑的可持续存续能力，进而影响保护更新策略的制定。当一般性价值面临较大问题时，应及时采取保护更新措施：①使用价值的挑战包括体育空间使用状态、附属空间使用状态以及置换改造潜力。管理者既要检测体育空间的老化程度，又要对照当今比赛及训练要求评估场馆的满足程度，还要判断空间进行置换改造的可行性。使用价值面临的较大挑战，主要是指结构或赛事安全性无法保证，或临时、特殊活动要求，不得不进行适当的更新。②经济价值的挑战体现支出大于营收，也应从"节源""开流"两个角度加以更新。通过体育建筑及其周边区域的综合开发和运营，带动商业、文化、土地等方面，为建筑保护更新与可持续发展提供资金，形成运营的良性循环。

## 1.4.5　本研究的主要创新点

（1）阐明了中国近现代体育建筑的诞生、发展和演变的历史脉络与阶段特征。以1850—1999 年共 150 年的时间跨度，涵盖"20 世纪中国建筑遗产"、全国或省市文物保护单位保护身份，具有学界公认代表性的 50 组典型案例为研究对象，将中国近现代体育建筑的发展分为诞生时期（1850—1936 年）、动荡时期（1937—1951 年）、起步时期（1952—1965 年）、艰难曲折时期（1966—1976 年）、改革开放前期（1977—1999 年）五个时期，分析各个时期的发展演变历程及其特征，完善基于文献与实证研究的中国近现代体育建筑演进史，为价值评价与保护更新研究提供了重要依据。以价值发掘为导向的中国近现代体育建筑发展演变分析也为该领域提供了新视角，具有一定开拓性的理论意义。

（2）提出中国近现代体育建筑价值的构成及其特征。从多元价值构成的角度，归纳了我国近现代体育建筑的历史价值、艺术价值、科学价值、社会价值、使用价值、经济价值等的属性，明确了中国近现代体育建筑保护更新的特殊性和价值取向：其历史价值应从原始材料的关注转向设计观念的保护，其艺术价值应从感性崇拜转向技术欣赏，其科学价值应着重判断体育工艺的代表性，其社会价值应着重评估其社区更新的触媒效应。结合国际最新的预防性保护理念，细化日常管理工作，弥补现有保护依据的不足，具有一定的理论意义。

（3）构建中国近现代体育建筑的价值评估体系及评价模型。结合一般建筑综合评价方法的共性和近现代体育建筑价值评估的特殊性，深入分析中国近现代体育建筑典型案例的特征，明确了中国近现代体育建筑价值指标评价体系的构成。运用决策实验室分析 - 层次分析法确定了价值指标的权重，以模糊综合评价法为中心提出适于本课题的综合评价方法。通过将典型案例应用于综合评价模型，验证了该评价方法的可行性和指导性，明确了不同价值等级的干预原则与模式，为实际保护工程的干预策略制定提供了有益的参考，弥补了当前该领域的不足，为具体项目提供有益的参考与借鉴，具有一定的理论与应用意义。

（4）提出基于价值评价的中国近现代体育建筑保护更新策略。依据价值评价得到的评级、峰度和偏度结果，制定不同干预程度的保护更新策略。本书详述了基于不同价值类型、不同干预程度的具体保护更新策略及案例分析：①基于历史价值的保护更新策略：原真性的彰显、解释性的修正、解释性的补充、解释性的延伸。②基于艺术价值的保护更新策略：形式语言的延续、演绎和叠加。③基于科学价值的保护更新策略：建筑与体育工艺的保留与修缮、建筑与体育工艺的改造与提升。④基于社会价值的保护更新策略：场地与城市环境的衔接，场所对城市环境的触媒；关联居民生活的功能聚合，满足居民需求的体验提升。该策略分析具有较为创新的视角，具有较大的实际应用和指导意义。

# 1.5　研究方法与框架

## 1.5.1　研究方法

1. 文献研究

系统考察国内外体育建筑保护修缮与改造更新相关的理论、方法与应用技术，借鉴国外相对成熟的建筑保护与更新理念与技术，以中国近现代体育建筑的发展沿革为考察基础，力求准确、完整且具备可操作性地提出中国近现代体育建筑从保护到更新工作的全过程评价与操作理论体系。

2. 系统分析

结合建筑学学科视角，运用系统工程学理论，对中国近现代体育建筑保护与更新工作各阶段评价、方法、技术等多方面进行探索，试图建立中国体育建筑保护与更新工作体系。

3. 对比研究

通过国内外体育建筑保护与更新案例比较，并对比参考相关类型建筑保护与更新案例，研究并归纳中国体育建筑保护价值的评估体系，及其相对应的更新策略等核心问题。通过比较研究，中国体育建筑保护利用的独特性得以表达，适应体育建筑类型特征与中国体育建筑发展轨迹的评估、保护与更新工作框架随之确立，进而彰显本研究的针对性与实用性。通过对主流多目标评级方法的对比分析，选出了最适宜本研究评价体系的权重确定和评价方法，并在其基础上，进一步应用 DEMATEL 方法消除了因素之间的权重影响。

4. 实例调研

本书将列举并翔实调研国内外成功的体育建筑保护与更新项目实例，从中提炼归纳出体育建筑在保护过程中现状评估、价值判定、使用评价等技术要点，与在更新过程中策略决策、实际操作等实践要点。同时，笔者实际参与的一系列体育建筑设计及更新得到的一手资料，帮助完成本书理论与实践的衔接。

5. 量化分析

在定性判断的基础上，结合实例调查得出的一手资料，借助多层次综合评价工程中的模型构建、多元统计分析、模糊数学、矩阵判断、层次分析与大数据法等多种定量评估手段，探求更为理性与科学的评价体系。同时在保护研究中，借助数理统计分析等方法，力求准确、直观地研究得出保护更新策略。

## 1.5.2　技术路线

本研究采用"理论研究—调研分析—建立模型—构建体系—策略分类—实例分析"的总体技术路线。

理论研究：明确中国近现代体育建筑的概念、类型及目标分类，从价值评价的理论视角对中国近现代体育建筑保护利用评价的内容、类型及其方法要点进行探讨，总结适合中国国情的近现代体育建筑保护与再利用综合评价技术策略方法，从而搭建本研究的理论基础与支撑平台。

调研分析：探究不同中国近现代体育建筑案例保护与更新的异同，并通过多个不同规模尺度、不同年代级别、不同功能类别、不同空间特征的近现代体育建筑更新的调查研究，在总结现状问题的基础上，从实践层面把握近现代体育建筑保护评价工作的指标、方法与策略要点。

建立模型：在中国近现代体育建筑价值评价研究的基础上，选择具有针对性与实用性的评价策略方法与量化技术途径，分别针对近现代体育建筑现状、价值再利用潜力以及再利用完成效果等建构相应的评价模型与评价体系。

构建体系：在对现有其他类型建筑评价体系借鉴与调整的基础上，结合近现代体育建筑的实际特征、调研结论、专家与公众的意见，确定近现代体育建筑价值范畴、近现代体育建筑价值指标、保护与更新方法适用性等体系的评价方法、评价指标及权重配置等具体技术内容。

策略分类：根据之前的评价案例结果，制定相应的保护与更新综合策略，并提出综合策略的实施原则以及拆除重建、部分保留式改造、加建式改造、保护性修缮每一项措施的干预原则。通过实证研究，对各评价体系中应用的评价策略与技术进行归纳总结，系统性建构适于中国国情的近现代体育建筑保护价值评价体系，以评价为主线、价值为核心，推进国内现代体育价值保护与更新工作的规范化与科学化。

实例分析：运用拟定的中国近现代体育建筑保护价值评价体系对具体案例进行实例分析。对评价对象的各项指标进行综合评价，得出相对客观的评价结果，并将价值的分级评定联系后续的保护与更新的策略选择中，突出近现代体育建筑价值评价的应用意义。

### 1.5.3 研究框架

本书的研究框架如图 1.15 所示。

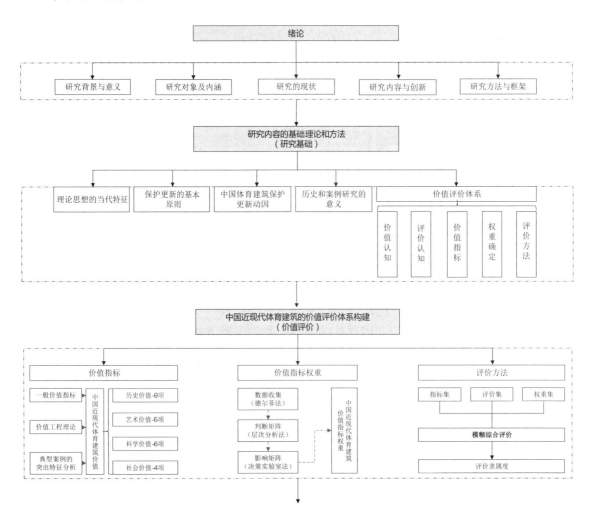

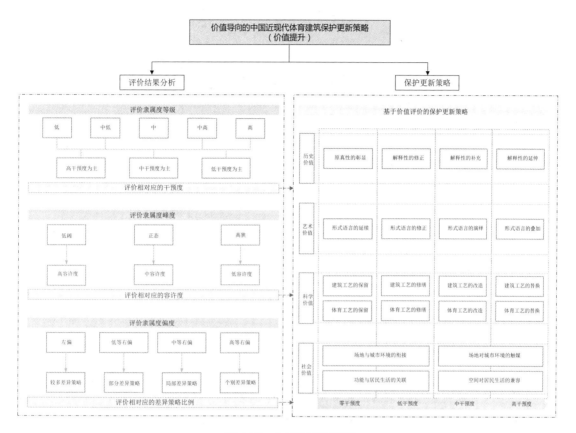

图 1.15 本书的研究框架

# 2　研究内容的基础理论和方法

　　本章是核心内容展开前的基础研究。通过对研究内容特性的把握，对相关的理论和方法进行总体分析，掌握相关领域的研究前沿，并选取出适于本书研究的理论和方法，为之后核心内容的系统性研究打好基础。

# 2.1　理论思想的当代特征

　　若要选取适于中国近现代体育建筑保护更新的理论思想，应先回顾中国近现代体育建筑保护更新的大事件。其保护更新的思想源自 1949 年 4 月《中国人民解放军布告》中提出的"保护一切公私学校、医院、文化教育机关、体育场所和其他一切公益事业"。1953 年后，先农坛体育场、江湾体育场等若干曾遭受战争洗礼的体育建筑得以修复和重新启用。改革开放以来，体育建筑迎来拆旧建新的高潮，建设数量和场地质量都有大幅提升，对既有体育场馆的改扩建也开始兴起。在 1982 年《中华人民共和国文物保护法》颁布的背景下，近现代体育建筑的保护更新观念日渐加强。到 1990 年北京亚运会、1997 年上海全运会等大型赛事举办时，通过改造更新实现满足比赛要求的既有体育场馆已承担约一半的赛事任务。2001 年北京奥运会申办成功后，体育建筑的保护更新开始向精细化和多元化的方向发展。

　　纵观其背后的理念发展，中国近现代体育建筑的保护更新始终采用更新为主、保护为辅的理念，强调原物功能性的提升，而原物保护的观念较弱。自 20 世纪 80 年代上海体育大厦、上海江湾体育场成为我国第一批文物保护单位中的近现代体育建筑代表之后，原物保护的理念逐渐加强。同时，近现代体育建筑保护观念的加强也反向影响新建体育建筑的品质，北京奥运会建筑在建设之初便充分考虑了更高的设计年限、赛后利用和运营等问题，让 2008 年北京奥运遗产至今得以可持续性利用。

　　由上述我国实践发展可知，近现代体育建筑保护更新的指导理论已与传统建筑及其他类型建筑的指导理论出现较大差别，为了更准确地把握保护实践的方向，需要对适用于近现代体育建筑的相关理论的发展变化进行分析，发现它们基于当代语境的特征。

## 2.1.1　指导思想的科学性转向

　　当今的保护工作离不开 19—20 世纪经典保护理论与原则的指导，但经典保护理论也有其局限性，甚至不乏自相矛盾的观点。经典保护理论将保护物的真实性视为核心，经典的保护工作就是一种"强化真实（Truth Enforcement）"的活动，为了维持与展示保护对象的"真实性"与"完整性"。但针对"真实"的内涵难有广泛获得共识的意见。博物保护学家米利亚姆·克拉维尔（Miriam Clavir）认为，经典保护理论中保护对象的完整性体现在物质、美学与历史三个层面：物质层面的完整性要求保护对象应该尽量保持原状，原状改变就是破坏；美学层面的完整性要求保护对象具有让观察者产生美的感受，美感改变就是破坏；历史层面的完整性是指历史的痕迹赋予了保护对象特殊的特征。另外，保护专家穆尼奥斯·维尼亚斯（Munoz Vinas）认为，经典保护理论中保护对象的完整性体现在物质组成、可感知的特征、原作者意图、原始功能四个层面。经典保护理论认为任何保护行为都应基于真实的基础。

经典保护理论流行下的 19—20 世纪建筑保护实践却自相矛盾。一方面，约翰·拉斯金、威廉·莫里斯和古建筑保护协会（Society for the Protection of Ancient Building）反对一切形式的修复。因为它们意味着保护对象真实性的改变。拉斯金认为："……建筑物无法承受的最彻底的毁灭——没有任何残留的破坏，却充满了对被破坏对象的捏造。"而维奥莱-勒-杜克认为："修复建筑既不是维护建筑，也不是去维修或重建它，而是重现其完好的状态，即使这种状态从来没有存在过。"建筑物真正的真实状态其实是建筑师构思时的最初想法，从建筑物开始落地之时，真实性已经不复存在。当建筑的原真性不再成立时，物质层面与历史层面的完整性便不再重要，美学层面的传递成为最重要的因素。因此，勒-杜克在对巴黎圣母院、亚眠大教堂、兰斯大教堂等法国哥特式建筑的修复工作，颇有基于中世纪哥特建筑风格文献研究的再创造的意味。

19 世纪末 20 世纪初期，卡米洛·博伊托科学性修复的观点搁置了前两者的争议，通过引入"软科学"即人文社会科学逐渐获得国际博物学界的认同。20 世纪中叶，引入"硬科学"即自然科学科学保护理论出现。保护学科逐渐独立，历史建筑的组成部分被越来越多地送入实验室，进行化学或物理实验。20 世纪下半叶，科学修复似乎已成为唯一正确的保护方式。例如，国际博物馆协会（International Council of Museums）于 1984 年哥本哈根会议后发布的《博物馆道德准则》（*The Code of Ethics for Museum*）中提出："……对历史或艺术对象的干预必须遵循通行的科学步骤，即调查来源、分析、解释和整合。只有这样才能保证该处置能够保证对象的物质完整性，彰显其价值。最重要的是，这种方法能够提高我们破解对象的科学信息的能力，从而获得新的知识。"但不可忽视的是，科学性修复在消弭了关于"古锈（Patina）"美与"纪念物（Monument）"美的争论之余，也间接消弭了一切关于保护伦理与哲学的讨论，材料与结构补强、适应性处置、可逆性处理技术等技术讨论让保护学科显得离建筑学、艺术学与社会学越来越远。另外，如果保护对象的真实性纯粹依赖于物理属性与材料成分的判定，那么真品与完美的赝品，原建筑与迁建或重建建筑的真伪之别就被消解了。

20 世纪末至 21 世纪初，一些保护学者开始重新引入保护主体视角的概念——"易读性（Legibility）"，通过将对象的物质属性转向于意义传达，保护学者找到了保护真实性的另一种发展可能。结合 20 世纪语言学、符号学的诞生与发展，保护主体的影响被重新予以重视。当今保护理论中主体视角的回归，并非试图重蹈主观主义保护的覆辙（尽管难以避免地再次出现一些主观主义与客观主义的对立，如 Denis Cosgrove 的激进式干预），而是希望保护对象的各方群体都可以参与保护决策之中。这种新的保护模式可被视为"主体互涉模式

( inter-subjectivism )",一种结合了符号学理论的解释方法。语言、文字等交流本质是一系列根据特定规则组织起来的符号,这种规则是各个主体之间通过约定俗成来构建的。某一对象在成为保护对象的过程中,可供阅读与理解的保护意义是在受影响人群之中产生与传播的,只有受影响人群达成集体共识时,对象的社会、科学、艺术意义才会产生。保护目标从传统的保护对象的原真性与完整性保护向受影响人群的可读性保护的转变,是当下保护思想的一大突破。主体互涉模式之下,保护决策不再只是保护学家的一人之责,而是受影响人群的共同责任。因此保护专家需要承担起解读者、建议者与导则制定者的责任。

从上述保护理论的变迁中可以发现,保护理论最初的分歧在于修复与反修复,即干预与否之争,背后涉及哲学和美学的思辨,这种观念的争论注定是难以相互妥协的,但明显的是,拉斯金代表的思想是更难以把握和实施的。随后,保护理论的发展转向干预方法的科学性,而从科学方法到主体视角的变迁,也展现出科学性正在从具体操作层面向整体方法论层面渗透。因此,价值导向的保护之所以具有当代意义,是因为价值评价是一种贯穿于保护全过程的科学性的方法,引入价值评价方法正是当代科学性建筑保护转变的一种重要方式。

## 2.1.2　保护对象的意义性转向

无论在西方社会还是东方社会,现代建筑相比古典建筑都是巨大的转变。虽然业已成为世界建筑史中重要的一环,近现代建筑仍然在当下面临着材料与功能的过时与废弃,以及缺乏管理与审美导致的破坏。若从经典保护理论的视角来看,近现代建筑的历史年限过短,历时性事件不多,实则难以登录保护名单。但随着当代保护理论的发展,近现代建筑的意义逐渐得到重视。一个标志性事件是悉尼歌剧院及悉尼港区于 1981 年提出申请世界文化遗产,此次申请距离悉尼歌剧院建筑建成仅间隔了 9 年。悉尼歌剧院最终于 2007 年成功入选世界文化遗产,距离建成也仅有 34 年。另一标志性事件是巴西利亚的城市设计于 1987 年成功入选世界文化遗产,距离建成仅有 20~30 年。不可否认的是,约翰·伍重(Jorn Utzon)的形式设计对悉尼乃至澳大利亚的标志塑造意义重大(图 2.1),奥斯卡·尼迈耶(Oscar Niemeyer)的建筑设计(图 2.2)、卢西奥·科斯塔(Lúcio Costa)的城市规划(图 2.3)也相互成就,共同实现了《雅典宪章》中的理想城市,但不足 30 年的建成年限依旧大大挑战了建筑保护专家的遗产观。

图 2.1　悉尼歌剧院鸟瞰　　　　图 2.2　巴西利亚三权中心广场　　　图 2.3　巴西利亚城市规划

事实上,欧洲早在 20 世纪 50 年代便已开始把近现代建筑当作遗产加以保护,主要集中于重要建筑思潮或著名建筑师的代表作品，保护思路为保证原作设计思想的传承。其中，具有重要推动作用的案例主要有德国包豪斯学校建筑群、德国威森霍夫住宅群、法国萨伏伊别墅、荷兰宗尼斯特劳肺结核疗养院等。1926 年建成的包豪斯学校建筑群是现代主义运动的标志产物，包豪斯学校创办者、建筑大师沃特·格罗皮乌斯（Walter Gropius）设计的风车形平面、大面积玻璃幕墙都对后世产生了深远的影响（图 2.4）。20 世纪 70 年代展开的包豪斯学校建筑保护修复实践中，局部材料失效的玻璃幕墙成为修复的难点。可以仅从一般性改造的角度出发，更换掉损坏的老旧部位，但 20 世纪前半叶的建筑玻璃采用的制作工艺多是拉法玻璃或者平板玻璃，表面有轻微不规则，透明度也并不高，若用当下主流的浮法玻璃代替，会产生明显的不协调。因此，1976 年修复团队将包豪斯学校大楼的整体幕墙进行更换，窗框也从钢材改为铝材，并非常注重延续转角处的通透性理念，保护更新后的状态如图 2.5 所示。1976 年包豪斯学校建筑的保护性改造其实是对沃特·格罗皮乌斯现代主义思想的延续和强化，可以看出欧洲建筑师对近现代建筑的保护是以延续原作理念的意义价值保护，并非严格遵循原真性、完整性、可识别性等古典建筑修复原则。

图 2.4　德国包豪斯学校建筑幕墙旧照　　　　图 2.5　德国包豪斯学校建筑幕墙现照

上述实例均为现代主义时期最具标志性的建筑，而广大标志之外的近现代建筑普遍面临身份认同与科学保护的危机，无论在欧洲、美国还是中国。近现代建筑保护的难点，即造成这种局面的原因源于三个主要矛盾：

1. 近现代建筑材料耐久及建造时长的短暂和传统保护观的矛盾

建筑保护的本质是延缓建筑材料与部件的损坏速度，但所有材料终将会被替换。相比于古典建筑，近现代建筑的材料更新速度大幅加快，例如玻璃、灰泥等，甚至石棉这种 20 世纪出现的保温材料在当今被验证为有害健康而被多国禁止。当修复这些具体部件时，保护更新方式必然有悖于传统保护的原真性原则，而选用当今工艺更加优良的材料加以替换。同时，近现代建筑材料的保护更新也很难遵循可逆性原则，例如在混凝土修复加固时运用的胶合物等。

另外，大多数近现代建筑的建造时间较短，设计基准期与设计使用年限也不长。流传下来的古典建筑大多是不计成本地倾力修建的，而当今社会寻求经济成本，才有了设计基准期的概念。工程界的荷载可靠取值只会寻求正态分布中的 90% 分位值，标准过低不安全，过高则会产生浪费，设计基准期达到上千年的建筑在现实中显得不切实际。目前，我国建筑规范的设计基准期为 50 年，我国新建的和既有的大中型体育建筑的设计年限也大多为 50~100 年，而在基准期定为 100 年的建筑设计中，材料耐久性措施要相应加大。

### 2. 近现代建筑固定精确的空间和不断变化的外部环境的矛盾

近现代建筑快速演变的根源是现代社会的高速发展，生产方式和经济环境加速了现代主义建筑形式的出现，并产生了新的意义。当外部环境迅速发生变化时，路易·康（Louis Kahn）等建筑师意图追求某种形式上的永恒性，显然难以得到满足，大多数近现代建筑都将面临功能上或空间上的废弃。一个典型案例是埃罗·沙里宁（Eero Saarinen）于 1962 年设计的美国纽约肯尼迪机场环球航空中心航站楼（TWA Flight Center）。这座建筑由四组大跨度的混凝土壳体拼接形成，室内外均大量运用自由曲线，表达出飞行的意向，如图 2.6、图 2.7 所示。它被视为埃罗·沙里宁有机建筑理论的代表作，20 世纪 50—70 年代结构表现主义的代表作，也是纽约的城市地标建筑之一。而 20 世纪航空产业发展迅猛，大型喷气式商用飞机逐渐普及，并改写了航站楼的设计标准。因此，采用老式飞机标准设计的该航站楼在投入使用时已经遭遇功能性的废弃了，它无法满足接纳大型客机的大量乘客及货物，面积与高度均显不足，原始平面设计如图 2.8 所示。因空间不满足新时期要求，航空公司长期经营不善，航站楼于 70 年代、80 年代经历几次改扩建，于 2001 年关闭，又随即开始了长达 14 年的关于再利用方式的争论，最终被改造为酒店得以重新利用，改造后的室内外现状如图 2.9、图 2.10 所示。从该案例中可以看出，现代社会的高速发展会迫使近现代建筑的有效使用年限变得更为短暂。

  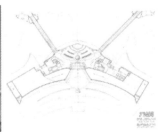

图 2.6　1962 年 TWA 航站楼主立面　　图 2.7　1962 年 TWA 航站楼室内　　图 2.8　TWA 航站楼一层平面

图 2.9　2019 年 TWA 酒店主立面　　　　　　图 2.10　2019 年 TWA 酒店室内

### 3. 近现代建筑多元的设计理念和传统的保护观念的矛盾

保护工作前期调研的目的是了解建筑的原始设计意图以及经历的历史变迁。在古典建筑中，对原始材料与结构的保护就等同于对设计意图的保护，而在近现代建筑中，设计意图的内涵得到极大的扩展，在很多层面也超越了建筑本体而成为保护对象中最重要的部分。这种差异带来的结果是整体设计的重要性高于局部设计，建筑师的创新思维成为主导，构件则向着标准化的方向发展。然而，建筑师的设计创新思维完全有可能挑战传统的保护认知。

第一，近现代建筑打破了传统建筑的美学标准，新的形式可能得不到大众的认可，从而影响保护结果。例如，弗兰克·盖里（Frank Gehry）于 1992 年设计的布拉格舞蹈之家，是植入欧洲街角环境的一座另类建筑，具有强烈后现代主义和盖里个人的风格，如图 2.11 所示。城市环境组织 Arnika 的一项当地居民对布拉格最美观和最丑陋的近现代建筑项目调查中，同时入围了这两类互相对立的提名，可见当地民众对它的审美差异极大。

第二，近现代建筑材料经历长时间使用所遗留的痕迹，是需要分析背后的设计理念来分类讨论的。有些难以称得上历史美感，相当一部分近现代建筑的设计理念就是寻求干净、纯粹、简洁的立面，因此保持材料的崭新才是一部分近现代建筑的更新逻辑，如理查德·迈耶（Richard Meyer）的"白色派"作品；另外，一部分近现代建筑的设计理念又是追求材料的侵蚀图案，当今建筑运用的耐候钢板表面形成的氧化物更是有保护内部的作用。例如，马克尔·布鲁尔（Marcel Breuer）于 1953 年重建的鹿特丹贝因考夫百货公司（De Bijenkorf）立面采用石灰华大理石制的矩形/六角形拼接图案，如图 2.12 所示。在设计之初，建筑师就考虑到鹿特丹港口的多雨多雾的天气和繁忙的交通可能对建筑立面的侵蚀，因此立面上有许多精细的肋条，以避免普通垂直向下的污痕。如今，如建筑师所料，立面形成了许多有构成感的斑驳痕迹，为建筑增添了自然的历史质感，如图 2.13 所示。

图 2.11　布拉格舞蹈之家　　　图 2.12　贝因考夫百货公司　　　图 2.13　贝因考夫百货公司现照
　　　　　　　　　　　　　　　　　　1954 年旧照

第三，近现代建筑的设计往往考虑"建筑室内-建筑立面-区域环境"的关系，通过运用玻璃实现三者之间的关联关系。当关联足够紧密时，室内的摆设变动都会影响整体观感。如 SOM 公司于 1954 年设计的纽约汉华实业信托银行大楼（Manufacturers Hanover Trust）。原有的建筑设计理念是通过透明的玻璃幕墙、通透的大平层、悬浮的二层楼板、发光的天花板、白色大理石柱、灵活布局的内部办公、室外可见的保险库大拱门，展现出汉华信托银行的现代、透明与可靠，如图 2.14～图 2.16 所示。可见，其设计理念是室内外一体考虑的，建筑的外部与内部分别于 1997 年与 2011 年被列为纽约城市地标。经过 60 余年的使用，建筑的面积和布局已不能满足银行的需求，立面也无法满足纽约绿色建筑要求，因此 SOM 公司于 2012 年进行保护性改造，改造团队充分尊重原始设计意图，将功能改造为商业建筑的同时，室内布置依然尊重二层大平层的通透布局，保留了发光天花板、屏幕墙、原银行保险库拱门等原始设计的关键要素，一层有限度地分隔了部分商铺出租，将原玻璃幕墙整体替换为半透明的节能玻璃幕墙，成为纽约第 5 与第 43 大道的新商业地标，如图 2.17、图 2.18 所示。

图 2.14 汉华银行大楼室外旧照　图 2.15 汉华银行大楼室外夜景旧照　图 2.16 汉华银行大楼室内旧照

图 2.17 汉华银行大楼室外现照　　　　图 2.18 汉华银行大楼室内现照

从上述几个特殊矛盾中可以发现，对近现代建筑而言，保护对象相对更加难以把握，牵涉的因素也更多，因此保护的目标从对建筑物实体的物质性保护转向对整体设计思想的意义性保护，是近现代建筑保护的客观要求。

若要解决近现代建筑保护所面临的三点主要矛盾，应从近现代建筑的策划设计与建筑保护的工作模式两方面做出改变：

（1）近现代建筑在策划设计阶段应考虑建筑的可持续利用方式，应注重设计意图等全过程的保存。

如今，设计阶段的电子图纸存档流程较为完善，但设计意图的展现、归纳和保存没有受到相应的重视。例如，调研案例南宁江南体育馆的开敞式设计在当时是十分独特的，但关于设计理念的文献资料不足，如今设计师的原初理念难以完整求证，只有通过建筑实物加以分析推断。

（2）建筑保护的工作模式应考虑从物质层面的保留转向理念层面的延续。

近现代建筑的价值更多倾向于它丰富的设计理念，建筑物是用来佐证理念的载体。在设计分工细化与电子化制图普及的现当代，相对原初实物信息的保留，原初设计理念的留存相对困难。建筑师的原初设计理念可能在建造过程中就已经无法完整实现，例如，调研案例黑龙江速滑馆的屋顶采光天窗，因造价控制没有实现，而在后来的改造中得以建成。正如美国建筑保护学家西奥多·普鲁顿（Theodore Prudon）在著作《现代建筑保护》中所言"……对现代建筑来说，建筑价值的评估终究不是那么具有历史性和物质演变性……最初的设计构思和想法是最重要的……对原始材料保护的愿望不是被摒弃了，而是不再强调。"

## 2.1.3 城市更新理论的启发

无论是当代保护理论中的价值导向的保护方法，还是近现代建筑保护方法的矛盾与解决方向，建筑的存在意义、原初的设计理念都成为保护的优先选择，背后也意味着应将建筑视为一种有机生命体，衰老与迭代随时随地且不可避免，保护建筑的重点应是保护建筑的突出理念价值，转而接受物质层面的变迁。其实，与此共通的保护理念较早地出现于历史城市的保护更新中。

1. 三元式理论——保护更新的动态关系

法国著名保护学家弗朗索瓦茨·萧伊（Francoise Choay）在为奥斯曼先生的亲笔回忆录——《奥斯曼，巴黎的守护者》一书作序时指出，奥斯曼在改造巴黎时，一直秉持的就是"保护、拆除与革新"并行的三元式进化理论。三元式进化理论是文化活力的根本，也是后世进化的基础。奥斯曼巴黎改造的三元式理论是受到法国哲学家埃米尔·利特雷（Emile Littre）和建筑师勒-杜克的影响。埃米尔·利特雷曾用语言学阐述了三元式理论："一门语言的内部属性决定了它不可能永远是静止不变的……所以，每一门流通的语言身上都存在三条属性：它必然有一套与所处时代相对应的'当代用语'；然后是'古语'，这套古语在遥远的过去也曾经是它那个时代的当代用语，它同时又是后世语言进化的基础；最后则是'新词'，如果运用不当，新词就会阻碍语言的发展、繁殖，适用得当则会成为促进语言进化的利器。当然，随着时间的流逝，这个'新词'在未来某时也会演变为'古语'，成为我们研究历史和语言发展的依据。"在法国哥特教堂修复工程期间，勒-杜克也曾向历史建筑委员会表示敬佩，维护其在重视历史的同时不忘放眼未来。此外，勒-杜克将建筑发展比作语言进化历程。

2. "磁体"与"容器"——改造更新的必然性

20世纪以来，美国城市理论家刘易斯·芒福德（Lewis Mumford）在《城市发展史》中表达了城市像有机生命体一样，拥有发展、成熟、矛盾聚集直到衰亡的过程。城市具有"磁体"与"容器"的双重属性，且"磁体"所代表的富于吸引力的内在精神属性（etherealization），是高于"容器"所代表的功能聚集的外在物质属性（materialization）的。为了保持"磁体"吸引力，城市的历史遗产进行改造与更新是不可避免的，也只有在改造更新之后，旧建筑也才能真正地获得纪念性和城市遗产的价值。

3. 城市建筑类型学——新旧建筑的共同原型

对城市建筑的改造更新，建筑理论家、建筑师阿尔多·罗西（Aldo Rossi）在《城市建筑学》一书中表达了历史城市具有传承集体记忆的功能，并赋予了城市中不同类型历史建筑之中共有的原型。这种原型源自城市，产生于城市里的居民、建筑、街道等集体无意识的经验之中。城市建筑的设计与更新的过程就是寻找并契合这种城市原型的过程。例如，佛罗伦萨圣克罗斯地区（Santa Croce）的城市形态（图2.19）、法国尼姆城（Nîmes）竞技场的城市形态（图2.20），都因为受到古代体育竞技场的城市元素影响，而叠加生长出符合体育竞技场建筑元素类型的城市建筑。因此，作为核心城市元素的体育建筑，通过延续的保护更新过程是具备影响城市形态走向的潜力的。

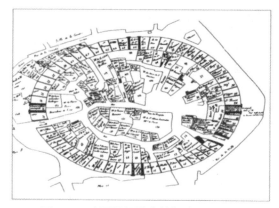

图 2.19　佛罗伦萨圣克罗斯地区平面　　　图 2.20　法国尼姆城竞技场地区平面

　　体育场对城市肌理的影响有一处广为人知的实例——罗马多米蒂安体育场（Stadium of Domitian）和如今的纳沃纳广场（Piazza Navona）。古罗马时期，体育场逐渐成为赛马战车竞赛、宗教祭祀及节日庆祝的活动场地，因此场地中心变得更加修长，出现竞技场（Roman Circus）与圆形或半圆形剧场（Roman Amphitheatre）两种主要场地原型。罗马竞技场（Circus Maximus，拉丁语义为最大的竞演场，本书取自意大利语义）是这一时期的典型代表（图 2.21、图 2.22）。它是古罗马时期最大且最重要的体育场，整体为 621m×118m 的矩形场地，可容纳 150000 名观众，并建设了木构及石构的永久观众看台。这里曾是罗马举行田径比赛、赛马竞技、战车竞技、宗教仪式、公共宴会、戏剧表演、音乐独奏、动物狩猎、角斗比赛甚至公开处决的地点，直至公元 1 世纪罗马斗兽场（The Colosseum）建成，这里才逐渐没落。中世纪以来这里被重新利用，20 世纪后这里作为罗马的城市体育公园，依然举办过多次体育赛事及演出活动。此外，公元 86 年前后建成的罗马的多米蒂安体育场有很重要的代表性。它参照了希腊式建筑语言，观众看台及其下部空间采用古代混凝土与砖结构建造，外表覆盖大理石饰面，可容纳 33080 名观众。它的体育空间采用与罗马竞技场相似的马蹄形，但规模小许多（图 2.23）。建造之初，它几乎完全用于体育比赛。罗马帝国后期，它才逐渐改用作角斗场等功能。经历了漫长的中世纪没落，文艺复兴后期，它的场地被用作城市的公共开放空间，当时的建筑师尊重并延续了原有的马蹄形体育平面形式，并加以新建、改造与围合，创作出巴洛克时期建筑与艺术的代表——纳沃纳广场（图 2.24）。

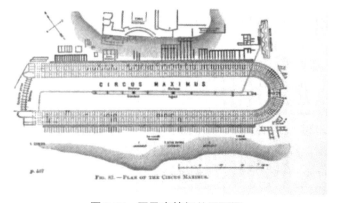

图 2.21　罗马竞技场总平面图

图 2.22 公元 4 世纪的罗马竞技场复原模型　　图 2.23 多米蒂安体育场复原模型

图 2.24 原多米蒂安体育场 / 今纳沃纳广场的城市肌理对比

　　从上述几类历史城市的保护更新理论中可知，历史城市及其建筑的保护更新应该找到内在结构性因素（古语、磁体、原型等）加以保护，并在此基础上加以拓展与更新，以适应当代的语境，实现城市空间的有机生长。恰如 20 世纪 80 年代吴良镛先生的北京菊儿胡同改造工程，在北京传统四合院空间模式的基础上，整体为立体院落组合，创造了具有中国特色的当代低层高密度集合空间模式。城市更新理论对城市建筑找寻内在结构性的要求，也与当今保护理论科学性和意义性转向的要求不谋而合。

# 2.2 保护更新的基本原则

## 2.2.1 宪章与宣言

　　1931 年，《雅典宪章》第一次对历史建筑保护与修复制定了基本原则，为古建筑保护与修复运动的发展做出了贡献。当今，以联合国教科文组织（UNESCO）和国际建筑师协会（UIA）为主的国际文物古迹保护体系相对成熟，历次重要国际宪章与会议宣言，诠释的侧重点均不相同，合并起来看能让评价标准的发展过程的国际共识逐渐清晰。近现代建筑遗产、整体环境保护等更成为《巴拉宪章》及之后国际宪章的焦点议题之一。简言之，建筑保护更新的基本原则可概括为重要性、完整性与真实性。

### 1. 重要性（Significance）

《巴拉宪章》1.2 条明确提出"文化重要性"的定义，即对过去、现在及将来的人们具有美学、历史、科学、社会和精神价值。它包含于遗产地本身、遗产地的构造、环境、用途、关联、含义、记录、相关场所及物体之中。该重要性定义将原本聚焦的历史性、稀有性等评价准则，扩展到对建筑的类型、建造、技术、材料、事件等多方面关注。

近现代建筑遗产的历史不及古代文物建筑，历史年代的重要性被更多元的重要性内涵所替代，国内外对保护建筑的历史年代要求有越来越宽泛的趋势。例如美国国家历史建筑名录的最低年限要求为 50 年，纽约城市建筑遗产的最低年限要求为 30 年，高层建筑先锋之城芝加哥则没有年限要求，设计观念的重要性逐渐超过对历史性的关注。

### 2. 完整性（Integrity）

建筑遗产的完整性原则旨在关注建筑本体的遗留现状与完好原状之间的差别，当这种差别越小，可认为完整性越高。因此，重要性评价需要评价者对建筑物的原始意图、原始图纸、历史照片、修缮改造记录等有全面了解，并进行相关对比分析。同时，建筑环境的完整性也要受到重视。《威尼斯宪章》第六条明确提出："古迹的保护包含对一定规模环境的保护。凡传统环境存在的地方必须予以保存，决不允许任何导致改变主体和颜色关系的新建、拆除或改动。"

对建成时间较短的近现代建筑，原始意图的考察相对准确，评价者不仅应该明确原始结构、材料实体的留存，而且应发现局部损坏而进行的修缮更替、功能变迁而进行的改造扩建，以及这些改变是否忠实于原始的设计意图。忠实于原始意图的后期介入可被认为一定程度上完整性的延续，而不忠于原始意图的后期介入则是对完整性的某种损坏。

### 3. 真实性（Authenticity）

《威尼斯宪章》最早形成了真实性的修复理念，其中修复篇第十一、十二、十三条均表达出对原始状态真实的一种追求，例如修复前须论证价值，部分应与原作有所区分，任何添加都不被允许，遗产只可复原而不可重建等。《关于真实性的奈良文件》则是对《威尼斯宪章》中真实性思想的直接修正与补充，补充考虑了文化背景的差异导致的本体真实性的理解偏差，执行层面上允许不同地区保护的方式方法。《关于真实性的奈良文件》中特别指出："根据文化遗产的性质、文化背景及其随时间的演变，真实性的评价可能与各种信息来源的价值相关联。来源可能包括形式和设计、材料和物质、用途和功能、传统和技术、位置和环境、精神和感觉以及其他内部和外部因素。使用这些资源可以详细说明正在审查的文化遗产的特定艺术、历史、社会和科学方面。"

从国际文件的共识中可以看出，《关于真实性的奈良文件》中的真实性赋予了近现代建筑的设计观念更大的包容性，真实性概念的提出标志着文化遗产保护进入后现代主义思维时代。

## 2.2.2 法规与标准

### 1. 法律法规规章和相关技术标准

对近现代建筑遗产的保护，世界各地相关保护法规规定的范围和强度各不相同，英国、法国的相关法规就严格限定了参与 20 世纪建筑遗产保护维修的建筑师资格，而尽管 20 世纪建筑遗产在美国已被列入保护之范围，但房主依然保有拒绝接纳政府保护的权利，近现代建筑保护离不开房主与社会团体的支持。

目前，国内建筑古迹保护现行的三项基础法规是《中华人民共和国文物保护法》《中华人民共和国城乡规划法》与《历史文化名城名镇名村保护条例》，国家级文物保护与城市建设管理部门分别制定了涉及历史建筑的行业规章和技术标准，历史建筑资源相对丰富的地方级部门也制定了较为系统的法规规章，总体的建筑保护法规体系还在逐级完善中，具体如表 2.1 所示。

表 2.1 中国近现代建筑保护相关的法律法规规章和相关技术标准

| 分类 | 法律/法规/规章/规范性文件/相关技术标准 | 发布单位 |
|---|---|---|
| 法律 | 中华人民共和国文物保护法 | 全国人民代表大会常务委员会 |
| 法律 | 中华人民共和国城乡规划法 | 全国人民代表大会常务委员会 |
| 法规 | 历史文化名城名镇名村保护条例 | 国务院 |
| 法规 | 上海市历史文化风貌区和优秀历史建筑保护条例 | 上海市人民代表大会常委会 |
| 法规 | 北京历史文化名城保护条例 | 北京市人民代表大会常委会 |
| 法规 | 福建省传统风貌建筑保护条例 | 福建省人民代表大会常委会 |
| 法规 | 广东省城乡规划条例 | 广东省人民代表大会常委会 |
| 法规 | 武汉市历史文化风貌街区和优秀历史建筑保护条例 | 武汉市人民代表大会常委会 |
| 法规 | 杭州市历史文化街区和历史建筑保护条例 | 杭州市人民代表大会常委会 |
| 法规 | 天津市历史风貌建筑保护条例 | 天津市人民代表大会常委会 |
| 法规 | 南京市重要近现代建筑和近现代建筑风貌区保护条例 | 南京市人民代表大会常委会 |
| 规章 | 文物保护工程管理办法 | 文化和旅游部 |
| 规章 | 上海市优秀近代建筑保护管理办法（失效） | 上海市人民政府 |
| 规章 | 太原市文物保护和管理办法（2015 年修正） | 太原市人民政府 |
| 标准 | 历史文化名城保护规划标准 | 住房城乡建设部 |
| 标准 | 中国文物古迹保护准则（2015 年版） | 国家文物局 |
| 标准 | 不可移动文物认定导则（试行） | 国家文物局 |
| 标准 | 近现代历史建筑结构安全性评估导则 | 国家文物局 |

资料来源：笔者整理自制。

### 2. 建筑保护规范性文件

近年来，建筑遗产保护的国家政策产生了较明显的变化，动态性的活化利用成为发展趋势。《关于加强文物保护利用改革的若干意见》由中共中央办公厅、国务院办公厅于 2018 年印发，其中提出较为明确的建筑遗产的保护利用要求，即"在保护中发展，在发展中保护"成为建筑遗产的动态保护目标，盘活利用成为建筑遗产的动态保护方式。相较于之前的保护政策，当代社会的保护利用观念要求建筑遗产保护工作成为具有多样性、多内核的综合文化活动，以满足快速前进的城市文化发展需求。

3. 体育建筑规范性文件

近年来，体育建筑的保护更新发展已经被纳入体育事业相关的重大战略中。2014 年，国务院印发《关于加快发展体育产业　促进体育消费的若干意见》，首次提出将"全民健身"上升为国家战略。2015 年，十八届五中全会通过《中共中央关于制定国民经济和社会发展第十三个五年规划的建议》，首次提出"健康中国战略"，明确要"发展体育事业，推广全民健身，增强人民体质"。为了充分贯彻和实施上述双重战略，《"健康中国"2030 规划纲要》《体育强国建设纲要》《全民健身计划（2021—2025 年）》相继发布，体育建筑的保护更新和利用成为实施纲要中重大工程的组成部分。《全民健身计划（2021—2025 年）》还明确提出"盘活城市空闲土地，倡导土地复合利用，充分挖掘存量建设用地潜力。新建或改扩建 2000 个以上公共体育场馆等健身场地设施，数字化升级改造 1000 个以上公共体育场馆"的五年要求。

## 2.2.3 利益相关方意见

除了依法依规对优秀近现代建筑进行价值评估，还应进行实地的调研分析，并走访相关利益群体，获得一手资料，用以评估建筑的保存现状、结构与材料检验以及环境设施现状。建筑现状调研与公众参与程度对建筑生命周期分析有重要作用，也能对价值评定产生一定影响，因此科学的调研过程是十分必要的。在价值评定阶段，它是判断建筑历史变迁、实体年代、价值等级的主要依据；在保护策略制定阶段，它是了解建筑原貌、实体现状、环境变迁的参考资料；在保护方案实施阶段，它是干预对象、干预模式、具体策略选择的重要影响因素。

综合上述法律、法规和规章以及标准规范和规范性文件的规定，可得出以下几条共性要求：

（1）保护更新工作应包括本体及周围一定范围的重点保护区域。保护范围应根据建筑的类别、规模、内容以及周围环境的历史和现实情况合理划定，并在文物保护单位本体之外保持一定的安全距离，确保建筑的真实性和完整性。

（2）保护更新工作应真实、完整地保护历史过程中形成的价值及其体现这种价值的状态，有效地保护文物古迹的历史、文化环境，并通过保护延续相关的文化传统。一般来说，历史建筑的保护更新应保持新旧部分有区分，新的介入不宜使用永久性材料。

（3）保护更新工作应禁止下列危害和影响历史体育建筑风貌和安全的行为：擅自涂改、迁移、拆除历史建筑；损坏历史建筑承重结构，危害建筑安全；擅自拆改围墙、改变建筑外墙材料和色彩，在建筑外墙上增设、拆改门窗；改变建筑造型和风格；违法搭建建（构）筑物；在历史建筑内生产、储存、经营爆炸性、易燃性、毒害性、放射性、腐蚀性等危险品。

总体来看，国内历史建筑和传统风貌建筑的保护应遵循保护优先、合理利用、严格管理的原则，维护建筑的真实性和完整性，保护历史风貌和特色价值。

# 2.3 中国体育建筑保护更新动因

在北京夏季及冬季奥运的备战周期中，中国体育建筑经历了快速的更新迭代过程，大量设计年限不足 30 年的近现代体育建筑遭遇拆除或改建。随着城市建设进入高效率、低成本、可持续的"新常态"发展阶段，中国体育建筑数量趋于饱和，既有近现代体育建筑的保护更新已成为建筑工程领域的棘手问题。我国体育建筑快速更新现象的动因多种多样，从事件类型角度分析，可分为内因和外因两方面，内因主要包括老旧修缮、标准提升、设施落后、用途变更、造型陈旧，外因主要包括城市发展、赛事要求、环保理念、商业开发，如图 2.25 所示。

若从建筑价值的角度审视它们会发现，上述因素均可被归纳为使用价值因素和经济价值因素，这两类价值是建筑的一般性价值，即无论历史建筑遗产还是普通建筑，均拥有的价值。与此对应的是，历史建筑遗产独具的特征性价值。虽然一般性价值的高低不作为历史建筑地位高低的判定依据，但它影响着建筑的日常使用水平及其可持续发展（图 2.26）。对普通建筑来说，保护更新的动因即建筑的一般性价值与当下城市、赛事与使用者要求的不适配；而对历史建筑遗产来说，保护更新的动因应当是在满足一般性价值可持续的前提下，通过衡量特征性价值来确定的综合干预策略。因此，从价值角度分析，造成快速拆建等问题的本质是许多中国近现代体育建筑遗产未被当作历史建筑遗产而进行综合价值分析及策略制定。

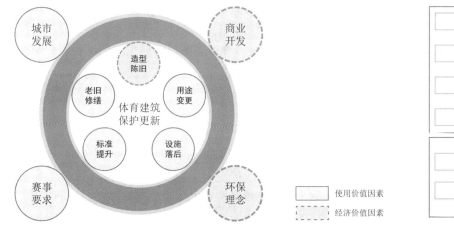

图 2.25　中国近现代体育建筑保护更新的成因　　　　图 2.26　中国近现代体育建筑
建筑价值类型

# 2.4  历史和案例研究的意义

## 2.4.1  价值分析的历史维度

本研究的第一部分是建立价值分析所需的历史维度。价值是建筑保护更新的出发点和落脚点，而建筑价值的高低具有相对性，这就需要对个体建筑的价值分析回到类型建筑的发展演变历程中加以宏观审视，明确其历史定位，这种历史回溯的前提就是建立相应的历史维度。这种构建过程包括明晰中国体育建筑的现代化发展演变进程，分析不同时期的多维特征，找出具有不同时代特征的代表案例，对其进行突出价值的发掘，最终构建出不同突出价值的历史维度。本研究的历史维度构建分成两个部分，一是探索我国古典时期体育建筑现代化转变的过程，二是系统研究我国近现代体育建筑的历史阶段与演变特征。

对现代化转变动因和表现的研究是必要的，既是为了明确中国体育建筑现代化的起点，又是为了厘清在当时西方理念进入后中国古典体育建筑思想和西方近现代体育建筑思想的融合过程，且目前没有学者做过相似研究。

对现代时期演进历程和特征的分析是本研究历史维度的核心，是纵向历史研究和案例研究相结合的质性研究。本书选取 1850—1999 年共历时 150 年的时间跨度为研究范围，以具有时代特征的典型案例为调研对象，将中国体育建筑的发展演进分为五个阶段，发掘并完善基于文献与实证研究的中国近现代体育建筑演变历史。不同于国内其他学者的历史研究，各个时期的代表性案例的特征分析占据相当大的比重，因为作为现代公共建筑的代表类型之一，20 世纪的近现代体育建筑在一段时期内的建设数量有限，且同一段时期内建设的建筑都会集中以国内新近建成案例或国外建成案例为参考样本，所以典型案例的突出特征研究，相较于现有相关文献中在近现代建筑通史中叠合体育建筑历史的传统研究方式，要更具体，也更贴近历史研究的目的。同时，从历史演变历程中提取出的典型案例，将贯穿整个研究，还会成为价值评价和保护更新策略分析的研究案例。

## 2.4.2  典型案例调研信息库

从历史研究中得到的 50 组典型案例，是历史演变特征的实证案例，其中留存至今的 38 组案例也将继续作为价值评价体系的应用对象和保护更新策略的实证案例。在核心研究的三个部分中，典型案例的突出特征、特征性价值和保护更新方式分别被加以分析应用。反之，以典型案例的视角观察，三类信息加以整合便能构建出中国近现代体育建筑保护更新的专项信息库，为后续的研究和实践提供翔实的参考信息。

构建中国近现代体育建筑保护更新专项信息库的意义重大，不仅能夯实本书的核心研究论证，也将对今后中国近现代体育建筑的策划定位、利用情况、价值分析、价值评价、保护更新、日常管理等全过程提供示范性的信息数据参考和支持。目前，公开的建筑遗产保护数据库较少，信息尚待完备，特别是对近现代体育建筑类型来说。以目前国内最成熟的某建筑遗产保护利用信息库为例，目前已公开征询收集了 5058 处全国重点文物保护单位及 608 个历史地段项目的情况，已完成的工作量大，收录了从建筑特点到利用情况的多方面信息，但省市文保级别遗产、住建体系的历史保护建筑、20 世纪建筑遗产等重要名录内容仍待补充。在检索体育建筑时，得到 10 座列为全国文保单位的体育建筑项目以及 6 座不相关的项目，类型匹配亟待完善，其中项目条目内的建筑"文化特色"等信息与近现代体育建筑遗产的突出特点略不适配，具体内容还有待补全。因此，本书的典型案例信息库可以在条目完整度和适配度上对现有数据库形成有益的改良和补充。

本研究选取了 1850—1999 年间建成的具有时代特征的 50 个典型案例作为中国近现代体育建筑研究对象，研究案例涵盖中国近现代体育建筑发展的诞生时期、动荡时期、起步时期、艰难曲折时期、改革开放初期全部五个阶段，包含入围"20 世纪中国建筑遗产名录"的全部体育建筑类型项目，以及具有"全国、省市级文物保护单位"法定保护身份的大部分体育建筑，未纳入项目均有相同建成时期和类别的项目作为代表（如作为全国文保单位组成的原燕京大学鲍氏体育馆和华氏体育馆、原沪江大学体育馆，已有相似的原圣约翰大学顾斐德体育馆等作为教会大学体育建筑的代表；又如作为全国文保单位的开封跳伞塔，已有相似的重庆跳伞塔作为军民两用体育建筑的代表等）。本研究的 50 组典型的中国近现代体育建筑案例的建成时期与类型划分如图 2.27 所示。本研究构建的信息库分为原始建设信息、当前使用信息、保护更新信息三个部分，包括典型案例的建成时间、设计方、原始状态、现存状态、文保级别、历史建筑保护级别、变迁历程、突出特征、相应价值、原始图片、原始图纸、现状图片、现状图纸等具体内容。

# 2.5 价值评价体系

中国近现代体育建筑价值评价体系是一种科学的方法框架，由一系列层次明确、流程清晰、环环相扣的多重价值分析和量化的方法组合。该体系的核心构成包括价值指标构成、价值指标权重确定、价值指标评价方法三个方面。本节将就价值认知、评价认知、价值指标、权重确定、评价方法等关键问题进行基础性研究，以便后续核心研究的顺利开展。

## 2.5.1 价值认知

无论是保存、修复还是提升，任何形式建筑干预手段的基础依据都是对建筑价值的判断与评价。它是一种认知、一种哲学方法，首先应该理解人们看中历史建筑或环境的使用价值以外的何种价值，然后运用这种理解确保所有实施的干预尽量不会损害具有或表现这些价值的特征。关于建筑价值的内涵复杂，不同学者的价值观点多样，因此笔者首先探索了本研究基础的近现代体育建筑价值认知。

当谈及建筑价值时，应当认识到价值本身的二重属性。前文价值内涵分析中已讨论了建筑保护专家们观点的异同，而当提升到更高的视野时会发现，前文所讨论的价值内涵依然停留在哲学层面，观点之间的矛盾貌似难以调和，但建筑价值除了哲学层面的意义，还有经济学层面的意义，即建筑的稀缺性。如果从哲学层面定义，建筑保护是对这些价值特

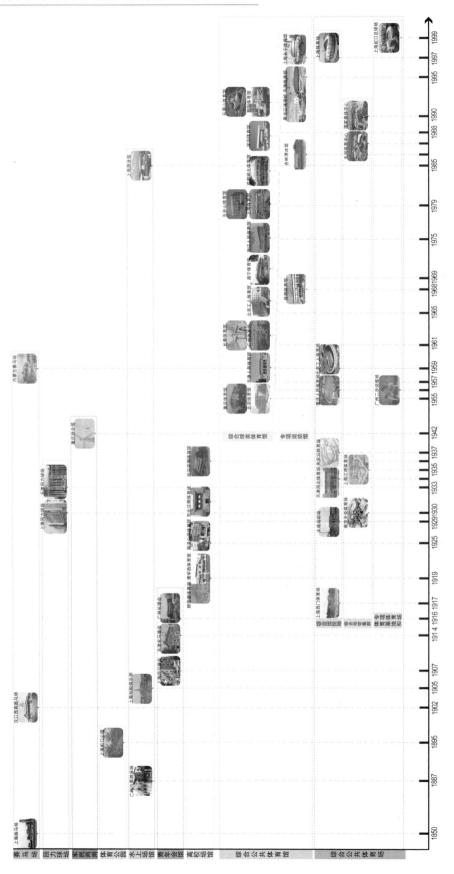

图 2.27　本研究典型案例建成时期与类型划分的代表性分析

征的保护和表现；从经济学层面定义，建筑保护就是对稀缺性建筑资源的合理配置过程。这种稀缺性又可以分为绝对稀缺性和相对稀缺性：从绝对性角度来看，历史建筑是无法再生的物质资源，历史信息积淀厚重而数量有限，在历史、区域和文化方面具有不可替代的绝对稀缺性；从相对性角度来看，历史建筑在不同时空条件下的供给和需求会出现不平衡的情况，城市发展、土地增值、现代功能要求等因素都会让建筑的相对稀缺性发生变化。在市场经济的大环境中，如果建筑的保护更新和再利用迎合了城市空间资源整合的要求，帮助实现城市资源的规模效应并产生利润，就是对其相对稀缺性的有效提升。

明确了建筑价值的二重属性后，将两者结合分析可得，历史建筑的价值中包含两类性质的价值：第一类是特征性价值，属于绝对稀缺性范畴，即历史建筑特有的历史、艺术、科学、文化、社会价值；第二类是一般性价值，属于相对稀缺性范畴，即历史建筑与普通建筑都有的使用、经济价值。

这种价值的分类方式尤其适用于近现代建筑的价值分析。因为从该分类视角重新审视当前中国近现代体育建筑快速拆建现象的原因就会发现，从事件类型角度分析，可归结于老旧修缮、标准提升、设施落后、用途变更、造型陈旧、城市发展、赛事要求、商业开发、环保理念等问题。若从建筑价值的角度审视它们会发现，上述因素均可被归纳为使用价值和经济价值因素，这两类价值是当前相对稀缺的一般性价值。虽然一般性价值的高低不作为历史建筑地位高低的判定依据，但它影响着建筑的日常使用水平及可持续发展。对普通建筑来说，保护更新的动因即建筑的一般性价值与当下城市、赛事与使用者要求的不适配；而对历史建筑遗产来说，保护更新的动因应当是在满足一般性价值可持续的前提下，通过衡量特征性价值来确定的综合干预策略。因此，从价值角度分析，造成上述快速拆建等问题的根源是：在对许多既有中国近现代体育建筑进行干预前，决策者仅考虑了相对稀缺性的一般性价值，并未将它们视作历史建筑，进而考虑其绝对稀缺性的特征性价值。因此，许多近现代体育建筑更新改造后，使用价值和经济价值往往得到很大提升，而若分析特征性价值，很可能造成难以挽回的破坏。

进一步分析两类价值会发现，当在界定和评价历史建筑的重要性地位时，是不应将一般性价值的水平程度当成保护更新的决定因素的，即不应以"当前是否好用"或"当前能否大量变现"作为保留与否的判断标准。但如果使用或经济价值受到很大的威胁，是同样需要考虑采取保护措施的。因此两者的关系可以理解为一般性价值是特征性价值的基础和保障，特征性价值决定建筑的稀缺地位。接下来，后文研究所涉及的价值分析大多属于绝对稀缺性的特征性价值范畴，价值体系、价值导向的策略制定均基于特征性价值分析，仅在具体保护更新案例时会提及基于一般性价值而实施的结构加固、绿色改造等可持续性保护。

## 2.5.2　评价认知

### 2.5.2.1　多层次多指标评价方法

价值评价是建筑保护工作的依据，影响着保护方案的实施与修复技术的选择。正如《中国文物古迹保护准则（2015年版）》第四条明确指出："保护必须按照本《准则》规定的程序进行。价值评估应置于首位，保护程序的每一步骤都实行专家评审制度。"评价的本质是主体对价值属性的认识活动。评价体系一般由评价主体、评价客体、价值主体、价值客体、评价指标、评价标准等部分组成。评价的操作程序主要分为三个步骤：了解价值主体的需要；把握价值客体的属性与功能；以价值主体的需要衡量价值客体的属性与功能，判断价值客体能否满足价值主体的需要。在已明确价值指标的基础上，价值评价就是对这些指标进行综合评价的过程。

由于价值指标多层次多指标的特征，价值评价方法可以结合运筹学和评价工程学的理论进行研究。随着运筹学与系统评价工程学的发展，多层次多指标综合评价方法已包含具体方法九大类、数十种之多，具体类型如图 2.28 所示，它可被视为一种量化方法体系。其中，多属性决策方法、多目标决策法、运筹学方法、模糊数学方法等已被学者成功引入并应用于建筑前策划后评估、建成环境舒适度等建筑领域内的复杂评价工作中。

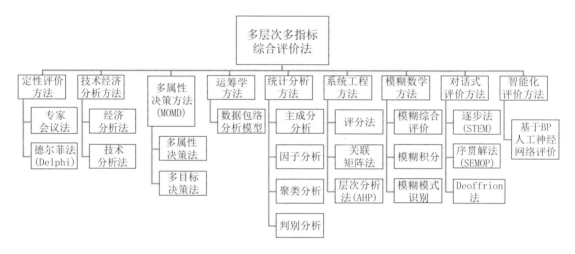

图 2.28　多层次多指标综合评价方法

### 2.5.2.2　建筑价值评价的两种基础模式

虽然运筹学和评价工程学中综合评价问题已形成较为全面的科学方法框架，但现实中建筑价值评价工作仍未对引入量化方法形成共识，并统一规范利用。笔者将全球范围内的价值评价方法归纳为两种基础模式——研讨登录式和评分评级式。

研讨登录式是专家集体对价值指标进行研究讨论，评价对象的价值指标只要满足一项或多项的集体标准，即可登录保护名单，登录后的建筑进行任何干预策略都须由保护部门批准。目前采用该模式的代表性地区包括英国、法国、日本等（表 2.2）。

表 2.2　国内外代表性历史建筑价值评价方法

| 名称 | 价值指标 | 评价标准 | 评分及分类方法 |
|---|---|---|---|
| 英国战后建筑登录评价方法 | 特殊性 | 在建筑类型、建筑艺术、规划设计或展示社会经济发展史方面有特殊价值 | 满足一项或多项标准即可登录 |
| | 代表性 | 技术革新或工艺精湛的代表 | |
| | 历史性 | 与重大历史事件或重要历史人物有关 | |
| | 群体性 | 有完整的建筑群体，尤其是城镇规划范例 | |

续表

| 名称 | 价值指标 | 评价标准 | 评分及分类方法 |
|---|---|---|---|
| 法国20世纪遗产评价方法 | 特殊性 | 了解20世纪遗产的特殊性 | 满足一项或多项标准即可登录 |
| | 历史性 | 不仅包括著名设计师作品，而且应包括一般建筑师、一般历史时期的见证 | |
| | 代表性 | 考虑建筑在美学、技术、政治、文化、经济以及社会演变过程中所具有的价值 | |
| | 群体性 | 保护的范围上进一步扩大，不仅包含建筑单体，而且包括建成环境组成群体 | |
| | 完整性 | 保护要素包括与建筑同时建造产生并且共同体现出创作内涵的设施家具 | |
| 日本文化财产评价方法 | | 有助于国土的历史性景观之形成者 | 满足一项或多项标准即可登录。另外，制定制度与登录制度并行 |
| | | 已成为造型艺术之典范者 | |
| | | 难以再现者 | |
| 中国香港历史建筑价值评价 | 历史价值 | 与历史时间、人物、发展的关系；年代 | 按重要性分为1到4，四个等级，判定历史建筑的重要性，并根据分值划分为四个类别，得分较高可推荐为香港法定古迹 |
| | 建筑价值 | 风格；功能；建造；观赏价值 | |
| | 组合价值 | 对历史或重要建筑群的重要性 | |
| | 社会价值 | 象征性/视觉上地标；文化身份/集体记忆 | |
| | 真实性 | 改建对建筑完整性；文化环境修改 | |
| | 罕见程度 | 基于历史、建筑、组合、社会、原真性 | |

资料来源：笔者自制。

评分评级式是专家分别对价值指标进行量化评分，最终综合评分会有相应的评级。除了登录保护名单需要达到某一评级之外，不同评级也有不同的干预要求，登录后的建筑进行任何干预策略都须符合相应评级的要求。目前采用该模式的代表性地区包括中国香港等。

价值评价体系已经融入世界多国的遗产保护与管理体系，经过加拿大、比利时、美国等国的实践，成功运用于世界遗产哈德良长城（Hadrian's Wall Site）、格罗斯岛和爱尔兰纪念国家遗址（Grosse Île and the Irish Memorial National Historic Site）、亚瑟港遗址（Port Arthur Historic Site）等世界著名建筑保护工程，近现代体育建筑的保护工程至今尚无公开的应用先例。本研究采用的是评分评级式的建筑价值评价模式，因此，价值指标及其权重、评价方法的制定将是后文体系构建的必要议题。

### 2.5.3 价值指标

在深刻理解价值内涵后，本节将进一步分析价值评价体系中的具体价值指标。诚然，确定多层次的细分指标需要结合中国近现代体育建筑典型案例的突出特征分析，而作为基础性研究，本节内容将整理与归纳国际文件、国内政策及权威学者的论述，得到具有较多共识的价值指标。

### 2.5.3.1　国际文件的近现代建筑价值指标

相关建筑保护的宪章、公约、法规、指南中，价值指标相对笼统，近现代建筑与古代建筑的价值通常做一并讨论，且会随着保护理论的共识发展而产生变化。目前，国际权威文件中关于建筑价值的共识达成于《巴拉宪章》与《关于真实性的奈良文件》之后，中国建筑保护学者一般应参考：联合国教科文组织国际古迹遗址保护协会的《世界遗产公约操作指南》(*Operational Guidelines for the Implementation of the World Heritage*) 中提出的"突出的普遍价值"十条标准及一条前提（其中前六条涉及包含建筑在内的文化遗产），见表2.3。

表 2.3　权威文件中的近现代建筑价值指标与判断标准

| 提出主体 | 建筑价值类型 | 建筑价值指标与标准 |
|---|---|---|
| 世界遗产公约操作指南 | 突出普遍价值（只有同时具有完整性和真实性的特征，且有恰当的保护和管理机制确保遗产得到保护，才能被视为具有突出普遍价值） | 作为人类天才的创造力的杰作 |
| | | 在一段时期内或世界某一文化区域内人类价值观的重要交流，对建筑、技术、古迹艺术、城镇规划或景观设计的发展产生重大影响 |
| | | 能为延续至今或业已消逝的文明或文化传统提供独特的或至少是特殊的见证 |
| | | 是一种建筑、建筑或技术整体、景观的杰出范例，展现人类历史上一个（或几个）重要阶段 |
| | | 是传统人类居住地、土地使用或海洋开发的杰出范例，代表一种（或几种）文化或人类与环境的相互作用，特别是当它面临不可逆变化的影响时而变得脆弱 |
| | | 与具有突出的普遍意义的事件、活传统、观点、信仰、艺术或文学作品有直接或有形的联系 |
| | | 绝妙的自然现象或具有罕见自然美和美学价值的地区 |
| | | 是地球演化史中重要阶段的突出例证，包括生命记载和地貌演变中的重要地质过程或显著的地质或地貌特征 |
| | | 突出代表陆地、淡水、海岸和海洋生态系统及动植物群落演变、发展的生态和生理过程 |
| | | 是生物多样性原址保护的最重要的自然栖息地，包括从科学和保护角度看，具有突出的普遍价值的濒危物种栖息地 |
| 威尼斯宪章 | 年岁价值 | 纪念价值、史料价值、文化价值 |
| 巴拉宪章 | 文化重要性 | 对过去、现在及将来的人们具有美学、历史、科学、社会和精神价值。文化重要性包含于遗产地本身、遗产地的构造、环境、用途、关联、含义、记录、相关场所及物体之中。遗产地对不同个体或团体而言，具有不同的价值 |
| 西安宣言 | 不同规模古建筑、遗址和历史区域的价值 | 社会、精神、历史、艺术、审美、自然、科学等层面或其他文化层面存在的价值 |

资料来源：笔者整理自制。

### 2.5.3.2　国内政策的近现代建筑价值指标

在国内各城市的近现代建筑保护政策中，建筑价值的描述相对具体，建筑登录保护名

单的评判标准也相对清晰。20 世纪 80 年代之前，国内尚无近现代建筑的保护先例，1982
年颁布的《中华人民共和国文物保护法》也仅仅是针对古典文物建筑。后来随着近现代建
筑入围世界遗产名单，近现代建筑保护被广泛关注。1988 年清华大学联合日本东京大学
展开了 16 个国内主要历史城市的近代建筑普查工作。1988 年 11 月，原建设部（现住房城
乡建设部）、文化部（现文化和旅游部）要求各地主管部门调查鉴定优秀的近代建筑遗产，
第一批近代建筑作为文物保护单位上报，标志着国内近现代建筑保护开始得到官方认可。
2002 年修订的《中华人民共和国文物保护法》中关于现代文物遗产部分的内容，第二条第
二项被补充修改为"与重大历史事件、革命运动或者著名人物有关的以及具有重要纪念意
义、教育意义或者史料价值的近代现代重要史迹、实物、代表性建筑"，近现代建筑遗产的
地位才在我国法律上得到正式明确。当前国内基本遵循《中华人民共和国文物保护法》中
提出的"历史价值、艺术价值、科学价值"标准，以及《中国文物古迹保护准则》第三条
明确提出的"历史价值、艺术价值、科学价值以及社会价值和文化价值"标准。

　　考虑到近现代建筑的特殊性，中国文物学会组织成立了 20 世纪建筑遗产委员会，各大
城市主管部门也相继出台了相应的保护管理规定。广州市于 1998 年通过《广州历史文化名
城保护条例》（现为《广州市历史文化名城保护条例》），保护对象明确为现代历史遗产。21
世纪以来，随着对保护对象的细化，近代历史建筑逐渐以明确的被保护个体单位出现在全
国及各地的保护规定中。20 世纪建筑遗产委员会负责人金磊曾在文章中提出 9 项认定标准。
上海市于 2002 年通过了《上海市历史风貌区和优秀历史建筑保护条例》，优秀历史建筑的
范围限定为建成 30 年以上的重要建筑。北京市于 2005 年通过了《北京历史文化名城保护
条例》，在 2021 年的修订中将近现代建筑遗产纳入保护范围。南京市于 2006 年通过了专门
为近现代建筑保护制定的《南京市重要近现代建筑和近现代建筑风貌区保护条例》，将保护
范围明确为从 19 世纪中期至 20 世纪 50 年代建设的，具有历史、文化、科学、艺术价值，
列入保护名录的建筑物、构筑物。哈尔滨、武汉、杭州、天津、大连等地也较早出台了针
对近现代建筑作为被保护单位的具体政策，见表 2.4。

表 2.4　国内政策中的近现代建筑价值指标与标准

| 颁布着 | 文件 | 建筑价值指标及其评价标准 |
|---|---|---|
| 中华人民共和国全国人民代表大会 | 《中华人民共和国文物保护法》 | 历史价值、艺术价值、科学价值 |
| 国际古迹遗址理事会中国国家委员会 | 《中国文物古迹保护准则》（2015）》 | 历史价值：文物古迹作为历史见证的价值。<br>　　艺术价值：文物古迹作为人类艺术创作、审美趣味、特定时代的典型风格的实物见证的价值。<br>　　科学价值：文物古迹作为人类的创造性和科学技术成果本身或创造过程的实物见证的价值。<br>　　社会价值：文物古迹在知识的记录和传播、文化精神的传承、社会凝聚力的产生等方面所具有的社会效益和价值。<br>　　文化价值：1. 文物古迹因其体现民族文化、地区文化、宗教文化的多样性特征所具有的价值。2. 文物古迹的自然、景观、环境等要素因被赋予了文化内涵所具有的价值。3. 与文物古迹相关的非物质文化遗产所具有的价值 |

续表

| 颁布着 | 文件 | 建筑价值指标及其评价标准 |
|---|---|---|
| 中国文物学会 | 《中国20世纪建筑遗产认定标准（2014）》 | （1）在近现代中国城市建设史上有重要地位，是重大历史事件的见证，体现中国城市精神的代表性作品；（2）能反映近现代中国历史且与重要事件相对应的建筑遗迹与纪念建筑，是城市空间历史性文化景观的记忆载体，同时，也要兼顾不太重要时期的历史见证作品，以体现建筑遗产的完整性；（3）反映城市历史文脉，具有时代特征、地域文化综合价值的创新性设计作品；（4）对城市规划与景观设计诸方面产生过重大影响，是技术进步与设计精湛的代表作，具有建筑类型、建筑样式、建筑材料、建筑环境、建筑人文乃至施工工艺等方面的特色及研究价值的建筑物或构筑物；（5）在中国产业发展史上占有重要地位的作坊、商铺、厂房、港口及仓库等；（6）中国著名建筑师的代表性作品、国外著名建筑师在华的代表性作品，包括代表20世纪建筑设计思想与方法在中国的创作实践的杰作，或有异国建筑风格特点的优秀项目；（7）体现"人民的建筑"设计理念的优秀住宅和居住区设计，完整的建筑群，尤其应保护新中国经典居住区的建筑作品；（8）为体现20世纪建筑遗产概念的广泛性，认定项目不仅包括单体建筑，也包括公共空间规划、综合体及各类园区，20世纪建筑遗产认定除了建筑外部与内部装饰外，还包括与建筑同时产生并共同支撑创作文化内涵的有时代特色的室内陈设、家具设计等；（9）为鼓励建筑创作，凡获得国家设计与科研优秀奖的项目，并同时具备上述条款中至少一项内容的作品 |
| 广州市 | 《广州历史文化名城保护条例（1998）》 | 建成30年以上，且未被确定为不可移动文物，符合下列条件之一：反映广州历史文化和民俗传统，具有特定时代特征和地域特色；建筑样式、结构、材料、施工工艺或者工程技术反映地域建筑、历史文化、艺术特色或者具有科学研究价值；与重要政治、经济、文化、军事等历史事件或者著名历史人物相关的建筑物、构筑物；代表性、标志性建筑物或者著名建筑师的代表作品；其他具有历史文化意义的建筑物、构筑物。<br>建成不满30年，但符合前款规定之一，突出反映历史风貌和地方特色的建筑物、构筑物，也可确定为历史建筑 |
| 上海市 | 《上海市历史文化风貌区和优秀历史建筑保护条例（2002）》 | 建成30年以上，并有下列情形之一的：建筑样式、施工工艺和工程技术具有建筑艺术特色和科学研究价值；反映上海地域建筑历史文化特点；著名建筑师的代表作品；与重要历史事件、革命运动或者著名人物有关的建筑；在我国产业发展史上具有代表性的作坊、商铺、厂房和仓库；其他具有历史文化意义的建筑 |
| 武汉市 | 《武汉市旧城风貌区和优秀历史建筑保护管理办法（2003）》 | 建成30年以上，并有下列情形之一：建筑样式、施工工艺和工程技术具有建筑艺术特色和科学研究价值；反映武汉地域建筑历史文化特点；著名建筑师的代表作品；在我市各行业发展史上具有代表性的建筑物；其他具有历史文化意义的建筑 |
| 天津市 | 《天津市历史风貌建筑保护条例（2005）》 | 建成50年以上的建筑，有下列情形之一的，可以确定为历史风貌建筑：建筑样式、结构、材料、施工工艺和工程技术具有建筑艺术特色和科学价值；反映本市历史文化和民俗传统，具有时代特色和地域特色；具有异国建筑风格特点；著名建筑师的代表作品；在革命发展史上具有特殊纪念意义；在产业发展史上具有代表性的作坊、商铺、厂房和仓库等；名人故居；其他具有特殊历史意义的建筑。符合前款规定但已经灭失的建筑，按原貌恢复重建的，也可以确定为历史风貌建筑。分为"特殊保护""重点保护""一般保护"三类 |

续表

| 颁布着 | 文件 | 建筑价值指标及其评价标准 |
|---|---|---|
| 杭州市 | 《杭州市历史文化街区和历史建筑保护办法（2005）》 | 建成 50 年以上，具有历史、科学、艺术价值，体现城市传统风貌和地方特色，或具有重要的纪念意义、教育意义，且尚未被公布为文物保护单位或文物保护点的建筑物。建成不满 50 年，具有特别的历史、科学、艺术价值或具有非常重要纪念意义、教育意义的，经批准也可被公布为历史建筑。 |
| 北京市 | 《北京历史文化名城保护条例（2005）》 | 世界遗产、文物、历史建筑和革命史迹、历史文化街区、特色地区和地下文物埋藏区、历史文化名镇、名村和传统村落、历史河湖水系和水文化遗产、山水格局和城址遗存、传统胡同、历史街巷和传统地名、风景名胜、历史名园和古树名木、非物质文化遗产、法律、法规规定的其他保护对象外，还包括优秀近现代建筑、工业遗产、挂牌保护院落、名人故居等。 |
| 南京市 | 《南京市重要近现代建筑和近现代建筑风貌区保护条例（2006）》 | 重要近现代建筑，是指从 19 世纪中期至 20 世纪 50 年代建设的，具有历史、文化、科学、艺术价值，并依法列入保护名录的建筑物、构筑物。近现代建筑风貌区，是指近现代建筑集中成片，建筑样式、空间格局较完整地体现本市地域文化特点，并依法列入保护名录的区域 |

资料来源：笔者整理自制。

### 2.5.3.3　权威学者的近现代建筑价值指标

现今的权威建筑保护学者专著中，建筑价值的构成相对细致、全面且复杂，代表理论如下：国际古迹遗址保护协会（ICOMOS）原主席、英国建筑保护学家伯纳德·费尔顿（Bernard M. Feilden）在《关于欧洲文物建筑保护的观念》一文中，将历史建筑价值分为情感价值、文化价值、实用价值三大类型及其 16 个子项；苏联古建筑保护协会主席、俄罗斯建筑保护专家阿列克·普鲁金在《建筑与历史环境》一书中，将历史建筑价值分为历史价值、城市环境价值、建筑美学价值、艺术情感价值、科学修复价值、功能价值六大类型及其内涵；同济大学常青院士将历史建筑价值分为历史纪念价值、"标本"的留存与研究价值、文化象征价值、适应性利用价值四种类型；同济大学陆地教授在《建筑保护、修复与康复性再生导论》一书中，提出并重点诠释了建筑价值中的历史价值、艺术价值、科学价值、文化价值、社会价值五大类型；东南大学建筑保护学者蒋楠教授、王建国院士在《近现代建筑遗产保护与再利用综合评价》一书中，将近现代建筑的综合价值分为历史价值、文化价值、社会价值、艺术价值、技术价值、经济价值、环境价值、使用价值八大类型及其 24 个子项。权威学者的近现代建筑价值指标与标准见表 2.5。针对近现代体育建筑等依然良好运营的类型而言，部分建筑保护学家特别提出存在于建筑当下的价值（Contemporaneous Values）。美国考古学家威廉·李佩（William Lipe）于 1984 年提出一种新的价值分类，包含经济价值、审美价值、联想象征价值和信息价值。英格兰遗产委员会于 1997 年正式确立了价值类型，包含文化、教育和学术、资源、娱乐和审美价值。由于上述价值类型之间存在明显的重叠，尤其在使用价值的界定上，因此，美国保护学者兰德·梅森（Randall Mason）

于 2002 年提议将建筑遗产价值划分为两个核心部分：社会文化价值（Sociocultural Value）和经济价值。社会文化价值包括历史价值、文化（象征）价值、社会价值、精神价值和审美价值。经济价值包括使用、维护和功能方面的价值。这种分类方法更适合于近现代建筑保护的特性，同时也契合了前文所分析的特征性和一般性价值的双重性质。

表 2.5　权威学者的近现代建筑价值指标与标准

| 提出者 | 价值类型 | 价值类型标准 |
|---|---|---|
| 〔英国〕伯纳德·费尔顿 | 情感价值 | 惊奇；认同；延续性；尊重与崇拜；象征与精神 |
| | 文化价值 | 纪实；历史意义；考古与岁月；审美与建筑艺术；城镇景观；地景与生态；技术与科学 |
| | 实用价值 | 功能；经济（包含旅游）；社会（包含身份认同和延续性）；教育；政治 |
| 〔俄罗斯〕阿列克·普鲁金 | 历史价值 | 古建筑与历史事件的关联；历史的可信性与正确性；建筑地点与历史事件相联系；地点与环境，有价值的行动发生于历史社会中；建筑元素的历史意义；历史价值系统，范畴的数量依赖于与其相适应的古建筑历史意义的依据和其学术上的意义 |
| | 城市环境价值 | 规划体系的历史价值；在历史城市中建筑空间构成的规模和比例；在建筑历史环境保护中古建筑的意义（建筑构图、艺术色彩）；不同时期与不同风格的建筑结合形成的城市全景轮廓 |
| | 建筑美学价值 | 建筑时期；所属的建筑时代及建筑风格；在本国或世界建筑史的地位及意义；建筑工程结构方面的特色；建筑艺术因素方面的特色 |
| | 艺术情感价值 | 古建筑对人情绪的影响；艺术的雕塑装饰手法的作用；建筑形体的色彩；建筑形体的装饰 |
| | 科学修复价值 | 加建的建筑形态系统；古迹最初形态的改变；对古建筑的修复时期；修复产生的意义、价值及负面的反作用 |
| | 功能价值 | 建筑功能最初的意义；完成建筑现代功能的可能性；功能的行为目的；建筑自身的表现；在不同的功能目标下作为形体意义的古建筑 |
| 〔中国〕常青 | 历史纪念价值（Memory） | 重要历史事件或特定生活形态的见证，并可以引申到历史公共空间，如历史街区及广场，是集体记忆的空间载体，可以印证其本身及其所在地的"身份"（identity）由来 |
| | "标本"的留存与研究价值（Sample） | 某个时期艺术风格和技术特征的代表，作为具象的历史形态，是文明留下的空间实体的印记 |
| | 文化象征价值（Symbol） | 某种情感、理念、信仰、境界等观念形态的载体，作为一种文化符号，被赋予相对恒久的意义 |
| | 适应性利用价值（Adaptive Reuse） | 作为一种空间资源，建筑遗产还有很高的适应性利用价值 |

| 提出者 | 价值类型 | 价值类型标准 |
|---|---|---|
| 〔中国〕陆地 | 历史价值 | 本体性历史价值；符号性历史价值或第一历史价值、第二历史价值 |
| | 艺术价值 | 审美体验引发的知觉享受 |
| | 科学价值 | 历史建筑中当前或未来仍有现实科学和技术意义的元素 |
| | 文化价值 | 历史建筑如今或未来对相关群体传统文化生活的现实意义及其价值 |
| | 社会价值 | 历史建筑如今和未来可能起到的各种社群性作用及其价值，本质上是群体性变现价值 |
| 〔中国〕蒋楠、王建国 | 历史价值 | 历史年代；历史背景信息；历史人物和事件 |
| | 文化价值 | 文化认同与代表性；文化象征性；情感与体验 |
| | 社会价值 | 社会贡献；公众参与；城市发展 |
| | 艺术价值 | 行事风格；设计水平；艺术审美 |
| | 技术价值 | 材料；结构；工艺 |
| | 经济价值 | 经济增值；建筑改造经济预期；环境与设施改造经济预期 |
| | 环境价值 | 微环境；区域环境；协调性 |
| | 使用价值 | 使用现状；设施服务；适应性 |

资料来源：笔者整理自制。

### 2.5.3.4　本研究的价值指标

从上述学术论著或官方规定性文件等的结论可知，历史价值、艺术价值、科学价值、社会价值与文化价值是建筑价值构成中的五种最广泛的价值共识，一段特定历史时期的见证度与代表性则成为衡量价值高低的方式。正如"突出普遍价值"对历史建筑的价值评定中所提到的"发展产生重大影响"与"提供独特的或至少是特殊的见证"。

具体至近现代体育建筑，存在于建筑当下的价值也是应当重视的价值类型。当下的价值类型就是包含使用价值与经济价值在内的一般性价值，也如梅森提出的分类法，当今使用、维护和功能方面的价值决定遗产的可持续保护，是应当提出并认真评估的类型。

具体至中国近现代体育建筑，近现代体育建筑所体现的形象关联应被视作艺术价值，几乎不包含当下遗产保护学界提出的文化价值。文化价值强调与传统活动或习俗等地域文化符号相关联的价值，需要较长时间的积淀，集中存在于居住与文化类型建筑。同时现代体育项目的规则和兴起多发迹于欧洲，与我国文化关联性不强。若找寻世界范围内包含文化价值的体育建筑，典型案例为希腊帕纳辛纳克体育场（Panathenaic Stadium）。古希腊时期，马蹄形体育场出现并成为重大公共活动的神圣场所。已知最古老的体育场是公元前776年曾举办古代奥运会的希腊奥林匹亚体育场（Olympia Stadium），如图2.29所示。现存最古老的体育场是公元前4世纪的古希腊时期的帕纳辛纳克体育场，如图2.30、图2.31所示。其内场是用于田径比赛的矩形场地，周围三面大理石看台围合成半开放的马蹄形平面。帕纳辛纳克体育场也是世界上使用历时最长的体育建筑，自近代时期被发掘与更新后，它先后举办了1870年与1875年的奥运会复兴活动、1896年第一届现代奥运会、1906年奥运会、2004年奥运会等重大体育活动。它的平面形制与古希腊时期运动会具有渊源，又同时是现代奥运会的历史见证，具备溯源古代奥林匹克文化与现代奥林匹克运动会精神的重大文化价值。

  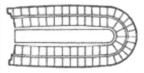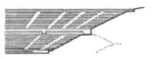

图 2.29 奥林匹亚体育场　　　　图 2.30 帕纳辛纳克体育场　　　图 2.31 平面与剖面图

　　综上所述，本研究的中国近现代体育建筑价值指标共包含历史价值、艺术价值、科学价值、社会价值四种特征性价值，纳入价值评价体系进行评判；也包含使用价值和经济价值两种一般性价值，不纳入评价体系，但需要进行基本的研判，保证建筑的可存续条件。

　　若要继续确定四种价值指标之下的二级指标，需要结合典型案例的突出特征综合分析。因为价值的本质涉及深刻的哲学思辨，其中有主观主义、客观主义与过程哲学价值论等多种解释学说，其中可以调和主客观主义思想矛盾的理论观点为关系范畴学说，即建筑的价值并非历史建筑的固有属性，而属于相对的关系范畴，是建筑的特征对人的效应。也就是说价值是客观存在的，但评价价值的行为是主观赋予的。价值主体不同，价值客体的指标会存在一定的差异。因此，建筑价值评价体系是一种动态、开放的体系，不同时空背景、不同功能类型的建筑保护价值均有其各自的特殊性，应依据实例调研与类型分析，从满足相关方共同利益的角度，结合代表中国近现代体育建筑类型发展的案例，得出具体的二级价值指标及其评价标准。

## 2.5.4　权重确定

　　建筑价值指标之间的重要性存在差异，因此需要确定价值指标的权重。本研究的指标权重确定采用决策实验室分析和层次分析相结合的方法，旨在将定性问题较好地转化为量化值，能够检验模糊变量之间的因果关系，并消除它们之间交互影响带来的重复计算，得到较准确的量化权重值。权重确定阶段以及评价阶段的数据收集采用反馈匿名函询法（或称德尔菲法）与里克特量表，旨在较稳定地获得专家意见。

### 2.5.4.1　数据收集方法：反馈匿名函询法与里克特量表

　　美国兰德公司（RAND Corporation）的逻辑学家 Olaf Helmer 和 Norman Dalkey（1963）研究认为，来自小组的预测通常比来自个体的预测更精确，并以此发展出反馈匿名函询法。它基于一个关键假设，即来自小组的预测通常比来自个体的预测更精确。反馈匿名函询法是以结构化迭代的方式，从一组匿名专家的经验判断中构建相对统一的预测，参与者的匿名性有助于防止"光环效应"，即对小组中更强大或更高级别的成员的意见给予更高的优先权。本研究的权重确定环节和价值评价环节邀请了 20 位中国体育建筑专家与体育建筑的运营负责人员参与测验，数据收集分为一轮调查阶段和两轮征询阶段，最后收集到相对客观的价值评价意见。保证各项评价指标数据能及时、准确地获得，指标计算方法、范围、内容科学，评价数据资料质量高；在不失全面性的情况之下，尽量减少评价体系中的指标个数，力求简洁，并注重评价指标体系的评价功能及决策功能的发挥；结构上，尽量保证每层指标组的数量不会过多，最终得到数据质量相对高的中国近现代体育建筑各项价值指标的隶属度。

评价选项的分布采用里克特量表（Likert Scale）即五等级选项来表达认可程度。里克特量表是由 Likert（1932）在原有的总加量表基础上改进而成的。这种量表由一组与某个主题相关的问题或陈述构成，通过计算量表中各题的总分，可以了解人们对该调查主题的综合态度或看法。里克特量表呈现出的不只是简单的是非判断，而是可以反映出被调查者对某事物或主题的综合态度，因而被广泛用于衡量态度和意见。本研究采用五级量表，根据认可程度，答案选项由高到低依次为"高""中高""中""中低""低"，这种五级选项与模糊综合评价中隶属度的表述是相一致的。本研究的专家评价意见收集问卷见表 2.6 所示。

**表 2.6 本研究的专家评价意见收集问卷**

| Part A 调查阶段 | 根据提供的调研结果和您的专业经验，您对本案例的价值指标 C 的评价意见为： | | | | |
|---|---|---|---|---|---|
| | 评价 scale | 高 | 中高 | 中 | 中低 | 低 |
| | 您的意见 | （ ） | （ ） | （ ） | （ ） | （ ） |
| Part B 征询阶段 | 根据前面调查阶段中专家意见的统计结果，您对本案例的价值指标 C 的评价意见调整为： | | | | |
| | 评价 scale | 高 | 中高 | 中 | 中低 | 低 |
| | 上轮评价统计 | a | b | c | d | e |
| | 您的调整 | （ ） | （ ） | （ ） | （ ） | （ ） |

资料来源：笔者自制。

### 2.5.4.2 权重初始确定方法：层次分析法

层次分析法（Analytic Hierarchy Process AHP），由运筹学家 Saaty（1987）提出，是将多目标决策问题作为一个系统，将目标分解为多个准则，进而分解为多指标的若干层次，通过将定性指标模糊量化方法得到因素权重，以作为优化决策的方法。层次分析法擅长解决定性和定量相结合的、层次性的情况，可以较好地适用于本研究的权重确定。目前，层次分析法已较多地应用于建筑工程领域的各种评价环节，但实际应用中仍存在一些问题。

### 2.5.4.3 权重修正方法：决策实验室分析法

决策实验室分析法（Decision Making Trial and Evaluation Laboratory，DEMATEL），由运筹学家 Gabus 和 Fontela（1975）提出，是用于矩阵或有复杂关系结构的方法。它能够将要素之间的因果关系转换为系统性的可理解的结构模型，可以明确对复杂因素之间的交互影响。本研究的指标之间存在一定的关联性。应用决策实验室分析可以有效地削减本研究指标权重的非独立性，是最终得到相对准确的评价结果的保障。

#### 2.5.4.4 决策实验室分析：层次分析的组合思路

本改进分析方法基于对复杂问题的解决目标，是具有创新性的方法组合，南美、欧洲等学者仅有理论提及和运筹学应用，但目前尚无实际工程的应用先例。鉴于当前 AHP 已经在建筑价值评价方面有所应用，且应用时评价指标之间仍普遍存在相互关联性的情况，引入 DEMATEL 是极具现实意义的。

该组合方法的基本思路是：首先将价值指标构建为递阶层次结构，运用 AHP 计算得到初始权重，再由 DEMATEL 确定同一层次各指标的相互影响关系，并以此修正初始权重，来削减因素之间的相互影响，从而得到相对独立的最终权重。具体计算步骤见第 3 章。

### 2.5.5 评价方法

#### 2.5.5.1 模糊数学和模糊综合评价

中国近现代体育建筑价值是一种定量因素和定性因素并存、部分因素难以精确衡量的复杂体系，且部分因素之间还存在一定的关联性。这种中间性、不确定的、拥有模糊概念的现象是模糊现象，也是现实生活中大多数现象的状态。20 世纪后半叶，模糊数学成为数学领域的新兴分支领域，旨在解决现实中大量模糊不确定性问题的量化分析。Zadeh（1965）提出的模糊数学模型是评价不确定数据集合的有效方法，打破了经典数学的集合论中包含关系的绝对性。相比经典线性模型，模糊模型更适用于现实问题，布尔逻辑以严格的 1 或 0（黑或白）来理解现实，而模糊逻辑能够管理主观假设和灰色尺度下与现实生活过程相关的不确定性（Silva, de Brito, Gaspar, 2016）。

模糊综合评价就是基于模糊数学的概念，应用模糊数学的集合论对决策活动所涉及的物、事、方案等进行多因素多目标的评价。我国模糊数学领域先驱汪培庄先生在《模糊集合论及其应用》中，提出模糊综合评价的基本原理：首先应确定被评价因素的指标集和评价集，其次确定各因素的隶属度向量及其权重，从而得出模糊评价矩阵，最后将评价矩阵与权向量进行模糊运算与归一化，得到综合评价结果。从模糊评价的原理中可知，因素与评定是评价模型的二要素系统，且两者均存在模糊性，因此评价的目的在于将对象的评价结果进行排序，并从中选择出相对好的结果。

#### 2.5.5.2 主流的多因素多目标评价方法比较分析

在拟定模糊综合评价方法作为本研究的核心方法的基础上，笔者又将其和其他主流的多因素多目标评价方法进行比较分析，从操作适用性角度依然得出，模糊综合评价是最适合的中国近现代体育建筑价值评价方法之一，具体特征见表 2.7。

首先，本研究建筑评价体系的目标不是指标因素间的关联分析，因此不适用于灰色关联分析与耦合协调度分析；其次，本研究建筑评价体系的原始数据均为非归一化的数据，因此不适用于优劣解距离法；再次，在秩和比综合评价中，输入端的原始数据应为正向或负向的定量变量，而建筑评价体系中某单一因素的原始数据之间还不能直接找到定量明确的大小关系及向量，所以亦不适用于秩和比综合评价。综合上述分析结果，本研究选用了模糊综合评价法。

表 2.7  主流多因素多目标评价方法的特征对比

| 名称 | 原理 | 输入数据 | 输出数据 |
|---|---|---|---|
| 模糊综合评价 | 应用模糊关系合成原理，将一些边界不清、不易定量的因素量化 | 至少 2 项的定量变量 | 考核指标在量化评价中的得分 |
| 秩和比综合评价 | 将效益型指标从小到大排序、成本型指标从大到小排序，再计算秩和比，最后统计回归、分档排序 | | 考核指标在量化评价中得分与分档 |
| 优劣解距离法 | 基于归一化后的原始数据矩阵，采用余弦法找出有限方案中的最优方案和最劣方案，分别计算各评价对象与最优方案和最劣方案间的距离，获得各评价对象与最优方案的相对接近程度，以此作为评价优劣的依据 | | 考核指标在量化评价中的得分 |
| 灰色关联分析 | 通过确定参考数据列和若干比较数据列的几何形状相似程度来判断其联系是否紧密，它反映曲线间的关联程度 | 特征序列为至少 2 项的定量变量，关联对象为 1 项定量变量 | 考核指标与母序列的关联程度 |
| 耦合协调度分析 | 耦合度指两个及以上系统之间的相互作用影响，实现协调发展的动态关联关系。耦合协调度指耦合相互作用关系中良性耦合程度的大小，可体现协调状况的好坏 | 至少 2 项的定量变量 | 各个样本综合各个变量的耦合协调程度 |

资料来源：笔者整理自制。

综合上述方法，本研究价值评价体系的应用方法及流程可归纳为图 2.32。

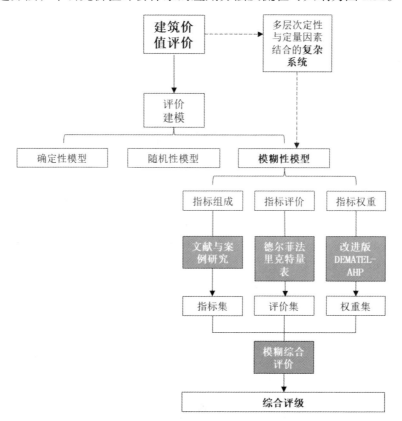

图 2.32  中国近现代体育建筑价值评价体系的方法框架

# 2.6　本章小结

作为核心内容展开前的基础研究，本章对将涉及的理论和方法进行具体分析，梳理了研究前沿，最终选取出适于本研究的相关理论和方法。主要结论如下：

（1）相较于经典保护更新的理论和方法，当代的建筑保护更新正在经历两种转变：第一种是经典保护理论的科学性转向，即人文社科和自然科学逐渐成为建筑保护更新的方法基础，而保护更新的决策则由更多利益相关方共同决定；第二种是近现代建筑保护的意义性转向，即因近现代建筑的诸多新变化，对其加以保护的对象由物质属性转向于意义传达。这两种转变要求当今的建筑保护更新研究要引入更加科学的方法，并且要重视更广泛的意义性保护。

（2）通过保护更新过程，作为核心城市元素的体育建筑是具备影响城市形态走向的潜力的。历史城市及其建筑的保护更新应该找到内在结构性因素加以保护，并在此基础上加以拓展与更新，以适应当代的语境。

（3）重要性、真实性、完整性已成为建筑保护更新的通用原则。近现代建筑保护也应遵循保护优先、合理利用、严格管理的实践标准，维护历史建筑的历史风貌和特色价值，建立完善的工作流程。

（4）我国体育建筑快速更新现象的动因多种多样。从事件类型角度可分为内因和外因两方面。内因主要包括老旧修缮、标准提升、设施落后、用途变更、造型陈旧，外因主要包括城市发展、赛事要求、环保理念、商业开发。若从建筑价值的角度审视会发现，上述因素均可被归纳为使用价值因素和经济价值因素，这两类价值是建筑的一般性价值。而对历史建筑遗产来说，保护更新的动因应当是在满足一般性价值可持续的前提下，通过衡量特征性价值来确定的综合干预策略。因此从价值角度分析，造成快速拆建等问题的本质是许多中国近现代体育建筑遗产未被当作历史建筑遗产进行综合价值分析及策略制定。

（5）我国近现代体育建筑演进历程和特征的分析是本研究价值发掘的核心，是纵向历史研究和案例研究相结合的质性研究。本书选取 1850—1999 年为研究范围，以具有时代特征的典型案例为调研对象，将中国体育建筑的发展演进分为五个阶段。不同于国内其他学者的历史研究，各个时期的代表性案例的特征分析占据本研究相当大的比重。作为现代公共建筑的代表类型之一，近现代体育建筑在一段时期内的建设数量有限，且同一段时期内建设的建筑都会集中以国内新近建成案例或国外建成案例为参考样本，所以典型案例的突出特征研究，相较于现有相关文献中在近现代建筑通史中叠合体育建筑历史的传统研究方式，要更具体，也更贴近价值发掘的目的。同时，从历史演变历程中提取的典型案例，将贯穿整个研究，会继续成为价值评价和保护更新策略的研究案例。

（6）历史建筑的价值分为两类：第一类是特征性价值，属于绝对稀缺性范畴，即历史建筑特有的历史、艺术、科学、文化、社会价值；第二类是一般性价值，属于相对稀缺性范畴，即历史建筑与普通建筑都有的使用、经济价值。

（7）全球范围内的建筑价值评价方法可归纳为两种基础模式——研讨登录式和评分评

级式。本研究采用评分评级式，因为这种方式包含量化分析，相对更加接近当代科学保护的要求。

（8）中国近现代体育建筑价值指标共包含历史价值、艺术价值、科学价值、社会价值四种特征性价值，纳入价值评价体系进行评判；也包含使用价值和经济价值两种一般性价值，不纳入评价体系，但需要进行基本的研判，保证建筑的可存续条件。若要继续确定四种价值指标之下的二级指标，需要结合典型案例的突出特征综合分析。

（9）中国近现代体育建筑价值是一种定量因素和定性因素并存，部分因素难以精确衡量的复杂体系，且部分因素之间还存在一定的关联性，因此本研究的价值评价采用模糊综合评价法。指标权重确定采用决策实验室分析和层次分析相结合的方法，旨在将定性问题较好地转化为量化值，能够检验模糊变量之间的因果关系，并消除它们之间交互影响带来的重复计算，得到较准确的量化权重值。权重确定及评价阶段的数据收集采用反馈匿名函询法（或称德尔菲法）与里克特量表，旨在较稳定地获得专家意见。

# 3 中国近现代体育建筑的价值评价体系构建 ——指标及其权重

本章属于聚焦中国近现代体育建筑价值评价体系的构建，其中包括中国近现代体育建筑的特征性和一般性价值分析、价值指标构成、价值指标权重（重要性）。围绕研究问题，承接第 2 章的价值体系构建的研究基础，本章首先对 50 组经典作品的突出特征进一步分析归纳，得出中国近现代体育建筑价值指标的构成；然后对中国近现代体育建筑的特征性与一般性价值进行内涵和影响因素分析；最后通过对价值指标应用"决策实验室分析-层次分析法（DEMATEL-AHP）"，计算得出中国近现代体育建筑价值指标的权重。

## 3.1 中国近现代体育建筑价值评价体系的指标集

针对前文研究得到的典型案例及其 128 项具有时代性的突出特征，本节将做进一步的归纳与分析工作，分析突出特征与本体属性和价值要素的关联，进而得到有实例基础的、系统的中国近现代体育建筑价值指标构成。具体对应关系的归纳分析如图 3.1 所示。需说明的是，其中少部分特征具有复合属性或价值，因此要素之间非一一对应关系，因此后面的数量统计总和大于 128 项。

### 3.1.1 突出特征和本体属性的关联

典型案例的突出特征有一定的共通性，例如：众多"第一座"的历史地位、众多"第一次"的技术工艺、重大体育赛事或事件的主要见证、不同时代建筑风格的典型代表、城市触媒、重要地标、集体记忆……这些典型案例的共通特征，就是经过历史和大众检验的价值所在。分析突出特征和本体属性的关联，有助于明确保护更新实践的重点。

从近现代体育建筑本体的视角来看，这些典型特征可以被归纳为局部、整体、周边三个维度。其中，局部维度包括比赛厅、屋盖、体育工艺、建成环境；整体维度包括历史地位、空间设计、工程技术、形式艺术；周边维度包括人工规划与自然环境，共计 10 种因素。根据归纳与分析结果（图 3.2）可知：

（1）隶属于体育建筑整体的典型特征数量最多，共计 107 项；隶属于体育建筑局部的典型特征数量居中，共计 24 项；隶属于体育建筑周边的典型特征数量最少，共计 19 项。这说明整体维度是中国近现代体育建筑发展演变与保护更新的重点。

（2）具体到子项分布来看，隶属于空间设计的典型特征数量最多，达到 35 项；隶属于自然地貌的数量最少，仅为 2 项；总体来看，空间设计、历史地位、形式艺术、工程技术、人工规划的数量较多，是中国近现代体育建筑发展演变与保护更新的关注重点。

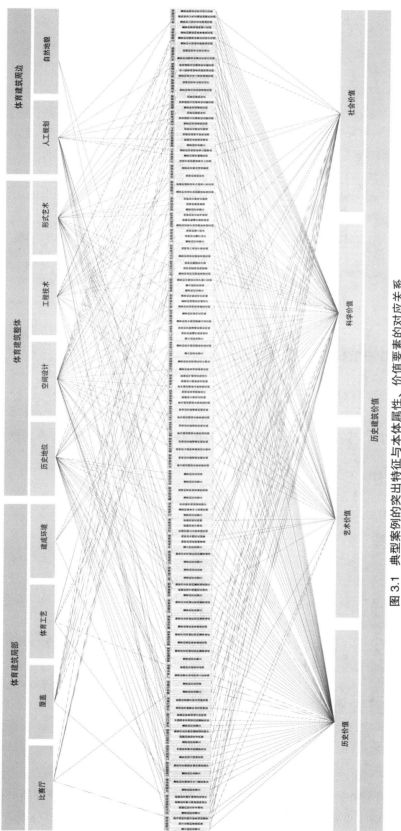

图 3.1 典型案例的突出特征与本体属性、价值要素的对应关系

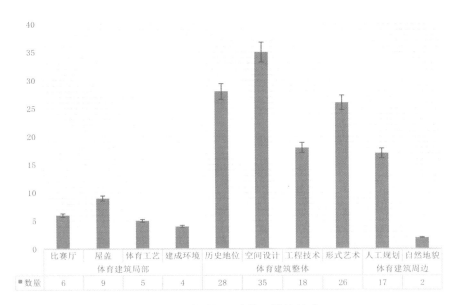

图 3.2 突出特征和本体属性的关联

### 3.1.2 突出特征和价值要素的关联

根据研究基础部分对建筑价值构成的理论分析，笔者选取了目前遗产保护学界有普遍共识的五类特征性价值（历史、艺术、文化、科学、社会价值）和两类一般性价值（使用、经济价值）作为初始对应值，分析其与典型特征的对应关系。根据归纳与分析结果（图 3.3）可知：

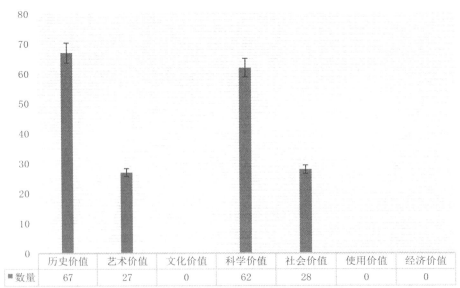

图 3.3 突出特征和价值要素的关联

（1）隶属于历史价值的典型特征数量最多，高达 67 项；隶属于科学价值的典型特征数量其次，达到 62 项；隶属于社会价值与艺术价值的典型特征数量较少，分别有 28 项与 27

项。这说明中国近现代体育建筑的突出特征集中于历史价值与科学价值，而艺术价值的比重相对较小。相较于传统古典建筑遗产，这种价值分布恰好体现了近现代体育建筑的两大主要特征，即重大的体育与纪念活动与先进的建筑与体育工艺。

（2）调研案例的典型特征并未归纳得出一般遗产价值的文化价值，这体现了近现代体育建筑类型的特殊性。诚如《中国文物古迹保护准则》所描述的，文化价值是因其体现民族文化、地区文化、宗教文化的多样性特征、自然、景观、环境等要素、相关的非物质文化所具有的价值。这种价值形成于建筑对过去特定传统文化、习俗、观念的展现、催生过程，或者建筑及其周边环境已转化为某种文化群体的符号。从这种过程可知，文化价值的形成需要较长的历时过程，大多数存在于文化、宗教、传统民居等与文化关联紧密的类型建筑中；与此相对的是，近现代体育建筑的历时阶段相对较短，且文化关联相对较弱，因此不具备一般意义的文化价值。

（3）调研案例的典型特征也未归纳得出使用价值与经济价值，这是价值的属性差别导致的。具有普遍共识的七类价值中，历史、艺术、文化、科学、社会这五类价值是历史建筑学者更为关注的，是历史建筑的特征性价值。而使用价值与经济价值是建筑建成之时便带有的价值，属于一般性价值，也是当代建筑及多数非展品式保护的近现代建筑遗产的基础价值。当在界定和评价历史建筑的重要性地位时，是不将一般性价值的水平程度当成决定因素的，即不应以"当前是否好用"或"当前能否大量变现"作为保留与否的判断标准。但如果使用或经济价值受到很大的威胁，是同样需要考虑采取保护措施的。因此这两者的关系可以理解为一般性价值是特征性价值的基础和保障，特征性价值决定着建筑的稀缺地位。

### 3.1.3 本体属性与价值要素的关联

根据上述统计与分析，结合案例分析，可得出中国近现代体育建筑特征属性与价值要素之间关联的综合关联，如图 3.4 所示。

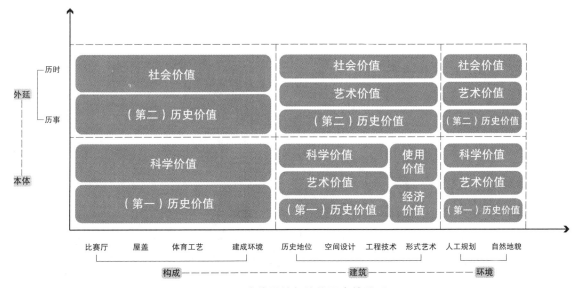

**图 3.4 本体属性与价值要素的关系**

调研案例的典型特征可被归纳为历史价值、艺术价值、科学价值与社会价值四类价值要素。典型特征的形成时间位于建成时或建成后，或理解为第一历史（点）与第二历史（段）两个阶段。近现代体育建筑在建成阶段表现出的典型特征包括第一历史价值、科学价值、艺术价值，在建成后阶段的使用过程中表现出的典型特征包括第二历史价值、艺术价值与社会价值。除了已被拆除或荒弃待干预的案例外，多数中国近现代体育建筑仍在使用与运营状态中，因此还具有使用价值与经济价值。

### 3.1.4 价值评价体系的指标集

在保护近现代体育建筑价值的基础上，合理、适度地更新再利用，以更好地满足人们的运动与精神需求，是本价值评价体系的目的。因此，评价体系的指标集构建要把握整体与层次性、系统性、可操作性、目的性及政策引导性等基本原则。

通过建筑价值理论分析、中国近现代体育建筑典型案例调研、典型案例突出特征和价值因素的关联分析等系统研究，笔者得出近现代体育建筑价值的指标，见表3.1。本体系为多层次结构模式，能够进行全面评价与分项评价。其中，近现代体育建筑的保护价值（目标层）主要分为历史价值、艺术价值、科学价值、社会价值共4项一级指标（准则层），9项二级指标（指标层），24项三级指标（子目标层）。本指标体系"目标层—准则层—指标层"的构建逻辑依循层次分析法中的分析结构模型，便于和后文的权重确定方法形成统一。

表3.1 中国近现代体育建筑价值评价体系的指标集

| 目标层 | 一级因素（准则层） | 二级因素（指标层） | 具体因素（子指标层） |
|---|---|---|---|
| A 近现代体育建筑保护价值评价体系 | B₁ 历史价值 | C₁ 本体性历史 | $C_{11}$ 本体历史事件的属性类型（重大社会/体育事业/体育赛事事件） |
| | | | $C_{12}$ 本体历史事件的罕有程度（唯一……/首次……/……之最/……代表） |
| | | | $C_{13}$ 本体历史事件的影响范围（国际/国家/省市/区域/群体） |
| | | C₂ 衍生性历史 | $C_{21}$ 衍生历史事件的属性类型 |
| | | | $C_{22}$ 衍生历史事件的罕有程度（唯一……/首次……/……之最/……代表） |
| | | | $C_{23}$ 衍生历史事件的影响范围（国际/国家/省市/区域/群体） |
| | | | $C_{24}$ 衍生历史事件的发生数量 |
| | | C₃ 历时状态 | $C_{31}$ 现存建筑及环境的历时年限 |
| | | | $C_{32}$ 现存建筑及环境的保存状况 |
| | B₂ 艺术价值 | C₄ 前期设计 | $C_{41}$ 区域环境的公共性与其艺术品质 |
| | | | $C_{42}$ 场馆在区域环境中的相对规模体量 |

续表

| 目标层 | 一级因素<br>（准则层） | 二级因素<br>（指标层） | 具体因素<br>（子指标层） |
|---|---|---|---|
| A<br>近现代体育建筑保护价值评价体系 | B₂<br>艺术价值 | C₅<br>形式设计 | $C_{51}$ 体育空间的形式设计及符号指涉<br>（合理程度：场地先进/完善/标准/……<br>指涉程度：运用与否，运用层次与数量） |
| | | | $C_{52}$ 整体空间的形式设计及符号指涉<br>（合理程度：布局创新/复合/合理/清晰/简单<br>指涉程度：运用与否，运用层次与数量） |
| | | | $C_{53}$ 建筑界面的形式设计及符号指涉<br>（合理程度：形式创新/典型/不典型/简约<br>指涉程度：运用与否，运用层次与数量） |
| | B₃<br>科学价值 | C₆<br>建筑工艺 | $C_{61}$ 结构技术的先进水平（创新度、融合度）<br>$C_{62}$ 材料技术的先进水平（创新度、融合度）<br>$C_{63}$ 细部工艺的先进水平（复杂度、完成度）<br>$C_{64}$ 施工技术的先进水平（复杂度、完成度） |
| | | C₇<br>体育工艺 | $C_{71}$ 体育运动空间设计水平（创新度、体验满意度）<br>$C_{72}$ 体育设施设备配置水平（创新度、体验满意度） |
| | B₄<br>社会价值 | C₈<br>区域认同感 | $C_{81}$ 整体形象对片区建设的象征意义<br>$C_{82}$ 整体功能对片区更新的触媒效应 |
| | | C₉<br>集体归属感 | $C_{91}$ 公共属性对社区生活的聚集作用<br>$C_{92}$ 集体记忆对社区居民的情感承载 |

注：对存在不可替代的突出单项价值的建筑项目，允许由专业机构、学者和利益相关方发起免评申请，通过权威专家论证直接登录保护建筑名单

资料来源：笔者自制。

# 3.2 中国近现代体育建筑的特征性价值

## 3.2.1 历史价值

### 3.2.1.1 内涵

历史价值是建筑作为见证过去某段时间的人、物、事的实证价值。历史价值可分为建筑形成时所拥有的"本体性价值"与本体在第二历史时期的经历中关联或衍生出的"符号性价值"：

（1）本体性价值是建筑本体即可传达出的反映历史性的价值，一般与设计到建成时期之前发生的背景历史事件有关，也是核心历史价值；

（2）符号性价值是由本体建成存在后，经过传播、解读而衍生出的符号价值，既有建成之时就已直观传递出的符号价值，又有在历时过程中与著名历史事件或人物发生关联所形成的符号价值。

2021年，我国城乡建设部门颁布的最新版历史建筑确定标准中，对突出的历史文化价值的内涵表述为：能够体现其所在城镇古代悠久历史、近现代变革发展、中国共产党诞生与发展、新中国建设发展、改革开放伟大进程等某一特定时期的建设成就；与重要历史事件、历史名人相关联，具有纪念、教育等历史文化意义；体现传统文化、民族特色、地域

特征或时代风格。从上述表述也可看出，确定标准中第 1、2 点属于建筑的第二历史价值，第 3 点属于建筑的第一历史价值。

中国近现代体育建筑的建设与历史事件的关联度较高，特别是演变显著的 19—20 世纪。中国近现代体育建筑的历史价值较为特殊，具有本体性历史价值高、符号性历史价值低的特征，这是与其他大多数类型建筑的主要差别。其原因有二：体育建筑是发展历史最短的建筑类型之一，对体育建筑发展史有里程碑意义的建筑项目一般不足百年；由于近现代体育建筑建造成本与技术要求高，代表数量相对有限。因此，评价近现代体育建筑历史价值时，应着重分析建筑的本体性价值。

### 3.2.1.2 影响因素

影响中国近现代体育建筑发展、历史价值高低的历史事件纷繁复杂，可分为重大社会事件、重大体育事件、体育赛事事件三个主要类型：

1. 重大社会事件

1840 年，英国发动鸦片战争，打破了中国闭关自守的封建社会格局，西方列强的侵略与洋务运动的开展使西方文化逐渐传入，中国体育事业自此受到西方国家体育项目、方法与制度的深刻影响，上海跑马场是鸦片战争后英国侨民入驻上海的历史见证。1860 年的第二次鸦片战争与 1900 年的八国联军侵华战争，进一步加深了中国半殖民地化的程度，更多侨民入驻通商口岸，广州沙面游泳池、汉口西商跑马场、上海划船俱乐部等是后续侵略战争后的见证，大连运动场则是日本接替俄国侵占辽东半岛时期的见证。

1912—1919 年，城市需要有大型集会场所来进行政治、文化、体育活动，上海西门公共体育场就是一个见证。1919—1937 年迎来了相对快速的建设期。租界区为了拓展收入，开始修建上海回力球场、天津回力球场等娱乐体育建筑。1937 年日本发动全面侵华战争，打破了原先华界与租界的相对平衡状态，全部工程陷于停滞。1937—1945 年，只在重庆建成一座军民两用跳伞塔。

1949 年中华人民共和国成立，部分既有大型体育建筑开始进行修复改建。1953 年苏联援建背景下的"一五"计划，北京体育馆、重庆体育馆、天津市人民体育馆、长春体育馆、广州体育馆、重庆人民体育场、广州二沙头训练场等主要城市的大型体育建筑开始兴建。1958年，以建国十周年"十大建筑"为代表的所有建设工程的工期、设计语言均有相当程度的限缩，北京工人体育场是该时期的见证。1966—1976 年，国外建筑结构技术进步显著，因此形成了这一时期内部结构与外部形式相对脱节的设计特征，沉稳庄重的形象掩盖了大跨结构的创新，浙江人民体育馆、南京五台山体育馆、上海体育馆等是这一时期的见证。

1978 年我国开始实施改革开放政策，以深圳为代表的特区建设成为这一时期的象征。体育建筑的形式设计逐步解放，与国际体育场馆设计的前沿形式接轨，并开始获得国际建筑奖项的认可，深圳体育馆是这一时期的见证。

作为重大社会事件的历史见证，上海跑马场是国内最具历史积淀的典型案例。1850 年，英国侨民霍格（W. Hogg）以标志性现代赛马场——英国纽马特赛马场为原型，在上海引入了赛马运动并兴建上海赛马场。赛马场长达数十年的建设、迁址和扩建的历程，就是随着重大社会事件发展而变动的历程。购地兴建的背后支持者是英国驻沪领事馆。二度迁址的占地越来越大，扩建大楼越来越豪华，赌马活动也让当时很多上海市民血本无归。从单纯的赛马运动到后来的赌马活动，娱乐赌博化的建筑功能转变是当时殖民地化不断加深的体现。纵观其变迁历程（图3.5），从1850年兴建第一处跑马场，1854年迁建第二处跑马场，1861年迁建第三处跑马场，直到1932年扩建跑马总会大楼，跑马场的变迁深刻映射出中国近代社会的历史。1951年上海跑马场和跑马厅被收归上海军管会，也同样是中国社会重新起步的缩影，而后改建而成的上海图书馆、上海美术馆，到如今的上海革命历史博物馆，则彻底改变了它最初仅为外国人服务的底色，真正成为上海市中心为普通市民服务的公共客厅。

图3.5 1920年上海跑马场改扩建过程旧照

## 2. 重大体育事件

1885年，基督教青年会组织在中国正式落地，以"培养健全的德智体"为宗旨的教会活动引领了中国开埠城市的体育发展。上海四川路青年会会馆、天津东马路青年会会馆、广州长堤青年会会馆等是这一时期的见证。

1904年，清政府颁布《奏定学堂章程》，全面确立了新式教育制度，规定各级学堂开设"体操科"。新学的影响直至中华民国时期，教会大学、国立大学的体育场馆逐渐成为标配，顾斐德体育室、清华西体育馆、南洋公学、东北大学汉卿体育场、武汉大学宋卿体育馆等是这一时期的见证。

中华民国政府1927年设置了体育部门，1929年颁布《国民体育法》，1932年召开了第一届全国体育会议，推出《国民体育实施方案》。这一系列的法制化进程，体现出20世纪20—30年代中国体育建筑发展的一段黄金时期，国民参与运动的热情高涨，南京中央体育场、天津河北体育场、上海江湾体育场等是这一时期的见证。

1949年，中华人民共和国及中华全国体育总会成立，标志着我国体育事业的崭新开端，修建完成的先农坛体育场、北京体育馆是这一时期的见证。1956年，陈镜开成为中国体育史上首位世界纪录创造者，由上海回力球场改建的上海体育场成为历史时刻的见证。1959年，容国团获得中国体育史上第一个世界冠军头衔，乒乓球从此成为我国体育名片，间接促成了乒乓球世锦赛在中国的举办以及北京工人体育馆的落成。

1980年中国体育科学学会成立，1981年《体育建筑设计》出版，体育建筑设计开始步入科学化与规范化。体育设计专家通过实际作品探索了场地的多功能化、结构的艺术表达、空间的复合层叠等多个具体问题，吉林滑冰馆、黑龙江速滑馆、天津体育馆、上海长宁体操馆等是这一时期的见证。1995年，《中华人民共和国体育法》《体育产业发展纲要》《全民健身计划纲要》正式颁布实施，体育建筑的建设开始加速，虹口足球场是全面推进时期的见证。

作为体育事业事件的历史见证，南京中央体育场是国内最具历史积淀的典型案例。它是一系列历史大事件共同作用下促成的重大工程。1929年，《国民体育法》颁布，这是中国第一部体育立法，其中明确规定"各自治之村乡镇市必须设备公共体育场"。1929年年底，孙中山之子孙科牵头起草的《首都计划》公布，规划皆以百年工程为建设标准，中山门外紫金山南麓区域被规划为"中央政治区"，中央体育场即建设于该区域，这里的建筑风格也被明确规定为"中国固有之形式"。1930年，爱国教育家张伯苓当选体育协进会主席，新上任的首件大事就是提出应尽快建立一座国家大型体育场，推进国民体育发展。1932年，同《国民体育法》相适配的《国民体育实施方案》通过，其中进一步规定了体育设施建设的普及，其中各大城市体育场的设立须在1~2年完工。南京中央体育场（图3.6、图3.7）于1933年的正式完工与使用，就是上述历史重大事件推动下的重要成果，今后很长一段时间也成为东亚地区最重要的综合性体育场馆群。

图3.6 南京中央体育场总平面图　　　图3.7 南京中央体育场国术场旧照

### 3. 体育赛事事件

19—20世纪，国内大型体育赛事以全国及片区运动会为主，国际大型体育赛事的数量与级别逐步增加。1915年，第二届远东运动会于上海虹口公园举行。1961年，第26届世界乒乓球锦标赛于北京工人体育馆举行。1990年，亚洲运动会是20世纪中国举办过的级别最高的综合体育赛事，于北京国家奥林匹克体育中心举行。

中华民国时期的国内大型体育赛事主要包括全国运动会、华北运动会、华中运动会等，国际大型体育赛事包括远东运动会等。其中，南京中央体育场是第五届（中华民国时期）全国运动会的主会场，上海江湾体育场是第六、七届（中华民国时期）全国运动会的主会场；天津河北体育场、北京先农坛体育场是华北运动会主会场；上海虹口公园是第二、五届远东运动会的主会场。

1949年后，国内大型体育赛事主要包括全国运动会、全国冬季运动会、少数民族运动会，国际大型体育赛事包括东亚运动会、亚洲运动会、亚洲冬季运动会、单项国际比赛等。其中，北京工人体育场是第一、二、三、四、七届全国运动会及第六届少数民族传统体育运动会主会场，上海江湾体育场是第五届全国运动会主会场，广州天河体育中心是第六届全国运动会主会场，上海体育场是第八届全国运动会主会场；北京工人体育馆、天津体育中心体育馆分别是第26届与43届乒乓球世锦赛比赛馆，上海体育馆是第一届东亚运动会主会场,北京国家奥林匹克体育中心是亚洲运动会主会场,黑龙江省速滑馆是第三届亚洲冬季运动会主比赛场。

作为体育赛事事件的历史见证,北京工人体育场是国内最具历史积淀的典型案例。作为共和国十大建筑之一,工人体育场是共和国第一、二、三、四、七届全国运动会的主场馆,中国足球的中心场地之一,也是北京市体育及文化的主场,见证了奥运会、亚运会、亚洲杯等新中国体育、文化、政治等的诸多重大历史时刻,如图3.8~图3.10所示。工人体育场是20世纪举办体育赛事级别最高、规模最大,也是保持作为高水平综合竞技类体育场最为长久的体育建筑。

图3.8　1959年第一届全运会开幕　　图3.9　1990年亚运会开幕　　图3.10　2023年世界杯比赛

## 3.2.2　艺术价值

### 3.2.2.1　内涵

依据《中国文物古迹保护准则》的定义,艺术价值是建筑作为人类艺术创作、审美趣味、特定时代典型风格的实证的价值。而布兰迪等保护学家也认为,艺术价值存在于人的直觉性感知,特定时期的风格代表仍然归属于历史价值的代表。笔者认为,纯粹的艺术价值确实应属于审美体验引发的知觉范畴,但这种价值不易衡量;风格的代表以及艺术史中的地位也确实属于历史范畴,而这种地位实则体现了过去人们对建筑艺术价值的较为广泛且客观的认可。因此,本书的艺术价值评价,既会研究知觉层面背后的演变逻辑,又会参考艺术史地位,结合两方面来综合评定。

2021年,住房城乡建设部颁布的最新版历史建筑确定标准中,对较高的建筑艺术特征的内涵表述为:①代表一定时期建筑设计风格;②建筑样式或细部具有一定的艺术特色;③著名建筑师的代表作品。从上述表述也可看出,确定标准的第①、③点属于艺术价值的史学地位层面,第②点则更接近于知觉现象层面。

近现代体育建筑的经典作品大多表现出技艺交融的特征,意在传达给使用者一种震撼的、崇高的、先锋的审美感受,这也是近现代体育建筑艺术价值的核心。尤其是在20世纪60—80年代的奥运建筑设计中,结构表现主义盛行,罗马小体育宫的混凝土结构及其精神性意象,慕尼黑奥林匹克体育场的张拉膜结构及其轻质帐篷意象等。它们既有结构创新的技术亮点,又有形式艺术的强烈震撼。在本书案例所处的1850—1999年之间,中国近现代体育建筑的形式设计方法也始终不忘融合中国古典建筑的符号语言,所以形成其特有的规律特征。

1989年,联合国教科文组织将古希腊的奥林匹亚遗址Panathenaic Stadium添加到世界古建筑,它的卓越艺术价值得到认可。奥林匹亚遗址是一个环境、社会和历史的地标,同时也是代表奥运和体育的艺术符号，是有形和无形遗产价值之间相互依赖的经典案例。正如 Gammon、Ramshaw 和 Waterton 所指出的："无论如何，现代奥运会在某种意义上是一种回收和复活的遗产，它本身公开地运用遗产符号、传统和仪式。"奥运会在体育场建筑的演变过程中起着重要的作用。现代奥运场馆的独特符号可以用它们的规模和现代奥运会的普遍价值来解释。

### 3.2.2.2 影响因素

近现代体育建筑艺术价值的影响因素也可理解为基于知觉的审美体验的影响因素，由无设计介入因素与形式设计因素两方面构成，如图 3.11 所示。

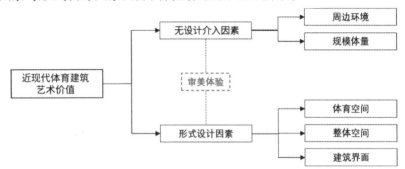

图 3.11 近现代体育建筑艺术价值的影响要素

无设计介入因素包含建筑所处的周边环境，以及建筑本身的规模体量。

形式设计因素包含体育空间的形式设计、整体空间的形式设计与建筑界面的形式设计。

因无设计介入因素在策划阶段已有相对确定的条件，故本节将着重分析充分体现建筑师思想的形式设计因素。

由体育建筑形式设计引发的美好体验以及相关联想，从图像学与符号学的角度审视，即由建筑本体引发指涉的过程，建筑范畴的指涉对象一般是具体的类型建筑形象。建筑形式设计中的引发联想可利用符号学理论加以解释，如图 3.12 所示。借助皮尔斯符号学理论中的指涉关系，可大致分为三种手法：

相似性形式设计（icon），直接凭借相似的品格去指涉对象的建筑形式设计，例如杭州奥体中心体育场"大莲花"对莲花的指涉；

指示性形式设计（index），因与对象拥有一般的建筑特征联系去指涉对象的建筑形式设计，常出现于建筑节点与细部对整体建筑的指涉，例如门对可通过性的指涉；

规约性形式设计（symbol），借助一般观念的建筑法则去指涉对象的建筑形式设计，需要相关知识才能理解并构建的指代关系，例如希腊与拉丁十字平面对教堂空间的指涉。

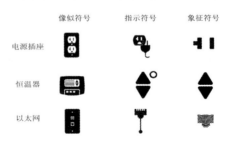

图 3.12 皮尔斯符号学理论中的三元符号类型示意

上述二种图像 / 符号学的指涉关系都是基于生理感知特征出发的，即可以引起人类对不同元素的感受与联想，以上三种关系中，指示性、相似性、规约性所需的知识与联想能力是逐渐升高的。符号学视野下的建筑形式也是一种高度复杂性的文本，符号属性往往交叠出现，也存在一些难以界定的"内容雾状体（Bluured Contents）"。在单元本身、建筑整体以及环境整体等不同层面，同一元素可以被解读为不同的指涉方式。建筑师就是在不同层面与不同比例的形式指涉间进行着多次抉择，进而创造出诸多意义网格交织于一身的城市与建筑空间。

带给使用者审美体验的近现代体育建筑形式主要由三部分组成，即作为形式基础的体育空间、作为形式外延的整体空间、作为形式表现的建筑界面，如图 3.13 所示。

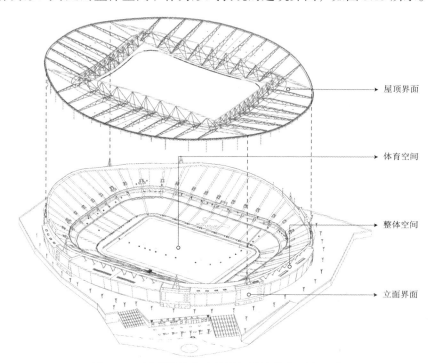

右侧标注：屋顶界面、体育空间、整体空间、立面界面

**图 3.13  近现代体育建筑的知觉性艺术形式组成**

体育空间是运动场地与观众厅共同组成的核心内部空间，它的形式决定了体育建筑的基本尺度。中国近现代体育建筑的场地平面经历了从最初以单一项目为参考尺度的平面到如今以多功能适应性场地为参考尺度的平面的转变，看台平面也经历了最初方形、多边形平面（单边、双边看台）到椭圆形、正圆形平面（半围合、全围合看台）再到如今的自由体形（灵活多层看台）的转变。

整体空间是体育空间、服务设施与多功能设施等共同组成的总体内部空间，它的形式决定了体育建筑的基本造型。中国近现代体育建筑的服务空间经历了从并列式、围合式向立体式的转变，会展、休闲、文化等多功能空间也不断丰富，多功能综合性整体布局成为设计趋势。

建筑界面是屋顶界面与立面界面的结构及表皮等构造共同组成的边界空间，它的形式决定了体育建筑的具体造型，也是与城市空间及使用者直接发生互动的空间。体育建筑的表皮与内部空间可以形成反差与引导。近现代体育建筑屋顶界面的形式多由结构造型决定，从最初的桁架、铰拱，到后来的网架、薄壳、悬索，再到后来的轻质张拉与混合结构，更大跨度、更趋复杂的屋盖结构为符号化形式表达带来了丰富的可能性。近现代体育建筑立面界面的形式设计主要归为有表皮与无表皮两种类型。无表皮立面通过暴露的结构表现形式，有表皮立面通过独立设计的大面积表皮表现形式。此外，立面与顶界面一体化设计在体育建筑中也较为常见。

### 1. 体育空间的形式设计及其指涉方式

赛事的需求、巨大的容量与复杂的工艺使现代体育空间难以塑造纯粹的审美体验，但建筑师可以运用空间符号，建立与某种时期或地域的建筑空间的关联。体育空间的形式设计及其指涉方式见表3.2。

表 3.2　近现代体育建筑体育空间的形式设计及其指涉方式

| 构成 | 案例 | 形式（能指） | 含义（所指） | 指涉方式 |
|---|---|---|---|---|
| 体育空间—平面 | 伦敦白城体育场（1908） | | | 平行带形看台平面<br>\|<br>古希腊 Panathenaic Stadium 看台平面<br>\|<br>古典体育精神 |
| | 罗马奥林匹克体育场（1960） | | | |
| | 东北大学汉卿体育场（1929） | | | 马蹄形看台平面<br>\|<br>古希腊 Panathenaic Stadium 看台平面<br>\|<br>古典体育精神 |
| | 天津河北省体育场（1934） | | | |
| 体育空间—剖面 | 罗马小体育宫（1960） | | | 正圆形穹顶与天光<br>\|<br>古罗马 Pantheon 穹顶<br>\|<br>古典空间象征 |
| | 代代木竞技场第一体育馆（1964） | | | 坡屋顶、中柱与天光<br>\|<br>伊势神宫"栋持柱"<br>\|<br>古典空间象征 |

续表

| 构成 | 案例 | 形式（能指） | 含义（所指） | 指涉方式 |
|---|---|---|---|---|
| 体育空间—剖面 | 朝阳体育馆（1988） | | | 坡屋顶与天光<br>↑<br>古典院落天光<br>↑<br>精神空间象征 |
| | 国家奥林匹克体育中心游泳馆（1990） | | | |

资料来源：笔者整理绘制。

体育空间的古典原型是古希腊时期的竞技场与赛马场，为顺应赛马比赛的场地尺度，当时的平面形态呈长条马蹄形。1908 年伦敦奥运会的白城体育场（White City Stadium）是第一座为现代奥林匹克运动建造的体育场，竞技场地外围是自行车赛道，观众席平面沿用了古典体育空间的形式语言。1960 年奥运会的罗马奥林匹克体育场，场地已采用当时较为成熟的综合田径场地，但建筑师有意采用古典体育空间的形式原型，而非更加现代的碗形空间，这也导致了南北两侧座席过多及视距过远等使用问题，如今已被改造为专业足球场。在中国近现代体育建筑调研案例中，1929 年建成的东北大学汉卿体育场、1934 年建成的天津河北省体育场的设计者同是基泰工程司的关颂声、杨廷宝先生，均采用古典时期的马蹄形平面，也是对古典体育精神的指涉。

体育空间的剖面也存在古典或地域符号的运用。1960 年罗马奥运会的罗马小体育宫采用穹顶形式的混凝土薄壳结构，顶部中央设置一正圆形洞口，用以采光与设备布置，屋顶结构的内界面采用米歇尔桁架（Michell truss pattern），形成交错编织的肋梁，构成和谐优美的图案，给人以精神性的空间体验。它用现代结构语言致敬了古罗马万神庙的剖面空间，并采用古典剖面符号，构建罗马近现代体育建筑与地域性古典建筑的关联。1964 年东京奥运会的代代木综合竞技场是结构表现主义的代表，是体育建筑空间、形式、结构和谐统一的典范。其体育空间的顶部为自然舒展的悬索曲面，剖面中心为悬索主柱。这与日本古典建筑的中心"栋持柱"支撑大屋顶的空间剖面有明确的符号指涉关系，将日本古典空间巧妙地赋予大型体育建筑空间。代代木竞技场体育空间的设计也影响我国近现代体育建筑实践，从 1986 年建成的四川省体育馆、1988 年建成的朝阳体育馆、1990 年建成的国家奥林匹克体育中心英东游泳馆等的体育空间，能看出对代代木竞技场手法的借鉴，均营造出对称与天光的精神空间。

### 2. 整体空间的形式设计及其指涉方式

因为较大的体量与特殊的形态，大型体育建筑的整体空间不仅是功能布置与整合的结果，而且体现着建筑师对整体形式的思考与表达。在理性的范围内，建筑师寻找在地性的意象加以运用，从而实现整体空间的形式表现。整体空间的形式设计及其指涉方式见表 3.3。

表 3.3　近现代体育建筑整体空间的形式设计及其指涉方式

| 构成 | 案例 | 形式（能指） | 含义（所指） | 指涉方式 |
|---|---|---|---|---|
| 整体空间 | 代代木竞技场第一体育馆（1961） | | | 两组弓形<br>—<br>日本武士符号"二八纹"<br>—<br>日本传统文化 |
| | 广东梅县体育馆（2010） | | | 三面向心圆形态<br>—<br>梅县围龙屋<br>—<br>梅县传统建筑文化 |
| | 国家跳台滑雪中心（2022） | | | 环形顶层与 S 形坡道<br>—<br>传统饰物"如意"<br>—<br>中国传统文化 |
| | 南京中央体育场国术场（1931） | | | 正八边形布局<br>—<br>传统文化八卦图、国术运动太极拳<br>—<br>中国传统文化 |
| | 广西南宁体育馆（1965） | | | 看台下部悬挑<br>—<br>壮族传统吊脚楼<br>—<br>广西传统建筑文化 |
| | 成都城北体育馆（1979） | | | 整体体量<br>—<br>芙蓉花蕾<br>—<br>成都市花意向 |
| | 吉林滑冰馆（1986） | | | 整体体量<br>—<br>雾凇冰棱<br>—<br>地域冰雪意向 |
| | 北京国家奥林匹克体育中心（1990） | | | 坡屋顶、斗拱状构件及三段式体量<br>—<br>中国古典建筑<br>—<br>中国传统建筑文化 |
| | 天津体育馆（1995） | | | 整体体量<br>—<br>飞碟<br>—<br>未来意向 |

续表

| 构成 | 案例 | 形式（能指） | 含义（所指） | 指涉方式 |
|---|---|---|---|---|
| 整体空间 | 上海长宁体操馆（1997） | | | 整体体量组合<br>↓<br>明珠落玉盘<br>↓<br>美好意向 |

资料来源：笔者整理绘制。

代代木竞技场第一体育馆的整体空间的形式独特，呈两个组合的月牙形。这种形式的构思原型起源于古代中国，流行于古代日本武士社会的图案——巴纹（ともえ），并以此来象征悠久的日本书化，是一种日本传统文化的指涉。梅县体育中心体育馆的整体空间紧凑，平面为正圆形布局，三面主要看台，与中国五大传统民居形式之一——梅县围龙屋的整体空间相似，并以此呼应地域建筑文化，是一种中国传统建筑的指涉。国家跳台滑雪中心是2022年冬奥会雪上项目比赛场地，整体形式利用山地的绵延起伏的走势，并在顶部创新地增设一座环形的山顶俱乐部，从而塑造出传统文化物件——如意的形象，寄托着美好的地域性寓意，是一种中国传统文化的指涉。

在中国近现代体育建筑调研案例中，南京中央体育场国术场的平面呈正八边形。杨廷宝先生在设计这座中国第一国术场时，内外部的整体布局与体育场地均设计为正八边形，像传统八卦图案，也是太极拳的标志，指涉中国传统文化。广西南宁体育馆将看台下方开敞布局，结构柱外露，像壮族传统吊脚楼民居，指涉地域传统建筑文化。国家奥林匹克中心体育馆、游泳馆采用坡屋顶的形式，体形为中国古典的三段式，指涉中国传统建筑文化，与此类似的还有深圳体育馆等。成都城北体育馆将观众厅轮廓内收，让整体像花蕾，指涉地域市花的意向，与此类似的还有吉林滑冰馆、天津体育馆、上海长宁体操馆等。

3. 建筑界面的形式设计及其指涉方式

作为附有聚集属性的大型公共建筑，体育建筑被视为城市形象的载体。体育建筑界面已超越一般围护结构的意义，成为建筑与城市个性表现、建筑与外部空间互动的设计要素。建筑界面的信息交互主要通过形态、结构、材料、技术与信息表现等方式实现，并在体育建筑的界面中应用广泛。建筑界面的形式设计又可分为顶面、立面的形式指涉，以及界面整合所展示出的艺术风格信息。建筑界面的形式设计及其指涉方式见表3.4。

表3.4 近现代体育建筑界面的形式设计及其指涉方式

| 构成 | 案例 | 形式（能指） | 含义（所指） | 指涉方式 |
|---|---|---|---|---|
| 建筑界面—立面 | 北京奥运会乒乓球馆 | | | 旋转的乒乓球<br>舒展的坡屋顶<br>↓<br>乒乓球运动<br>中国古典建筑<br>↓<br>中国乒乓球运动 |

续表

| 构成 | 案例 | 形式（能指） | 含义（所指） | 指涉方式 |
|---|---|---|---|---|
| 建筑界面——立面 | 成都东安湖体育中心 | | | 金沙太阳神鸟图案<br>金沙太阳神鸟文物<br>成都历史文化 |
| | 内蒙古赛马场 | | | 蒙古包形态屋顶<br>蒙古包<br>地域建筑文化 |
| | 北京地坛体育馆 | | | 六面体锥屋顶<br>古塔式攒尖顶<br>古典建筑文化 |
| | 慕尼黑安联足球场 | | | 红/白/蓝色主题照明<br>三支主场球队标志<br>慕尼黑球队足球场 |
| | 卡塔尔奥勒姆足球场 | | | 菱形开洞肌理<br>阿拉伯菱形纹理<br>阿拉伯民族文化 |
| | 上海虹口足球场 | | | 四棱锥铝板幕墙<br>钻石状棱锥<br>美好意向 |

资料来源：笔者整理绘制。

　　体育建筑的顶面是屋盖的结构骨架与支撑面，同时蕴含着形态的表现与象征。北京大学体育馆是 2008 年北京奥运会的乒乓球比赛馆，顶面采用整体钢结构与现代化材料，两条屋脊通过沿中心圆形玻璃穹顶的切向旋转而汇聚，展示出传统屋顶的意象，屋檐下方也设计了叠涩式的"斗拱"，是中国传统建筑的符号。上海旗忠网球中心主球场的屋顶采用可开合屋盖，顶面由八组花瓣状构件组成，开合方式为创新性的侧旋移动，象征了玉兰花开的绽放过程，是上海市花的符号。成都东安湖体育中心是 2021 年世界大学生运动会的主赛场，其中体育场的屋顶印有玻璃彩釉"太阳神鸟"图案，是古蜀金沙文化的代表图案，是蜀都历史文化的符号。屋顶钢结构下缘设置一层半透明吊顶膜，通过紫外光固化印刷喷绘，不仅可以遮挡内部龙骨，而且能让场内观众欣赏到顶面图案。在中国近现代体育建筑调研案例中，内蒙古赛马场的屋顶采用蒙古包的形式，展示出赛马场与内蒙古及那达慕运动文化的密切关联。北京地坛体育馆的屋顶采用中国古典建筑中塔式建筑常采用的攒尖顶意向，意欲展示新体育馆与古都建筑文脉的关联。

　　体育建筑的立面是创作约束最小的界面，设计师会运用多种符号形式展现设计理念。

慕尼黑安联足球场的立面采用四氟乙烯（ETFE）充气膜结构，造型简洁。球场表皮的智能照明系统可显示精细的彩色视觉效果，而最常亮起的红、蓝、白色则分别对应拜仁慕尼黑球队、慕尼黑1860球队与德国国家足球队的球衣颜色，颜色成为一种足球球队主场的符号。卡塔尔奥勒姆球场（Al Thumama Stadium）是2022年卡塔尔世界杯新建场馆之一，立面采用阿拉伯传统的菱形纹样。在中国近现代体育建筑调研案例中，上海虹口足球场的立面采用四棱锥铝合金板，指涉钻石的珍贵美好意向。

### 4. 建筑界面的艺术风格信息

经过整合的建筑界面，还充分展现出建筑艺术的风格信息。承载艺术风格信息的细部装饰本身也属于指示性建筑符号的范畴，但又并不同于上述有意设计所得，更多是时代性与地域性的作用结果。

体育建筑是古典向现代主义风格转型的重要见证与载体，重要的风格信息在调研案例中均有所体现。从19世纪末20世纪初的西方折中主义，到20世纪30年代的装饰艺术风格，到20世纪30—40年代以基泰工程司的设计为代表的中式折中主义，到20世纪50年代苏联援建时期的复古主义，到20世纪60—70年代曲折时期内外部不统一的现代主义，到20世纪80年代相对成熟的现代主义，直到20世纪80—90年代表皮化倾向兴起的当代风格，中国近现代体育建筑的艺术风格可基本归纳为三个阶段：第一阶段是西方风格上的舶来与改良，第二阶段是民族思潮下的传统与现代，第三阶段是改革开放中的多元与突破。

#### （1）西方风格上的舶来与改良

最初期，跑马场及跑马总会大楼等中国近现代体育建筑是直接的西方舶来品，因此带有强烈的西方风格信息。又因中国工匠对西方工艺理解的偏差，以及后期中国建筑师的艺术再创作，出现一些中西结合的折中式风格作品。近现代体育建筑界面呈现出的西方风格上的舶来及改良式一直持续到20世纪30年代日本侵华战争之前。

①舶来风格的代表有汉口西商跑马场俱乐部、广州沙面游泳池、上海西侨青年会会馆等。汉口西商跑马场俱乐部的建筑界面呈现英国乡村别墅风格，采用红砖砌立面与红瓦坡屋顶，未有多余装饰。平面呈不规则形，依照功能合理布局，设计有四坡顶采光（图3.14）。整体的设计理念受到19世纪末英国工艺美术运动以及20世纪初现代主义思潮的影响，与威廉·莫里斯（William Morris）于1864年设计的红屋别墅（The Red House）有一定的相似性。广州沙面游泳池的立面简洁，并设计有经过简化的柱式、拱窗、山墙等元素，墙身采用意大利式拉毛工艺（图3.15）。中国舶来风格发展至最高峰的案例是上海西侨青年会会馆的立面。基督教青年会本身便是西方宗教的青年组织，青年会会馆风格大多属于西方舶来，西侨青年会大楼是由美国菲齐与洛克菲勒筹款建造的，中国青年会会馆最后一批建设浪潮的代表作，如图3.16所示。西侨青年会参考芝加哥瑞莱斯大厦（Reliance Building, Chicago），采取西方古典平屋顶、水平方向三段式、竖向五段式划分，用拱窗、双柱柱廊进行装饰，具有芝加哥学派特征，如图3.17所示。

图 3.14  汉口西商跑马场俱乐部立面　　　　图 3.15  广州沙面游泳池立面

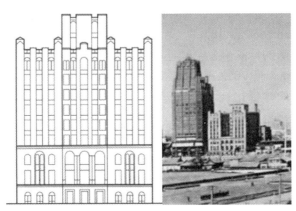

图 3.16 西侨青年会大楼立面及透视　　　　图 3.17 瑞莱斯大厦立面及透视

② 改良风格的代表有清华大学西体育馆、南洋公学体育馆、武汉大学宋卿体育馆、上海江湾体育场、南京中央体育场、沈阳汉卿体育场等。

现代校园和公共建筑的建设中，部分大学及公共机构以西方为蓝本，模仿其建筑形制。如清华大学西体育馆，建筑师墨菲运用美国大学建筑常见的西方折中主义风格，整体造型遵循西方古典构图进行古典优雅竖向三段、横向三段划分，入口处设有多立克式花岗岩柱廊，而屋顶则采用中国古典常用的坡屋顶（图 3.18）。又如南洋公学体育馆，整体同样采用折中主义风格，水平和竖向均为三段式布局：一层为白色石材墙面，入口处采用爱奥尼式双柱门廊；二、三层采用红砖墙体，设有圆弧形拱窗；屋顶檐口浅出挑，窗框及檐口辅以多重线脚与简洁装饰（图 3.19）。武汉宋卿体育馆的立面主要有三种重要的风格元素：一是跟随三铰拱屋盖结构转折的三重檐琉璃瓦坡屋面，是中国古典屋顶的现代性异化；二是巴洛克风格山墙，呈轮舵造型，是西方风格的引入；三是混凝土材料制成的简化斗拱状装饰，又是中国古典斗拱的现代性异化，如图 3.20 所示。

图 3.18 清华大学西体育馆立面　　　　图 3.19 南洋公学体育馆立面

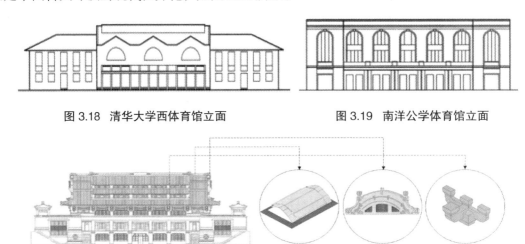

图 3.20 武汉大学宋卿体育馆界面语言分析

现代综合性体育建筑的建设中，一方面要考虑体育建筑本身应体现的先进性，另一方面要考虑城市建筑的协调性，并在寻找"中国固有之形式"中不断求索，形成更加全面的折中式风格立面。例如江湾体育场体育馆，因工期原因整体设计相对简洁，外墙为清水红砖墙，人造石用于外墙勒脚以及压顶，在檐口、勒脚设计有鲜明的中国特色（图3.21）。又如中央体育场立面，整体采用中国古典城楼箭雉式样，采用中国古典的雀替、压顶和勒脚，材质为人造石，另外又融合了欧洲人文主义时期建筑所追求的数与比例的美学思考，精细地推敲了其墙柱之间的比例，最终达到一种均衡美观的效果（图3.22）。又如沈阳东北大学汉卿体育场采用英国都铎哥特式风格，东西看台设置司令台，中部是三座高大的罗马式拱形门，两侧为砖砌城楼箭雉式样的塔楼，顶部饰以罗马式纹样并以哥特式山花收头。但在整体西式风格下，塔身开窗雨篷使用中国传统的屋檐样式，体现了中西元素的杂糅。周边入口各门以《千字文》的头两句各个文字镶嵌在各门的上方，作为标记和序号，如图3.23所示。

图3.21 江湾体育场体育馆立面　　　　　图3.22 中央体育场正立面

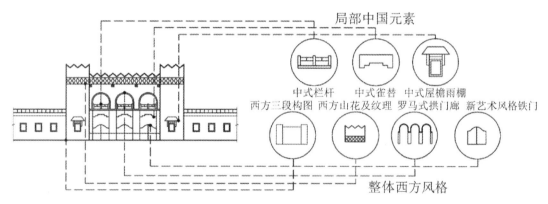

图3.23 沈阳东北大学汉卿体育场界面语言分析

（2）民族思潮下的传统与现代

在1953年苏联援建开始后，"社会主义内容、民族形式""社会主义现实主义的创作方法"是建筑设计界中的指导方针；民族形式的建筑创作形式得到推崇。这一时期"社会主义内容、民族形式"风格的代表作有北京体育馆、重庆体育馆、天津市人民体育馆等。同时，出现优秀的地域性风格的体育建筑案例，如广西南宁体育馆等。

北京体育馆整体运用大面积实墙面、宽厚的檐口与转角，呈现出一种庄重之感，并采用十分简约的民族装饰，大跨度结构不仅没有在立面体现，并且结构用钢量尽量缩减，苏联建筑师还设计了简化的中国古典坡屋顶（图3.24）。重庆体育馆整体呈现出厚重感，为满足提倡节俭的时代要求，设计师将比赛厅的场地长轴与整体体量的长轴布置为垂直关系，巧妙地缩小了两边观众席的距离，即屋顶所需的跨度。外墙采用人造大理石材质，局部用斩石及白水泥，并有牌楼及彩绘等简单装饰（图3.25）。天津市人民体育馆立面带有经过简化的中国古典要素，包括柱式、额枋、雀替、斗拱等传统装饰构件，门廊为五开间，明间宽、次间窄，材料选用单一的水刷石材质，色彩素雅，整体效果十分厚重（图3.26）。南宁体育馆的观众休息厅部分采用全开敞式，看台下方的竖柱、斜梁和阶梯状看台成为立面的主要限定，加之略微起坡的屋顶，整体展示出广西传统民居类型——干栏式建筑的意蕴，加之其顶层的玻璃环廊及看台的通风口设计，亚热带建筑的轻盈、开敞、通透等形象特征跃然而出（图 3.27）。

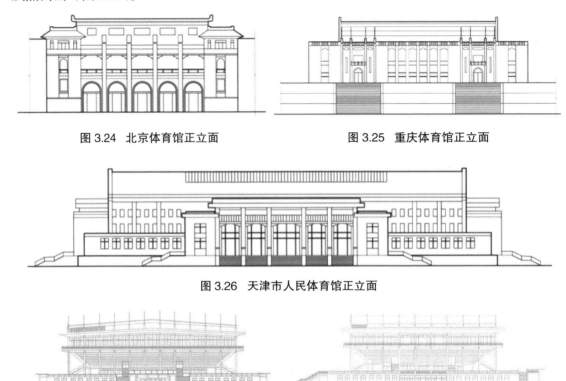

图 3.24　北京体育馆正立面　　　　图 3.25　重庆体育馆正立面

图 3.26　天津市人民体育馆正立面

图 3.27　广西南宁体育馆正立面与侧立面

　　在国家度过内外交困时期后，中国体育建筑在民族主义设计思潮中融入现代先进技术与现代主义风格。这一时期"民族形式思潮下的现代主义"风格代表作有北京工人体育馆、首都体育馆、上海体育馆、南京五台山体育馆等。

　　北京工人体育馆立面以简洁朴素为原则，立面处理以窗格进行基本划分，并在东北、东南、西北、西南四个方向，利用交叉楼梯花梁、底层的新风口与顶层的排气口来构成一层新的秩序，细部处理中能够看出"装饰艺术"风格的垂直秩序与装饰图案的加入。外墙采用浅灰色刷石，配以浅红色刷石框架和浅绿色面砖窗棂，形成明快的颜色搭配（图 3.28）。首都体育馆最初的整体造型十分简约，外墙没有用白水泥、面砖或马赛克，檐口、栏杆等细节部位没有任何装饰，展示出现代主义特征（图 3.29）。上海体育馆整体是由宽阔台阶托起的圆形建筑，魏敦山先生曾说是受到北京天坛的启发，立面为大面积蓝色隔热玻璃，利用 108 根白色立柱强调竖向线条，构建立面的分割秩序，包含大平台及大台阶在内的绝对对称、完形的造型带给人以对称与韵律美感（图 3.30）。南京五台山体育馆的立面造型与建筑结构关系密切，八边形环绕的 46 组大柱为分隔，加上垂直包檐的强调，显得有层次感。东西面因为功能布局而设计为实墙面，其他部分为大片玻璃窗，透过玻璃窗能看到倾斜看台，表现出体育建筑特征。建筑墙面为白色面砖，基座为黄色面砖，色调淡雅明快（图 3.31）。

图 3.28 北京工人体育馆正立面

图 3.29 首都体育馆正立面

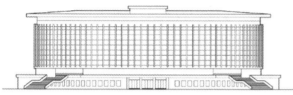

图 3.30 上海体育馆正立面

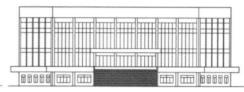

图 3.31 南京五台山体育馆正立面

（3）改革开放中的多元与突破

改革开放之后，建筑师的创作桎梏被打破，西方设计作品与理论被大量引入，中国建筑学界步入初步繁荣阶段。体育建筑的立面语言加速拥抱现代主义风格与后现代主义风格，体量感、雕塑感、虚实感、（横向分割产生的）悬浮感等特征逐渐凸显。代表作有成都城北体育馆、深圳体育馆、广州天河体育中心游泳馆、北京国家奥林匹克体育中心场馆群等。

成都城北体育馆的立面分为上下两个部分，并设置了三组横向带形长窗，且实墙面与虚玻璃面的垂直宽度近乎相等，进而形成了"实 - 虚 - 实 - 虚 - 实"相间的韵律感，檐口等细节装饰均为外墙面的浮刻，充满雕塑感，其艺术风格是改革开放初期现代设计思想的代表（图 3.32）。深圳体育馆的立面运用中国古典建筑常见的三段式，屋顶檐口出挑深远，而中段则直接将楔形凸出状的看台后方作为立面构成元素，玻璃面同样为横向带形长窗，体量感、雕塑感更加明显，虚实相间的韵律感也较强（图 3.33）。发展至 1990 年北京亚运会的场馆建筑，屋顶结构的表现力则明显增强，甚至成为立面的主要元素，展示出中国古典坡屋顶的指示性意象，另外两侧的支撑臂被加以强调，突出了形式的体量感与雕塑感。开窗则同样为一组贯通的横向带形长窗，强化了屋顶结构的悬吊感，如图 3.34、图 3.35 所示。

图 3.32 成都城北体育馆立面的水平分割

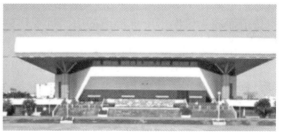

图 3.33 深圳体育馆立面的水平分割

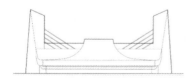

图 3.34 国家奥林匹克体育中心游泳馆立面

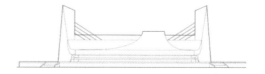

图 3.35 国家奥林匹克体育中心体育馆立面

综上所述，可得中国近现代体育建筑的艺术价值发展轨迹如下：

从符号学的视角来看，对体育空间，1905—1934 年的调研案例常以美国基督教青年会会馆的健身空间为对象进行指涉，1935—1979 年的调研案例常以正圆形、八角形等特定比例关系的空间为对象进行指涉，1979 年—1999 年的调研案例则常以精神性空间为对象进行指涉。对整体空间，1935—1979 年的调研案例常以相对隐晦、抽象的指涉方式，即更多运用指示符与规约符，例如看台下方架空、马鞍形曲线等；1979—1999 年的调研案例则常以相对直观、具象的指涉方式，即更多运用相似符与规约符，例如花蕾、冰凌、珍珠、古典坡屋顶等。另外，从时间发展视角来看，体育建筑的形式设计因素在朝着从抽象指涉到具象指涉、从形制到精神的方向持续发展，非设计因素则向体量更大、城市人工环境更复杂的方向持续发展。

### 3.2.3　科学价值

#### 3.2.3.1　内涵
科学价值是建筑作为人类创造性与科技成果本身或创造过程中的实证的价值，是对当代建筑的技术应用仍具有启发意义的价值。科学价值的涵盖范围广泛，从整体规划到细部设计，从结构选型到施工工艺，以及各种满足功能要求的工艺技术等。

2021 年，我国建设主管部门颁布的最新版历史建筑确定标准中，对一定的科学文化价值的内涵表述为：①建筑材料、结构、施工工艺代表一定时期的建造科学与技术；②代表传统建造技艺的传承；③在一定地域内具有标志性或象征性，具有群体心理认同感。从上述表述也可看出，确定标准的第①点属于科学价值的史学地位层面，第②点接近对当今仍具有启发意义的层面，第③点则接近社会价值中的群体认同。

在过去百余年体育建筑的发展历程中，体育运动及其工艺发生了巨大的变化，许多近现代体育建筑的结构选型、场地布局、看台形式与体育工艺如今已不采用，它们都是体育建筑科学发展历程的实物见证。也因为前沿科技的广泛应用，近现代体育建筑是科学价值最突出的建筑类型之一。由前文对调研案例价值类型的分析结果也可知，科学价值超越艺术价值而成为仅次于历史价值的中国近现代体育建筑的核心价值。

#### 3.2.3.2　影响因素
近现代体育建筑的科学价值主要包含建筑工艺与体育工艺两大方面，结构、材料、细部、施工、观赛、比赛工艺六小方面。又因为结构与材料的发展、细部与施工的发展，呈现相辅相成、相互促进的关系，因此也可合并为同一子项。

1. 建筑工艺——结构及其材料

中国近现代体育建筑的结构发展历程就是中国大跨空间结构发展的缩影。结构学家董石麟先生在《空间结构的发展历史、创新、形式分类与实践应用》一文中，阐述了空间结构的发展历史，归纳出 38 种类型的空间结构形式类型。曾设计吉林滑冰馆、朝阳体育馆、石景山体育馆等创新结构的沈世钊先生曾在《大跨空间结构的发展——回顾与展望》一文中，总结了 20 世纪体育建筑最常用的空间网格结构和张拉结构选型在我国的发展。体育建筑作为大跨度建筑的一种代表类型，其科学价值和大跨结构紧密相关。以上长文涵盖了中国体育建筑的科学价值中具有突破性、代表性的结构成就。

从建筑价值评价的视角来看，体育建筑结构工艺的高标准体现在两个方面，即结构选型的突破创新、结构与形式的巧妙融合。又因为结构选型的突破创新也源自对建筑功能与形式的要求满足，所以以上两方面也可以称作结构对功能形式的创新引领、结构与功能形式的合理融合。

中国近现代体育建筑的结构材料主要包含混凝土、钢结构、膜结构等，围护材料主要包含混凝土、石材、木材、金属板、玻璃等。从建筑价值评价的视角来看，其材料应用的高标准则体现在材料应用的合理适配，即材料与结构体系的相互融合，尊重材料自身的力学性能以及材料组合的力学特征，并将其应用于大跨结构体系之中。

（1）结构对功能形式的创新引领

体育建筑是向前看的建筑类型，创新需求促进了新技术的发展，技术发展也反向引领了建筑自身的空间进步。自19世纪中后期到20世纪40年代末，体育建筑的结构技术发展较为缓慢，体育馆屋盖多用钢桁架、三铰拱桁架等平面结构，结构自重较大，用钢量较大，且占用的屋顶空间较多，创新性结构的代表作不多，例如广州沙面游泳馆采用的钢桁架结构、广州青年会长堤会所采用的桁架式钢筋混凝土结构体系（Kahn System）等。而从20世纪50年代苏联援建时期以来，建筑设计界开始大力倡导节俭，体育建筑师开始寻求结构的创新，以降低用钢量及造价成本，例如广州体育馆的反梁式薄板型钢屋架结构，设计师通过开天窗、做反梁等创新方法降低了自重，还塑造了优秀的室内物理环境，成为当时结构工艺创新的标志。20世纪60—70年代，我国开始实际应用钢架、薄壳、悬索等刚性或柔性空间结构，极大地拓展了结构材料的潜力和体育空间的跨度，例如南京五台山体育馆的三向空间网架结构，不仅实现了76m与88m见方的巨大跨度，也引领了八边形的平面形式。伴随着1978年改革开放政策的实施，从对结构主义的抵抗到对结构创新的拥趸，从结构理性到结构表现，体育建筑师的结构设计思路也越加自由灵活。以索、拱、悬吊为主体的柔性组合结构被更多地应用，以表达体育建筑独有的动感，例如吉林冰上运动中心滑冰馆的悬索组合结构，通过将承重索与稳定索相互交叉，不仅自然地塑造出屋顶起伏的韵律感，而且自然地创造出均匀的屋顶采光口，更因独特的形象成为东北冰雪建筑的标志。20世纪90年代，后现代主义的"建构（Tectonics）"思想在我国引起了广泛影响，以亚运会建筑为代表的体育场馆出现吊拱、悬索、网壳等多种结构组合的案例，不再一味追求结构的震撼，转而开始注重与周边自然、人文环境的结合，例如亚运会核心比赛场馆的屋盖组合结构呈现出的古典屋顶意象，与北京城中轴线上的古典建筑十分呼应。在迈向新千禧年阶段，结构元素早已超越支撑作用本身，成为整体形式及建筑界面表现的核心元素，设计理念的集中载体。

仍需承认的是，中国近现代体育建筑的结构发展，离不开对国际同期先进体育场馆结构选型的参考与借鉴，相较于同时期世界先进结构仍有差距。但是在部分典型案例中，结构设计水平接近甚至达到同时期世界先进水平。例如，20世纪60年代建成的北京工人体育馆的双层轮辐式悬索结构，是中国第一次成功实现直径94m的圆形双层悬索屋盖，其屋盖直径比同时期布鲁塞尔国际博览会的美国馆直径更大（92m）。另如，和美国耶鲁大学冰球馆、雷里体育馆的悬索组合结构相比，浙江人民体育馆的双层抛物面马鞍形索网结构的性能及合理性都更为出色。再如，首都体育馆的平面尺寸为112.2m×99m，是中国首次实现百米跨度的空间网架，代表我国大跨度空间结构的创举。结构对功能形式的创新引领的相关案例见表3.5。

表 3.5  结构对功能形式的创新引领的相关案例

| 调研案例 | 结构类型 | 跨度 | 结构剖面 |
|---|---|---|---|
| 广州沙面游泳馆 | 矩形屋盖：钢桁架结构 | 13.1m | |
| 武汉大学宋卿体育馆 | 拱形屋盖：三铰拱形钢架结构 | 22.6m | |
| 上海江湾体育中心体育馆 | 拱形屋盖：三铰拱形钢桁架结构 | 43.9m | |
| 北京体育馆比赛馆 | 拱形屋盖：三铰拱形钢桁架结构 | 56m | |
| 广州体育馆 | 拱形屋盖：薄壳结构 | 48m | |
| 北京工人体育馆 | 圆形屋盖：轮辐式悬索结构 | 94m | |
| 浙江省人民体育馆 | 椭圆形屋盖：鞍形索网结构 | 80m × 60m | |
| 首都体育馆 | 矩形屋盖：网架结构 | 99m × 112.2m | |
| 南京五台山体育馆 | 八边形屋盖：网架结构 | 76.8m × 88.68m | |

| 调研案例 | 结构类型 | 跨度 | 结构剖面 |
|---|---|---|---|
| 上海体育馆 | 圆形屋盖：网架结构 | $D=110m$ | |
| 天津体育馆 | 球形屋盖：网壳结构 | $D=108m$ | |
| 黑龙江省速滑馆 | 拱形屋盖：网壳结构 | $85m \times 190m$ | |

资料来源：笔者整理自制。

（2）结构与功能形式的合理融合

前节详述的结构创新是技术层面的重要突破，需要设计者们在结构领域有高深造诣，且能够实现良好配合的前提下完成。另外还有一种结构工艺的突破，是技术融合角度的创新，即使结构选型本身并非独创，但仍然因为其与功能形式的完美融合而成为典型案例。

由前文已知，中国近现代体育建筑的结构发展是从初期的钢桁架、拱桁架等平面结构，逐步发展为网壳、网架、悬索、桁架拱等空间结构。在已有的结构形式基础上，体育建筑的设计师选取相对较为匹配的结构，并根据空间需求，改造、组合或提出相对独特的结构形式。屋盖的结构形式在很大程度上限定了建筑造型的设计，两者契合度越高，则融合度越好。19世纪末期至20世纪中期，体育建筑的整体空间体型基本都为矩形、半圆形、马蹄形等，钢桁架等屋盖结构与平面造型的结合度并不高，例如北京体育馆的屋顶采用钢桁架拱形结构，而立面人视角呈现厚重的方形体量。20世纪60—70年代，中国体育建筑逐渐尝试多种相对特殊的几何体型，包括圆形、椭圆形、六边形、八边形等，这得益于结构选型的发展，所以两者的契合关系越来越高，例如浙江省人民体育馆是中国第一座椭圆形平面，屋盖采用马鞍形预应力钢筋悬索结构，屋盖结构的投影面和体育馆的平面相吻合。上海市体育馆的屋盖采用正圆形的轮辐式悬索结构，与平面相契合的结构轮廓展示出体育建筑简洁有力的形象。五台山体育馆屋盖采用三向空间网架结构，合理地塑造了八角形平面轮廓，结合立面的厚檐口，这些体育场馆结构和形式相结合，表达了现代主义中忠实表达的创作原则。20世纪70—90年代，中国体育建筑的创作环境宽松，设计思想进一步解放，现代的结构技术为体育建筑造型提供基础，场馆设计在技术艺术结合的方面实现了长足进步。

结构与通风洞口或采光高窗的巧妙结合，也是中国近现代体育建筑发展中的一大创新。在与通风洞口结合方面，调研案例中有若干经典做法，以南方夏热冬暖和炎热地区为主。广州沙面游泳馆是最早的结构与通风洞口结合的案例，泳池所蒸发的湿热空气可依靠压差从屋盖结构的侧面排出，配合侧窗的气流进入，进而形成通风循环，如图3.36所示。成都城北体育馆根据西南温和的气候特征，将观众大厅设置为开敞的观众廊，形成半室外空间的同时也引入舒适的自然风，如图3.37所示。深圳体育馆结合南方地区的气候特色，减少了室内的观众厅面积，设置了宽阔的二层平台供观众疏散及游憩，避免了观众厅过分拥挤和长期闲置，也提供了免费的公共活动场所，营造了活跃的公共空间，同时也塑造了独具特色的建筑形象，如图 3.38 所示。广州天河体育中心体育场将看台边缘悬挑 7m，形成类似华南地区的"骑楼"意象，为休息平台提供了大面积的荫蔽灰空间，其体育馆（图 3.39）及游泳馆也有与深圳体育馆有相似的通风设计处理。

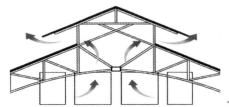

图 3.36　沙面游泳池结构与通风结合示意　　图 3.37　成都城北体育馆看台结构与通风结合示意

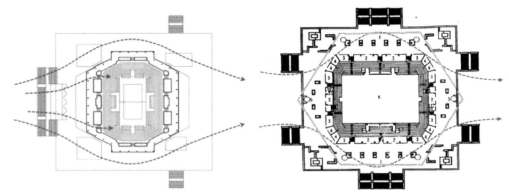

图 3.38　深圳体育馆大平台与通风结合示意　　图 3.39　广州天河体育中心体育馆大平台与通风结合示意

　　在与采光高窗结合方面，调研案例中也有若干经典做法。在早期案例中，武汉大学宋卿体育馆的拱形钢架支撑的三重檐屋盖的间隙设计有采光高窗带。因四面均有采光窗而显得格外明亮，采光示意如图 3.40、图 3.41 所示。中华人民共和国成立初期，广州体育馆的薄壳结构间隙设计有天顶采光窗，透光面积适中，为人工照明起到很好的补充作用，采光示意如图 3.42、图 3.43 所示。改革开放时期，北京亚运工程的朝阳体育馆、石景山体育馆与英东游泳馆也设计了屋顶天然采光，在节约能源的同时，创造了一种空间的精神性。朝阳体育馆的采光高窗设置于两片对称屋面的错开处，为观众厅提供了较为充足的自然采光，采光示意如图 3.44 所示。石景山体育馆的采光高窗则设置于三片双曲面屋盖的相接处，不仅有机地解决了观众厅的采光问题，还让因体量整体下沉带来的略显压抑的空间感受得到一定程度的缓解，采光示意如图 3.45 所示。

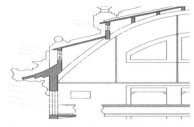

图 3.40　武汉大学宋卿体育馆采光示意　　图 3.41　武汉大学宋卿体育馆室内现照

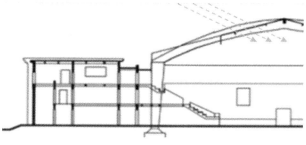

图 3.42 广州体育馆采光示意　　　　　　　图 3.43 广州体育馆室内旧照

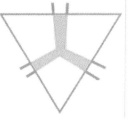

图 3.44 朝阳体育馆采光示意及室内旧照　　图 3.45 石景山体育馆采光示意及室内旧照

（3）材料应用的合理适配

材料是建筑结构、技术、构造相互协调的基本要素，对近现代体育建筑来说，材料应用的合理性体现在符合材料的力学性能，且在此基础上展示出建筑的形态美学。第一点要求建筑师理解且尊重材料自身的受力特性，第二点要求建筑师能够在理性组织材料之上自然形成某种视觉秩序。正如路易·康所强调的："任何一种材料都有最适应的结构形式……请忠实于材料，并知道它的所求，那么你所创造的建筑就是美的……"根据材料应用的合理性标准，笔者发掘出中国近现代体育建筑能够体现材料创新的高度科学价值主要有以下三个方面：

一是材料应用的轻质化。体育建筑的厚重形象与高昂造价主要归功于相对巨大的建筑结构，一般来说承重结构的自重占据整体重力的 70% 左右。因此，结构材料及围护材料的轻质化是降低建筑成本，展现建筑经济、生态性的重要途径。20 世纪 50 年代中期，中国建筑学界发起节约设计的思潮时，中国体育建筑便开始材料轻质化的探索。例如，浙江人民体育馆的屋盖选用自重较轻的柔性结构材料，有效降低了建设成本（图 3.46）。后来，上海国际体操馆的屋盖选用自重很轻的铝合金结构材料，显著减小了结构自重（图 3.47）。直至 20 世纪末，上海体育场屋盖选用大型 ETFE 膜结构，在满足超大跨度遮盖、显著减轻自重的基础上，还能部分透过自然光，从此开启中国体育建筑膜结构屋面的风潮（图 3.48）。

图 3.46 浙江人民体育馆索网材料　图 3.47 上海国际体操馆铝合金材料　图 3.48 上海体育场膜材料

二是材料应用的整合化。不同单一材料的力学性能相对固定，都或多或少地表现出某些局限性。因此，建筑师运用多种性能材料相互组合，从而提升整体建筑性能，也是重要的创新方法。体育建筑中常见的材料组合方式有：受压杆件与受拉杆件为不同材料的组合，例如部分桁架结构的上弦杆件采用混凝土材料来承受压力，下弦杆件采用钢材来承受拉力；受压杆件与受弯杆件为不同材料的组合，例如部分结构将混凝土拱作为主要承压结构以实现更大跨度，将钢结构作为次要受弯结构以支撑较小跨度；受拉杆件与受弯杆件为不同材料的组合，例如部分悬挂结构将钢索作为倾斜受拉构件，将钢筋混凝土作为水平受弯构件，从而形成巧妙的组合。

三是材料应用的形象化。中国近现代体育建筑的材料选择越加宽泛，背后的隐藏逻辑是体育建筑的结构与表皮的逐步分离，宛如生物界"骨骼"与"皮肤"的不同分工，最终表皮具有可识别性的形象。为了获得可识别性的形象，体育建筑的表皮发展出各式各样的材料组合。例如，天津体育馆的镁铝合金金属板幕墙，上海虹口足球场的四棱锥铝板幕墙，均通过特殊的材质赋予了建筑本身以独特的立面元素，如图 3.49、图 3.50 所示。

图 3.49　天津体育馆镁铝合金材质　　　　图 3.50　上海虹口足球场铝板材质

2. 建筑工艺——细部及其施工

建筑细部是建筑物整体中局部重点处理的部位，是建筑系统的构成单位，细部的秩序表达着建筑的层级结构，起到建筑本体与意涵之间的中介作用。建筑的细部处理需要施工技术的支撑，因此从总体来看，现代建筑的细部处理水平在随着技术水平的提高而不断成长。体育建筑的细部及其施工工艺的高低体现在细部的完成度与细部对整体意涵的表达两个方面。

从细部的完成度方面来看，中国近现代体育建筑的细部及其施工在不断进步。

19 世纪末至 20 世纪 30 年代，中国近现代体育建筑的细部工艺水平主要体现在局部的装饰性构造，例如上海跑马场跑马总会大楼的山花、涡卷等风格化装饰，天津回力球场的展现体育运动场景的风格化浮雕，武汉大学宋卿体育馆的掌舵式山墙等，这类细部的施工水平基本仰仗建筑工人的技术。

20 世纪 50 年代，细部工艺逐渐向结构构件、屋盖围护交界处等内在与隐性要素转移，纯装饰性构造大幅减少，例如北京体育馆的古典风格装饰均经过简化，长春体育馆的多重线脚多与拱形入口及开窗相结合等。

20 世纪 60—70 年代，细部工艺水平主要体现于屋顶大跨结构的实现。典型案例如 1975 年建成的上海体育馆，其圆形屋顶由 914 个不同规格的钢球做节点和 9230 根钢管焊接构成的大型金属网架结构，上下弦高达 6m，平面直径 124.6m，总面积超 12000m²，质量超 600 t。在地面拼装后，整体提升，空中旋转就位。为使整个网架在起吊后能准确安置在高 26m 的 36 根钢筋混凝土柱顶上，起吊前曾对整体的网架结构进行静态和试吊的长度和挠度观测，保证大型网架屋顶整体吊装一次准确就位。

20 世纪 80—90 年代，细部工艺水平的体现更加多元，设计复杂度变高，围护结构的细部水平进步明显，整体施工的精准度要求严格。典型案例如 1997 年建成的上海体育场，结构设计较为复杂，基础为地面直径 240m 的不留伸缩缝的钢筋混凝土，上部四周有 32 根呈倒梯状向外倾斜的主立柱，在主立柱之间有 64 根辅立柱，主立柱和辅立柱之间由钢筋混凝土横梁连接，形成建筑整体。柱头顶部安装预制钢质悬挑梁，梁间架设钢质网架，上覆进口预制薄膜，形成半封闭的雨篷，整体建筑呈立体马鞍状。由于 32 根主立柱高度各不相同，现场施工条件比较复杂，采用精确三角高程测量进行高程传递。体育场看台是钢质悬挑梁网架，网架间距的施工精度要求达到 1:10000，网架施工测量和监测主要包括网架的支撑平面的三维坐标测设和纵向纠偏，以及悬挑梁梢部和尾部的方向及高差倾斜率的保证。

从细部对整体意涵的表达方面来看，优秀的细部设计应不仅传达出与整体设计相匹配的意涵，也应做到强化或差异化（实则为变相强化）整体意涵的效果。例如 1933 年加建的上海跑马场跑马总会大楼的细部装饰，强化了建筑的风格、功能等基本信息，如图 3.51 所示。又如 1965年建成的广西南宁体育馆的细部设计，外露的看台下方斜面以及环绕的支柱已经营造出体育馆轻盈与通透的形象，楼座环廊像被架起，加上精巧的金属栏杆和混凝土透花窗，这些细节强化了建筑的设计概念，如图 3.52 所示。再如 1985 年建成的深圳体育馆的屋顶立柱交接节点，让原本面积 8100m$^2$、质量 1500 t 的屋盖结构显得较为轻盈，且杆件的金属材质也成为立面上白色墙体与玻璃开窗之外的特别元素，如图 3.53、图 3.54 所示。通过这种差异化暗示出屋顶的钢网架结构以及立柱的内部钢结构，是另一种强化整体效果的典型案例。

图 3.51　上海跑马场跑马总会大楼现存的装饰细部

图 3.52　广西南宁体育馆入口　　图 3.53　深圳体育馆施工吊装现场　　图 3.54　深圳体育馆支柱屋盖交接

### 3. 体育工艺——运动功能

体育工艺（Sports Venue Technics，SVT）是体育建筑设计的特有概念，指为符合运动比赛功能要求的方法和技术，建筑师对体育建筑中涉及体育竞赛场地、流线、环境、设备、器材等元素进行的设计与规定。它是满足竞赛要求的核心技术，可以分为建筑功能和系统（设施设备）功能两大部分。前者隶属建筑科学，后者是机电、自控和信息技术应用，两大体系的具体内容详见图3.55。建筑功能为系统功能提供依存条件，系统功能激活建筑预期达到的多种功能。建筑功能与系统功能在建设过程中需要同时设计。由本概念可知，体育工艺两大体系的具体内容是一个不断扩充完善的动态过程，在中国近现代体育建筑诞生之初，体育工艺的概念要小得多，基本仅局限于设计师对体育场地布置和构造做法的研究设计，如今已变为实际项目中的专业工种。由于内容庞大，本节只选择最重要的工艺要点加以论述。

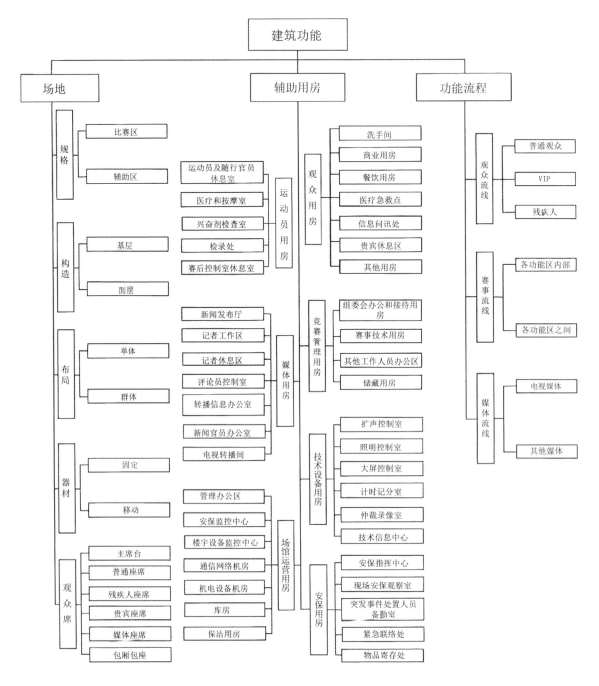

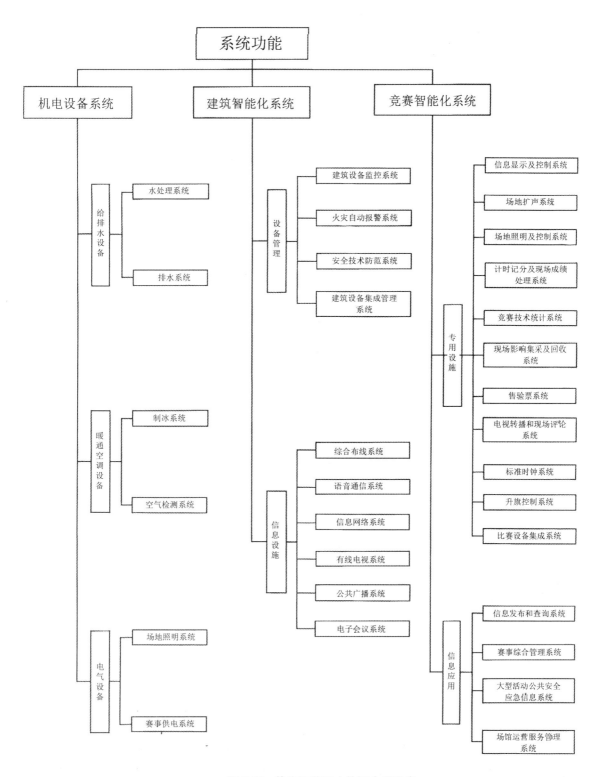

**图 3.55 体育工艺两大体系内容示意**

（1）先进的场地构造做法

综合田径运动场地是最具代表性的场地类型，无论是标准田径场还是非标准田径场，都由跑道、中心球类运动场以及两侧或两端的沙坑与投掷区等设施构成。场地表层构造做法是影响运动体验的重要因素。中国近现代体育建筑场地跑道的构造做法经历了从土层发展到煤渣层、石灰层、黏土混合层，再到人工合成材料层的演变。

中国最早考虑运动场地构造做法的时期是中华民国时期，著名体育学家王复旦曾在《运动场建筑法》一书中详细阐释了田径赛场、户外篮球场、网球场、足球场、排球场与棒球场六种代表性场地的工艺构造做法。其中在田径赛场第八要点中写道："跑道建筑，可分三层，最低一层，用碎砖块或细石子铺五寸至八寸厚；中间一层，用粗煤屑铺六寸至八寸厚；上面一层，用细煤屑铺四寸至六寸厚。每层应滚压严实。在最上面一层之细煤屑，最好能和以百分之五至百分之十之山泥或平常泥土，以增强黏着力。"图3.56 就是当时田径赛场面层的构造做法示意。20世纪30—50年代，设计师通常将碎砖块或石子、粗细煤渣分层铺设，厚度在500~750mm，跑道弯道内倾最大坡度为1%。这种煤渣及后来衍生出来的其他细屑跑道的铺设做法是当时综合体育跑道构造的主流做法，典型案例包括上海江湾体育场、北京体育馆、北京工人体育场等，如图3.57 所示。

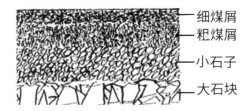

图3.56　中华民国时期的田径赛场煤屑层跑道的构造做法示意

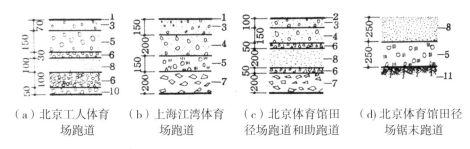

（a）北京工人体育　（b）上海江湾体育　（c）北京体育馆田径　（d）北京体育馆田径
　　　场跑道　　　　　　场跑道　　　　　场跑道和助跑道　　　场锯末跑道

图3.57　20世纪30—50年代中国近现代体育建筑典型案例的田径跑道构造做法

| | | |
|---|---|---|
| 1—细炉渣末或矿渣末； | 7—碎砖块 30~60mm； | 注：①混合料应根据各地土质配料。 |
| 2—无烟煤末； | 8—锯末； | ②北京体育馆田径场地弹跳力 |
| 3—混合料； | 9—棉子皮、稻壳； | 较好，但造价较高。 |
| 4—细颗粒炉渣或矿渣； | 10—卵石； | ③广州二沙头田径场地与（d）、 |
| 5—粗颗粒炉渣或矿渣； | 11—天然土 | （e）基本相同；混合料各异。 |
| 6—碎砖屑 10~20mm； | | |

20世纪50年代，西方体育比赛开始开创性地应用性能更优的合成材料，出现橡胶和沥青相结合的人造跑道。例如美国3M公司于1961年首次铺设了聚氨酯塑胶制200m赛马跑道，并于1963年首次将聚氨酯塑胶材料应用于田径比赛跑道。1968年墨西哥第十九届奥运

会是第一次应用塑胶面层场地的国际体育赛事，奠定了塑胶场地作为全球标准跑道构造的定位。自此田径场地开始铺设合成面层。塑胶跑道材料由聚氨酯预聚体、混合聚醚、废轮胎橡胶、三元乙丙橡胶（EPDM）颗粒或聚氨酯颗粒、颜料、助剂、填料组成。与煤渣跑道相比，合成面层具有平整度好、抗压强度高、硬度弹性适当、物理性能稳定等特性，特别是可以避免雨水天气对比赛场地的干扰，有利于运动员速度和技术的发挥，能使其提高运动成绩，同时降低受伤概率。跑道的工艺更新能够提高比赛场地的质量，也能提升运动员的成绩。国际奥委会在新工艺出现后不久就接纳了这一新式构造，墨西哥奥运会过后，塑胶跑道成为国际田径比赛的必备基本设施。国际田联举办的比赛，必须在塑胶跑道上进行。发展至今，塑胶跑道主要有透气型、混合型、复合型、三元乙丙橡胶型、全塑型、预制型六种典型构造做法，具体特征见表 3.6。

表 3.6　六种典型塑胶跑道面层构造做法

| 面层 | 构造做法 |
| --- | --- |
| 透气型 | 从下至上依次为沥青/水泥基础层、渗透性防水底漆、橡胶颗粒底层、PU 面胶+EPDM 颗粒 |
| 混合型 | 从下至上依次为沥青/水泥基础层、渗透性防水底漆、全塑缓冲层、PU 面胶+EPDM 颗粒 |
| 复合型 | 从下至上依次为基础层、渗透性防水底漆、弹性颗粒层、PU 层、PU 面胶+EPDM 颗粒 |
| EPDM 型 | 从下至上依次为基础层、渗透性防水底漆、环保橡胶颗粒结构层、环保彩色 EPDM 颗粒 |
| 全塑型（自结纹型） | 从下至上依次为基础层、防水底涂、基础找平层、微发泡弹性底层、加强层、自结纹花浆层 |
| 预制型 | 从下至上依次为基础层、胶水层、弹性缓冲层、PVC 面层 |

资料来源：根据相关标准规范文件自制。表中 EPDM（Ethylene Propylene Diene Monomer）是指三元乙丙橡胶，PU（Polyurethane）是指聚氨酯，PVC（Polyvinyl Chloride）是指聚氯乙烯。

中华人民共和国成立初期，体育场馆的场地构造相对简陋，受到当时经济、技术条件等因素制约，许多体育运动场地是煤渣面层，足球场地为土质面层，只是看台规模宏大，基本无法承办现代田径或足球赛事。20 世纪 60—70 年代，我国将流行于西方的田径场地合成面层称为"塔当"跑道（tartan track），但当时国内尚无使用这种合成材料的生产技术。20 世纪 70—90 年代，中国体育建筑田径跑道场地构造做法总体包括两种，详见图 3.58。北京工人体育场于 1979 年 10 月改造铺设了从日本进口的聚氨酯塑胶跑道，成为我国首座铺装合成面层的田径场地设施。中国田径场地塑胶面层的研发工作始于 1978 年，1980 年 10 月，保定合成橡胶厂成功将首块自主研制的田径场地合成面层应用于原国家体委训练局田径场。1982 年，五台山体育中心田径场也铺设了现代化的塑胶跑道，并被国际田联认定为国际田径 A 级比赛场地。1983 年，虹口体育场将煤渣跑道改造为塑胶跑道。而后经过多次修订，国家技术监督局颁布实施了《塑胶跑道》（GB/T 14833—1993）[现行为《合成材料运动场地面层》（GB/T 14833—2020）]。随后，为了规范学校体育场地合成材料面层的铺设质量，教育部体育卫生与艺术教育司等起草了《中小学体育器材和场地　第 11 部分：合成材料面层运动场地》（GB/T 19851.11—2005）［现行为《中小学合成材料面层运动场地》（GB/T 36246—2018）］，其中具体规定了合成材料运动场地铺设面层的技术要求、质量标准及检测方法，对其物理性能制定了详细要求。自实施以来，进一步规范了合成材料面层运动场地的建设和使用。

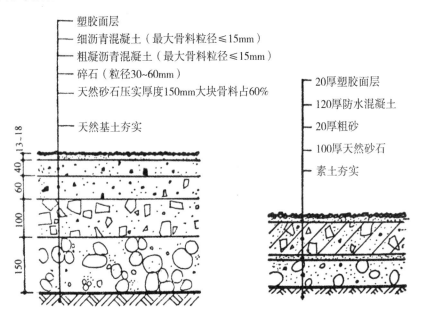

图 3.58　20 世纪 70—90 年代典型的中国现代体育建筑田径跑道场地构造做法两例

（2）先进的场地规格与布置

如今基本稳定的竞赛运动场地有一段较长时间的探索与发展过程，可以透过奥运会主场地的变迁梳理历史。1896 年雅典奥运会场地沿用的是古典奥运会遗址的马蹄形跑道。1904 年圣路易斯奥运会场地第一次使用半圆式跑道，但周长为 536.45m，与现代标准场地仍有差距。1912 年斯德哥尔摩奥运会场地是周长 383m 的半圆式跑道，不仅长度接近现代 400m 的标准跑道，更是第一次使用煤渣石灰混合铺层，且进行跑道外侧向内侧倾斜的找坡，因此它成为现代场地构造、规格及布局的重要实践。1928 年阿姆斯特丹奥运会场地为标准 400m 周长的半圆式跑道，此后半圆式跑道布局也成为国际比赛的标准布局，并沿用至今。尽管其后还出现篮曲式、三圆心式、尖圆式布局，但对主流比赛场，田径运动场地的半径逐渐限定于 35~38m 之间。20 世纪 80 年代以前，田径场地的建设多采用 36m 半径，这种田径场有两个长为 85.96m 的直段跑道和两段长 114.04m 的弯道，也部分存在 36.5m 半径。在 1984 年洛杉矶奥运至 2000 年悉尼奥运会期间，场地弯道区半径从主流的 36m 发展至 37.898m，该弯道半径的条件下，场地直道和弯道的长度都为整数，直道长 80m，弯道长 120m。随后，国际主流运动场地的弯道区半径又回到 36.5m。

中国现代体育的场地规格是紧随奥运会及国际赛事的变动而发展的。自 19 世纪末至 20 世纪 30 年代，中国田径赛场的规格形制多样，除了主流的长圆形跑道即半圆式跑道布局外，也存在长方形跑道布局、三角形跑道布局、椭圆形跑道布局、不规则四边形跑道布局等。20 世纪 50—70 年代，同我国各种基本设施建设一样，田径运动场地设施的建设也同样受到苏联影响。田径场地设施开始普遍采用半圆式田径跑道布局，半径为36m，一般划分8~10条分道，分道宽度设计在1.22~1.25m之间。跑道右左倾斜度不得超过1%，向跑进方向的倾斜度不超过0.1%，新建跑道的侧向倾斜应向里倾斜即里低外高。其他类型跑道不再作为正式比赛场地使用。综合来看，典型案例的场地大致可分为三种内凸沿半径的场地，见表3.7。

表3.7 代表性调研案例的场地规格类型

| 代表性调研案例 | 建成时间 | 场地规格 | 内凸沿半径 | 跑道长度 |
|---|---|---|---|---|
| 上海沪南体育场（原西门公共运动场） | 1954年 | 标准半圆式田径场 | 36.00m | 一分道计算半径36.30m，一分道弯道线长114.04m，直段线长85.96m |
| 北京工人体育场 | 1959年 | 标准半圆式田径场 | | |
| 北京先农坛体育场 | 1937年 | 标准半圆式田径场 | | |
| 南京五台山体育场 | 1956年 | 标准半圆式田径场 | | |
| 北京国家奥林匹克体育中心田径场 | 1990年 | 标准半圆式田径场 | 37.898m | 一分道计算半径38.198m，一分道弯道线长120m，直段线长80m |
| 大连市运动场 | 1928年 | 标准半圆式田径场 | 36.50m（当今主流） | 一分道计算半径36.80m，一分道弯道线长115.61m，直段线长84.39m |
| 上海市体育场 | 1999年 | 标准半圆式田径场 | | |

资料来源：笔者自绘。

20世纪60—90年代，集全国建筑学界之力兴建首都体育馆之后，体育馆比赛场地的布局方式成为新的场地研究热点。中国现代体育馆多采用篮球场作为标准场地尺寸，兼顾其他功能，但过小的场地尺寸会影响使用效率，且会导致最后几排座席过高或过陡。例如，天津市人民体育馆看台有3500座席，场地尺寸为23m×39.4m，最初仅为篮球、排球运动项目设计使用，但其场地无法满足手球比赛，也不能同时放置两个篮球场地（标准篮球场地尺寸为15m×28m，缓冲区一般为边线外2m，底线外2m）。场地尺寸过小场馆的弊病是不能举办大型比赛，而举办小型比赛时座位又难以坐满。另外，过大的场地尺寸也存在问题。首都体育馆建成后，中国中大型体育馆开始采用体操和冰球场地为标准场地设计，用活动座席调节场地。场地过大则在举办小规模比赛时场地出现空余不能利用的面积，且空荡的观众厅难以调动观众气氛。首都体育馆场地最大尺寸为40m×88m，冰球和大型体操比赛时为40m×79.6m，其他一般性项目比赛时为30m×70.44m。首都体育馆以冰球场地为标准建设，大尺寸场地举办篮球等小场地比赛时，加满了活动座席的场地仍然显得很空旷，且看台区一条宽敞横走道的存在，令观众视距较大（最远点的视距达90m），乒乓球等小球比赛难以清晰观赏。为解决上述场地功能及尺寸协调的问题，体育建筑专家为体育馆的综合球类运动场地发展出三种布置方式（表3.8）：

①小型场地以篮球比赛场地作为基础，通用范围是篮球比赛、一般性体操比赛、排球比赛、羽毛球比赛、乒乓球比赛等。一般不小于20m×26m。代表性调研案例有北京体育

馆、天津市人民体育馆、广西南宁体育馆、北京工人体育馆等。

②中型场地以七人制手球比赛场地作为基础，通用范围是国际性体操比赛、第一类场地通用的比赛项目。七人制手球场地是最大的场地。一般不小于24m×44m。代表性调研案例有南京五台山体育馆、上海体育馆等。

③大型场地以冰球比赛场地作为基础，通用范围是冰球比赛、国际性体操搭台比赛、国际乒乓球邀请赛及第二类场地通用的体育项目，最大的场地为冰球场地，一般不小于35m×66m。除可以满足体操搭台比赛外，可摆18台乒乓球桌。代表性调研案例是首都体育馆等。

表 3.8　综合球类运动场地的多功能布置方式

| 场地规模 | 场地尺寸（m） | 观众席规模 |
|---|---|---|
| 小型 | 以篮球比赛场地尺寸为准<br>38×20 | 中、小型 |
| 中型 | 以七人制手球比赛场地尺寸为准<br>44×24 | 大、中型 |
| 大型 | 以冰球比赛场地尺寸为准<br>70×40 | 大型及特大型 |

资料来源：笔者整理自制。

中国体育建筑的多功能布置主要集中在群众集会、电影放映、文艺演出等大型集体活动方面，有可增设舞台的需求，详见图3.59。舞台布置方式有以下几种：一是场地中央放置舞台供大型歌舞及杂技表演使用。一是长轴一端放置舞台，这种布置方式观众席有良好的质量，但主席台和观众席为侧面观看。另一种是在长轴一侧面对主席台演出，主席台观看最好，演员利用运动员出入口进出，利用运动员休息室进行化妆、道具布置等活动，如图3.60所示。

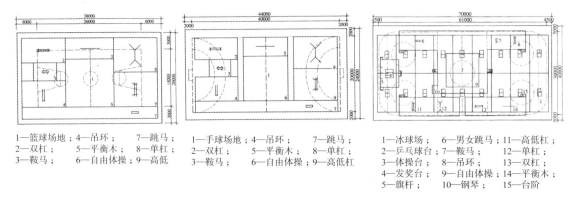

1—篮球场地；　4—吊环；　　7—跳马；
2—双杠；　　5—平衡木；　8—单杠；
3—鞍马；　　6—自由体操；9—高低

1—手球场地；　4—吊环；　　7—跳马；
2—双杠；　　5—平衡木；　8—单杠；
3—鞍马；　　6—自由体操；9—高低杠

1—冰球场；　6—男女跳马；11—高低杠；
2—乒乓球台；7—鞍马；　　12—单杠；
3—体操台；　8—吊环；　　13—双杠；
4—发奖台；　9—自由体操；14—平衡木；
5—旗杆；　　10—钢琴；　　15—台阶

图 3.59　综合球类运动场地的多功能项目布置方式

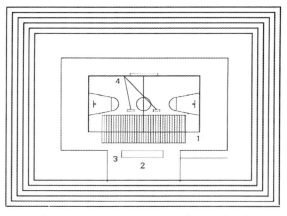 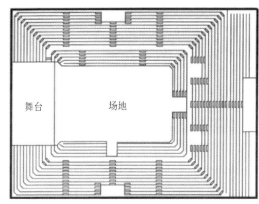

1—舞台位置； 2—演员化妆和道具室；
3—临时灯光控制效果位置；4—传声器位置

**图 3.60 综合球类运动场地的多功能舞台布置方式**

（3）先进的观众厅设计

1945 年二战结束后，西方体育场馆的观众厅开始向营造观赛氛围的方向发展，因此采用增加短轴宽度、缩短纵轴长度、观众看台平面不对称等方法。1968 年墨西哥城奥运会的主体育场便采用双层看台，缩短了第二层观众的视线距离。另一个变化是减少了体育场两端看台排数，增加两侧看台排数。看台的组合变化都是为了提高人们的观赏效果。

对中国近现代体育建筑来说，20 世纪 30—50 年代，观众厅设计较为紧凑，观众座席的规模有限，且排距较小，部分座椅装配条凳，例如重庆人民体育馆。20 世纪 50 年代集中兴建的体育馆多为 4000~6000 座席规模的中型体育馆。而在 50—70 年代之，体育馆的看台座席布局正从 50—60 年代常用的四周等边布置向 70 年代常见的四周长边和短边看台不等边布置转变。等边布置时期体育馆的观众席以比赛场地为中心对称展开，形体也简洁对称。后期通过观众座席的改变，单边布置、对边布置、局部加减等方式丰富比赛厅形体变化。改变的观众席布置方式影响比赛厅的形体。大型体育馆还采用双层看台容纳观众，如上海体育馆采用双层看台。对中国现代体育场来说，19 世纪末到 20 世纪 30 年代，因观众座席有大量站席，故观众规模普遍较大，多在 30000 人以上，观众看台的布置基本为单边布置。20 世纪 30—50 年代，观众座席规模逐渐稳定，布置开始以双边布置、三边布置，甚至周围布置的方式转变。双边布置能够容纳更多的人数，且视觉质量较好。当体育场的观众人数发展至数万人时，双面看台不能满足需求，三面看台乃至四面看台的布置方式应运而生。20 世纪 50—70 年代，单座体育场的规模呈下降趋势，站席占比的下降，观赛视线的考量是其中的主要原因，例如先农坛体育场于 1956 年的改建。观众厅形态转变示意见图 3.61，各发展时期典型案例的观众厅形状、尺寸及布置方式见表 3.9。

多边形平面体育馆　　　　　　圆形平面体育馆　　　　　　椭圆形体育场

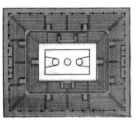

北京体育馆（1961）

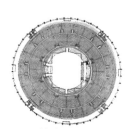

工人体育馆（1965）

广州天河体育中心体育场（1986）

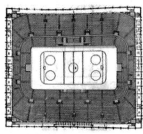

首都体育馆（1968）

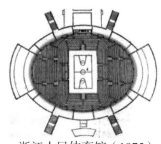

浙江人民体育馆（1975）

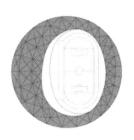

上海体育场（1999）

图 3.61　体育建筑典型案例的观众厅形态转变示意

表 3.9　体育建筑典型案例的观众厅设计

| 场馆 | 场地尺寸（m） | 场地 | 观众厅形状 | 观众厅尺寸 | 观众席规模 | 布局方式 |
|---|---|---|---|---|---|---|
| 天津市人民体育馆 | 23×39.4 | 以篮球场为标准 | 矩形 | 52×68 | 5700 | 四周等边 |
| 北京体育馆 | 22.4×36.4 | 以篮球场为标准 | 矩形 | 36.4×22.4 | 6000 | 四周等边 |
| 北京工人体育馆 | D=39.9 | 以篮球场（10台乒乓球）为标准 | 圆形 | D=94 | 15000 | 四周等边 |
| 广西体育馆 | 34×22 | 以篮球场为标准 | 矩形 | 54×66 | 5296 | 四周等边 |
| 浙江人民体育馆 | 23×36 | 以篮球场为标准 | 椭圆形 | 60×80 | 5000 | 四周不等边 |
| 上海体育馆 | 38×68 | 以手球场（16台乒乓球）为标准 | 圆形 | D=110 | 18000 | 四周等边 |
| 五台山体育馆 | 25×42 | 以手球场（9台乒乓球）为标准 | 八角形 | 76.8×88.68 | 两侧40排，两端19排 | 四周不等边 |
| 首都体育馆 | 40×88 | 以冰球场（24台乒乓球）为标准 | 矩形 | 99×112.2 | 18000 | 四周不等边 |

资料来源：笔者整理自制。

**4. 体育工艺——设施设备功能**

随着技术水平的进步，我国体育建筑的设施设备有了大量的扩充与长足的进步，体育建筑的环境舒适度和观众体验感也有明显提升。

（1）先进的活动设施

活动看台是当今体育场馆设计中的常见配置，它不仅可以灵活增加观众席位，而且可以配合改变比赛场地形状，以满足多功能活动需求。活动看台一般用于多功能体育馆，使体育馆按照比赛项目变换场地尺寸，增加视觉较佳区域的观众数量。看台骨架采用轻钢结构，坚固、灵活、轻便，可采用人工或者机械拉出、闭合。20世纪70年代普遍使用两类活动看台：一是推拉式活动看台，二是可拆卸式的板固定看台和推拉式活动看台相结合的看台。拉出推拉式活动看台可缩小场地尺寸，不用时推回固定看台下扩大场地尺寸。

首都体育馆是我国大型体育建筑首次使用活动看台，但当时的看台构件设计不够精细，移动费力。首都体育馆的四周活动看台席位只占观众席位的1/12左右，现在看来数量不足，应减少固定座席的相对数量，提高活动看台的利用率，减少观众厅的跨度和体育馆的规模。北京工人体育馆的设计考虑多功能用途，考虑群众集会和文艺演出的要求。如在场地四角设置有活动看台（图3.62、图3.63）。上海体育馆的活动看台是更为先进的电动看台，并分为前八排的套叠式与后六排门架式活动看台两种，电动活动看台上的座椅可自动折叠翻折，2000席位规模的电动看台的整体移动时长仅需5min左右。

除了当今常见的活动看台，一些体育场地的器材设施也在部分经典场馆案例中设计成特殊的活动式器材，以便于减少搬运器材的工作。典型案例是1975年上海体育馆的电动升降排球网以及电动折叠式篮球架，当需要时，场地中一块2m×4.5m的活动地板可翻转180°得到折叠篮球架，再用电动油泵液压装置将球架自动升起就位（图3.64）。除了活动式器材，还有活动式升降舞台，以便于满足多功能使用要求。典型案例是1985年深圳体育馆的升降舞台，设计师将靠裁判席一侧场地设置一组8m×15m见方的升降舞台，分别有2.5m、2.5m、3m宽的三块台面组成，最高升起高度可达到1.1m，也可升起成踏步状。它同时可以只升起最外边一块，用于体育比赛的裁判席工作面。

图3.62 首都体育馆固定看台

图3.63 首都体育馆活动看台

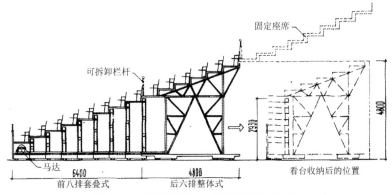

图3.64 上海体育馆电动活动看台剖面

（2）先进的场地转换设备

首都体育馆的比赛场地可进行篮球、滑冰、体操等多项体育活动，其场地采用活动式构造，地面材料可以更换。场地尺寸为 88m×40m，铺设活动木地板，共计 21 块，每块尺寸为 3.5m×30m。地板下是冰场，机器开动后，电动牵引到场地两端，地板就能从东西两面移动，且层层下降到地板仓内。露出埋有冷冻排管的水磨石地面，在上面泼水冻冰。融冰后将其自地板坑仓内，一片片升起平移至原位。每块地板都有升降调节的装置，保证活动地板每块之间拼缝平整。这种类型的活动地板每块尺寸较大，因此拼缝较少、弹性好、地面相对平整，也有利于机械移动，活动地板如图 3.65 所示，冰旱转换如图 3.66 所示。

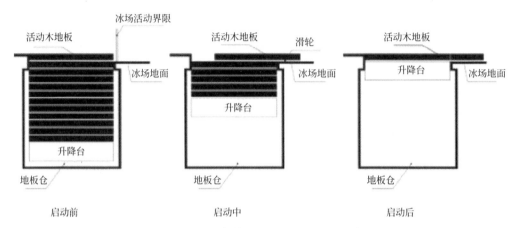

图 3.65　首都体育馆的活动木地板示意

图 3.66　首都体育馆场地的手球、冰球及旱冰转化过程

（3）先进的水上 / 冰上设施设备

现代游泳场馆多为钢筋混凝土结构，四周及池底用白色马赛克瓷砖作为铺面。例如上海江湾体育场的游泳池，池底铺白色马赛克，池壁四周铺设白瓷砖，馆内照明设备齐全。为扩大馆内的空间，屋顶为 16m 跨度的组合木屋架。为了防止游泳池因为热胀冷缩导致池身损坏破裂，游泳池多在池身设置伸缩缝。如南京中央体育场游泳池之中段，装置横向连续伸缩缝一道，缝宽 25mm。中置铜板，上覆橡皮膏及避潮浆粉，以防池底混凝土，因气温冷热而产生裂缝，引起结构破坏，其他各场有混凝土部分，亦皆有此设备。

游泳池的防水要求较高，多采用钢筋混凝土底板及卷材组成的刚性防水及柔性防水相结合的多层防水的做法。例如上海江湾体育场游泳池，从下至上为：碎石三合土垫层，200mm 厚钢筋混凝土地板，五层沥青油毛毡防水层，100mm 厚钢筋混凝土保护层、瓷砖面层。此外还有使用添加剂型和卷材型防水材料以增强防水性能的做法。南京中央体育场游泳池池身为钢筋混凝土结构，底层为 100mm 厚钢筋混凝土板，上贴三毡四油，再做 150mm 厚掺有避水浆的钢筋混凝土层，上面盖 76mm 厚钢筋混凝土板，表面贴集锦砖。

为满足训练、拍摄与电视转播的需求，跳水池的下层会设置玻璃观察窗，水压对观察窗的设计有技术难度。1953 年始建的北京体育馆侧翼的深水池是最早一批设置观测窗的水上运动设施。它有观测室一间，供教练指导跳水者姿势。发展至 1983 年始建的上海游泳馆，游泳池也设置供水下摄影的两组高观察窗，跳水池在池底设喷口型起浪装置，以便于运动员判断入水距离（图 3.68、图 3.69）。

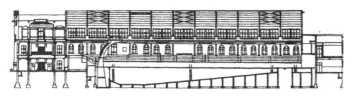

图 3.68 北京体育馆水下观察室

图 3.69 上海游泳馆游泳池水下观察摄影

现代冰上运动场地的做法有冰场制冷与冰场地面两大技术要点，首都体育馆是中国最早的可转换冰面场地的设计。在制冷系统方面，首都体育馆采用低温氨液排管蒸发制冷技术，该系统冷损耗少，且冰面温度均匀。同时为保证冰冻地面不会冻裂，滑动层被架空，另设置保温层与加热油管不至于冻坏基础。冰场地面采用抗冻混凝土，以及钢丝网耐冻水泥砂浆的面层（图 3.67）。

（4）先进的体育竞赛专用设备

1972 年慕尼黑奥运会的体育比赛第一次引入电子计时计分设备，电子化的体育设备开始快速更新普及。20 世纪 70 年代，中国基本解决了扩声、计时计分、大屏幕显示及室内灯光照明灯设备，北京工人体育馆内的霓虹灯记分显示屏是我国第一次在室内体育设施中采用的体育专用设备。1987 年，国家体委电子信息中心开发的综合运动会电子服务网络在国内首次应用，随后国内体育建筑都进行信息系统更新。虹口体育场最早引入了 ISDN 数字专线，建成智能化通信平台。广州天河体育中心体育场采用合成面层和进口的彩色大屏幕，

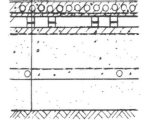

磨石子面层
抗冻钢筋混凝土板铺设蒸发排管
防水层
预制钢筋混凝土板
滑动支座
抗冻钢筋混凝土板
防水层
加气混凝土保温层
防水层
混凝土基层内敷加热油管
灰土垫层

图 3.67 首都体育馆冰面构造做法

以及先进的照明系统和扩声音箱。它们代表 20 世纪 80 年代末期我国最早的体育竞赛专用设备的先进水平。

体育专用设备是高品质体育场馆不可缺少的条件，我国体育建筑重视配备现代化的体育设备。塑胶跑道、高品质的木地板、高效的照明设备、高清晰的音响系统、彩色荧光屏和计时计分牌、舒适的空调和活动地板都被采用。我国体育场馆应用的现代化设备在国际上也处于领先地位。由于体育建筑的空间大，需靠电气设备传声。我国体育场馆也采用高质量的电声系统，北方的体育建筑更是需要采暖设备，人工制冷技术能在南北各地创造人工冰场，南方的体育建筑需装设中央空调。上述先进的采暖、空调、电子、声学设备等专用设备均是营造良好物理环境的基础。

首都体育馆的体育专用设备在当时具有超前的创新性。在风环境调节系统方面，首都体育馆采用侧面喷口送风为主、顶棚条缝送风为辅的结合方式，分别为普通球类比赛与对风较为敏感的乒乓球比赛而设计。这套送风系统还考虑夏季冰面去除雾气的解决方法：在无观众状态下，

采用内部空气循环由顶棚条缝送风的办法，将大厅上部的热空气吹下去从而提高冰面附近的空气温度；在有观众状态下，因为观众身体散发的水蒸气进一步提高了室内湿度，故应通过侧面送风口或顶棚条缝将干冷空气送至冰面附近，从而达到良好的除雾效果，如图3.70所示。

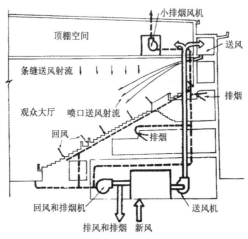

图 3.70　首都体育馆空调系统示意

## 3.2.4　社会价值

### 3.2.4.1　内涵

群体性与区域性的价值，是集体认同的载体，可以通过被开发与利用，提高社会凝聚力与变现潜力。社会价值形成于经历一段时间后的建筑和其社会环境的相互作用，中国近现代体育建筑不仅在一定程度上反映社会环境的形态，而且对社会及城市发展产生重要影响，因此社会价值对提高社会认同感与集体凝聚力具有重要的意义。

历史、艺术、科学价值为中国近现代体育建筑本体就具备的价值，而社会价值则依靠历史建筑对当下的区域环境和居民生活所产生的效益，随着时代生活的发展变迁，社会效益会发生变化。社会价值在中国近现代体育建筑与使用者的互动关系中产生，是建筑直接作用于价值客体，即使用者的一种价值属性。历史、艺术、科学价值需要社会价值的传达才能被公众认知。社会价值让普通大众认知中国近现代体育建筑及其精神内涵，回应居民对集体回忆的需求，对丰富社会生活、提升社会凝聚力具有重要意义。

社会价值的上述内涵，涉及"集体记忆""承载记忆的场所"等概念，社会心理学家莫里斯·霍布瓦科（Maurice Halbwachs）最早界定了这些概念。社会本身总是让身处其中的人产生一种感受：今天的世界和过去相比，总是不完美的。之所以需要集体记忆，是因为社会赋予了记忆一种历史的魅力，将美好和神圣的感受贮存在历史维度中，让人有所怀念。集体记忆是在特定环境内，特定群体的个体组成之间共同拥有的往事经历的事件和回顾，集体记忆具有共享、传承和共同建构的需求，进而需要依赖保障记忆连续性的因素，城市历史建筑就是其中最重要的因素。扬·阿斯曼（Jan Assmann）在《文化记忆》（*Das Kulturelle Gedächtnis*）中研究了集体记忆的形成，认为人类的身体就是集体记忆保留和衍变的地方。另外，皮埃尔·诺哈（Pierre Nora）认为地方和空间是集体记忆形成的重要场所，集体记忆的承载物可以是物质或非物质的，只因集体的意愿或者时代的洗礼，承载物逐渐变成集体记忆遗产的标志性元素。综合两种观点可知，影响社会价值承载的因素，既有空间环境的方面，又有社会居民心理的方面，两方面因素也对应着社会价值的两种特点，即区域性和群体性。因此，历史建筑社会价值的形成与作用机制如图 3.71 所示。

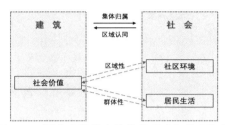

**图 3.71　历史建筑社会价值的形成与作用机制**

中国近现代体育建筑通常服务于区县级及以上的区域，建设数量相对较少，大多承载着当地居民的情感认同。另外，一些大型体育场馆也与大型赛事、重大事件有紧密关联，场馆也成为地域文化传播的媒介，近现代体育建筑呈现的地标形象也让它们拥有被开发利用的潜力。现实中，近现代体育建筑的社会价值又容易被忽略，正如建筑保护学者艾伯克戎比（Gemma Abercrombie）所言："保护名单的焦点往往集中在特殊的建筑和历史利益上，这让我们无法认识到体育建筑作为共享记忆的存储库的巨大价值，观众和参与者与特定的地方和传统之间的情感联系。"中国近现代体育建筑社会价值的形成与作用机制如图 3.72 所示。

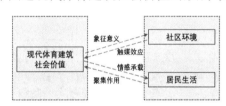

**图 3.72　中国近现代体育建筑社会价值的形成与作用机制**

### 3.2.4.2　影响因素

综合来看，中国近现代体育建筑的社会价值可以分为对区域物理环境的作用与对社区人群情感的作用，即区域认同感与集体归属感。在区域认同感方面，近现代体育建筑主要发挥其整体形象对片区建设的象征意义，以及其整体功能对片区更新的触媒效应；在集体归属感方面，近现代体育建筑主要发挥其公共属性对社区生活的聚集作用及其集体记忆对社区居民的情感承载。从上述属性中还可得知，不同于历史、艺术和科学价值，历史建筑的社会价值是相互作用的产物，需要更多地结合当地社会居民、专家、管理者，以及所在城市区域的有关数据与共同意见，得出相对客观的高低评定。

# 3.3　中国近现代体育建筑的一般性价值

除了已做重点分析的四种价值外，中国近现代体育建筑还包含使用价值与经济价值两种一般性价值。称其"一般性"，是因为使用价值与经济价值存在于绝大多数建筑之中，它们是一般建筑的共有属性。从前文的突出特征分析中也能看出，经典作品无疑是因为其一般性价值而成为保护对象的先例。一般性价值分析不是历史建筑的价值分析范畴，但它会切实影响历史建筑的存续及其保护更新的具体策略制定，因此本节旨在厘清近现代体育建筑的一般性价值内涵。

### 3.3.1　使用价值

使用价值不仅存在于历史建筑，而且广泛存在于一般性建筑，属于实物所具备的基本价值。另外，对大多数近现代建筑遗产来说，价值评价的目的不仅在于保护，更在于保护基础上的改造与再利用。评估使用价值与经济价值可以明确改造更新的适应性与预期效果，为历史建筑改造更新指出相对明确的方向。使用价值与经济价值的高低直接影响保护更新的方式。

使用价值是建筑依然可以提供原始功能，以及可转化为其他功能潜力的价值。不同于古代建筑的"藏品式封存"和"景点式展览"，近现代体育建筑大多保有原始体育空间的功能属性，体育功能应加以延续。不容忽视的是，由于近现代体育建筑的结构与材料发展与更新速度较快，既有的建筑结构、外观、环境等难免存在老化、更替以及不适用当下规范等问题，分析建筑病理也是使用价值评估的任务。此外，以大跨空间为典型特征的体育建筑具备灵活置换功能的潜力，这种功能置换潜力也属于使用价值的一部分。

综合来看，近现代体育建筑的使用价值包括三个方面，分别是体育空间使用状态、附属空间使用状态以及置换改造潜力。在体育空间使用状态方面，运营管理者与评估专家一方面要检测体育空间的老化程度，另一方面要对照当今比赛及训练要求，评估本场馆的满足程度；在附属空间使用状态方面，亦参照体育空间同理执行；在置换改造潜力方面，运营管理者与评估专家既要评估空间兼容其他类型活动的灵活性，又要判断空间进行置换改造的可行性。现行保护准则的三种基本保护更新策略也是从使用价值的角度加以区分的：延续建筑的原有使用价值；延续并且改扩新的使用价值；在当代社会条件下赋予历史建筑全新的功能。

### 3.3.2　经济价值

经济价值既存在于历史建筑，又广泛存在于一般性建筑。相比于非历史建筑的直接运营效益，历史建筑经济价值的另一重要构成是由历史、艺术、科学、社会资源所开发出的衍生效益，例如打造场馆的知名度来带动与提升区域的经济效应，利用场馆的体育文化来开拓旅游、游乐、餐饮等多元商业模式等。

经济价值是指近现代体育建筑维持自身运营的能力与发挥建筑自身潜在经济收益的能力。自身运营的能力指当前的经济收益，潜在的经济收益指建筑进行功能上的提升或改变后，带来更多经济收益的能力，是建筑综合开发利用后可以体现的价值。现代体育场馆建筑既可以通过开放参观等方式提高收入，又可以进行综合改造实现更高的经济效益。

近现代体育建筑的经济价值是相对较高的一种建筑类型，也是经济价值最受重视的建筑类型之一。因其初始建造成本较高，聚集区域群众效应明显，因此一般在策划阶段，经营者也会将经济价值的兑现作为设计条件之一。然而，即便发展至今，大型体育建筑仍然很难发挥出足够的经济价值，而沦为城市管理者眼中的"白象（White Elephant）"工程，例如1976年蒙特利尔奥运会、2004年雅典奥运会、2016年里约奥运会的场馆等。在体育建筑已投入运营，且经济价值仍需提升的阶段，场馆的保护更新就成为减小沉没成本、提升经济价值的方式。一方面，相对于新建工程，保护更新工程具有工期短、成本低、针对性强的投入成本优势；另一方面，建筑能够通过延续历史价值等，实现建筑与城市区域的可持续发展，具有独特的价值优势。

考虑具体经济成本时，能源是最主要的消耗指标，既有建筑节能改造是提升经济价值的重要途径。独特的建筑形体、巨大的屋盖面积、高大的空间尺度都让近现代体育建筑拥有通过节能改造大幅降低能耗成本的潜力。2021年年初，国际奥委会通过《奥林匹克2020+5议程》（Olympic Agenda 2020+5），确定了国际体育未来发展的战略路线，其中最重要的议题就是将可持续性理念引入奥运会的各个方面及日常运动之中。可持续性要求从2024年巴黎奥运会开始，显著提高碳排放标准，实现体育建筑及环境的能源可持续利用，并实现奥运建筑遗产的可持续保护。在20世纪兴建的大量近现代体育建筑中，绿色节能与赛后利用的设计思考较少，绿色可持续化改造的潜力很大。直至在1996年亚特兰大奥运场馆赛后成功转型的引领下，体育建筑逐步注重全生命周期的可持续设计，低碳材料、低碳技术与低碳建造方法开始大量应用。为实现碳中和的目标，2022年北京冬奥会不仅100%应用了绿色清洁能源，而且最大化改造利用了北京的既有体育场馆，运用最新节能技术与体育工艺加以改造更新，改造场馆均达到绿色建筑标准，让近现代体育建筑遗产焕发活力。作为典型案例的首都体育馆，中心场地改造升级为冬奥会短道速滑和花样滑冰项目的新冰面，外观上采用整旧如故的策略，内部则进行多项技术改造提升，也和速滑馆一样采用"二氧化碳跨临界直冷制冰"技术，新系统的节能率可达到50%。

综合来看，近现代体育建筑的经济价值基本包括两个方面，分别是现有直接经济贡献与间接经济增值。直接经济贡献主要体现在通过体育场馆及其周边区域的综合开发利用，带动商业、旅游、文化、土地等各方面的经济增长，为建筑保护更新与可持续发展提供资金，从而形成正向反馈。其又可分为体育场馆自身运营的经济贡献，与周边环境综合开发的经济贡献；间接经济增值主要体现在体育场馆的形式、结构与功能设施在经过保护更新后可以适应新的需求。估算运营数据和保护更新方案的投入产出对比，可以衡量经济价值的高低。其又可分为选择保护更新方案所降低的沉没成本，与保护更新可以为自身及周边带来的经济增值。

# 3.4  典型案例的特征性价值信息库

作为中国近现代体育建筑保护更新专项信息库的重要组成，特征性价值信息库不仅能夯实价值评价体系的指标研究，也将为后文作为评价主体的体育建筑专家提供相对全面、客观的数据来源，还将对今后中国近现代体育建筑的策划定位、利用情况、价值分析评价、保护更新、日常管理等全生命周期提供示范性的信息数据参考和支持。

### 3.4.1　历史价值分析与评级

体育建筑历史价值的评定与相关联历史事件属性、相关联历史事件影响力、建筑与历史事件关联程度高度相关。除此以外，历史价值会受到建成年限与原貌保存历程（原真性与完整性）的影响。结合前文的案例调研分析，可得出历史价值分析及其定性评级。

#### 3.4.1.1 评定依据

（1）典型案例第一（本体性）历史价值的定性评价应按照影响范围与稀有程度而定。影响范围由重要到次要依次为国际级、国家级、省市级、区域级、群组级，稀有程度依次为"唯一的……""第一次……""……之最""……代表"。

据此，对国际级与国家级的"唯一"或"第一次"，定性评价的区间在［中高，高］，例如上海跑马场的第一历史价值内涵为中国第一座现代体育场地，故予以"高"等级评价；对"省市级"的"唯一"或"第一次"，定性评价的区间在［中低，中］，例如天津河北省体育场的第一历史价值内涵为华北地区第一座现代体育场，故予以"中等"等级评价；对"群组级"的"唯一"或"第一次"，定性评价的区间在［低，中］，例如大连运动场的第一历史价值内涵为大连被日本侵占时期唯一体育设施，故予以"中等"等级评价。其余"……代表"等价值内涵则相应降低，例如南洋公学体育馆为上海交通大学早期建筑代表，予以"中低"等级评价。

（2）典型案例第二（历时性）历史价值的定性评价应按照事件类型、事件数量、影响范围与稀有程度而定。事件类型由重要到次要依次为重大社会事件、重大体育事件、大型综合体育赛事、大型单项体育赛事、一般体育赛事、训练基地、全民健身，事件数量则是越大越重要，影响范围依次为国际级、国家级、省市级、区域级、群组级，稀有程度依次为"唯一的……""第一次……""……之最""……代表""……见证／举办地""……组成／所在地"。

据此，对国际级与国家级的"唯一""第一次"或"之最"，定性评价的区间在［中高，高］，例如上海回力球场的第二历史价值内涵为中国体育第一个世界纪录的诞生地，故予以"中高"等级评价；对"省市级"的"唯一""第一次"或"之最"，定性评价的区间在［中低，中］，例如广州二沙头体育训练基地的第二历史价值内涵为广东省唯一大型综合训练基地，故予以"中等"等级评价；对"群组级"的"唯一""第一次"或"之最"，定性评价的区间在［低，中］，例如上海国际体操馆的第二历史价值内涵为长宁区最主要的全民健身馆，故予以"中低"等级评价。其余"代表""见证／举办地"或"组成／所在地"等各类内涵则相应降低，例如天津青年会东马路会馆的第二历史价值内涵为爱国民主运动的见证地，故予以"中低"等级评价。

（3）对多重事件相叠加的价值内涵，定性评价取最重要事件等级并相应上浮的原则。例如首都体育馆的第二历史价值内涵广泛，包含中美乒乓球友谊赛、北京亚运会、北京奥运会排球、北京冬奥会速滑比赛等重大事件，所以将国际综合体育赛事单项比赛馆的"中高"评价适当上浮，最终予以"高"等级评价。

### 3.4.1.2 历史价值分析与定性评级

具体信息见表3.10。

表3.10 中国近现代体育建筑典型案例历史价值分析与评级

| 调研案例 | 第一历史时期 | 第一历史价值 | 第二历史时期 | 第二历史价值 | 建成年限 | 保存状态 |
|---|---|---|---|---|---|---|
| 上海跑马场（现为跑马总会大楼） | 鸦片战争，西侨与体育入华 | 高［中国第一座现代体育场地（现存为其附属建筑）］ | 场地改建为上海人民广场，成为城市中心 | 中等（上海城市发展见证） | 长 | 良好 |
| 汉口西商跑马场（现跑马俱乐部） | 第二次鸦片战争，西侨与体育入华 | 中等（华中地区第一座体育建筑） | 场地改建为武汉解放公园，成为城市中心 | 中等（武汉城市发展见证） | 较长 | 不佳 |
| 广州沙面游泳场 | 第二次鸦片战争，西侨与体育入华 | 高（中国第一座室内游泳馆） | 逐渐形成保留最完整的中国殖民建筑群 | 中高（近代中国租界建设历史见证） | 长 | 良好 |
| 上海划船俱乐部 | 第二次鸦片战争，西侨与体育入华 | 中等（上海第一座室内游泳池） | 外滩建筑群的端点，但建筑经历多次改拆 | 中等（外滩建筑群的起点） | 较长 | 一般 |
| 上海回力球场 | 租界开设赌场增加收入 | 中高（中国第一座回力球场） | 改建为上海体育场，随后拆除 | 中高（中国第一个世界纪录诞生地） | 较长 | 完全拆除 |
| 天津回力球场 | 租界开设赌场增加收入 | 中等（华北地区最大的娱乐体育建筑） | 改建为天津第一工人文化宫 | 中高（中国第一座工人文化宫） | 较长 | 良好 |
| 上海虹口公园 | 租界开设洋人专用靶场 | 高（中国第一座体育公园） | 现代中国休闲公园的演变见证 | 中等（第二届、第五届远东运动会比赛场） | 长 | 原貌改变 |
| 上海青年会四川路会所 | 基督教青年会会所组织成立 | 中等（中国早期教会体育建筑代表） | 建筑多次改造，保护状况一般 | 中高（健身房、手球房为中国首创） | 较长 | 一般 |
| 天津青年会东马路会所 | 基督教青年会会所组织成立 | 中高（中国第一座室内篮球馆） | 先进思想的传播地、改建为天津市少年宫 | 中高（奥林匹克精神进入中国的第一站、爱国民主运动的见证地） | 较长 | 良好 |
| 广州青年会长堤会所 | 基督教青年会会所组织成立 | 中等（中国成熟教会体育建筑代表） | 广州市重要社会服务力量 | 中低（抗日救亡运动的救护阵地） | 较长 | 完全拆除 |
| 圣约翰大学顾斐德体育室 | 《奏定学堂章程》颁布，体育课入大学 | 中高（中国第一座高校体育建筑） | 圣约翰大学发展见证 | 中低（圣约翰大学历史建筑重要组成） | 较长 | 良好 |
| 清华大学西体育馆 | 《奏定学堂章程》颁布，体育课入大学 | 中低（清华大学早期建筑代表） | 清华大学发展见证 | 中低（清华大学历史建筑重要组成） | 较长 | 良好 |
| 南洋公学体育馆 | 《奏定学堂章程》颁布，体育课入大学 | 中低（上海交通大学早期建筑代表） | 上海交通大学发展见证 | 中低（上海交通大学历史建筑重要组成） | 较长 | 良好 |
| 东北大学汉卿体育场 | 第十四届华北运动会 | 中等（当时中国最大的体育场） | 改建为沈阳体育学院，保护状况不佳 | 中低（东北大学历史建筑重要组成） | 较长 | 不佳 |

续表

| 调研案例 | 第一历史时期 | 第一历史价值 | 第二历史时期 | 第二历史价值 | 建成年限 | 保存状态 |
|---|---|---|---|---|---|---|
| 武汉大学宋卿体育馆 | 《奏定学堂章程》颁布，体育课入大学 | 中低（武汉大学早期建筑代表） | 武汉大学发展见证 | 中低（武汉大学历史建筑群的重要组成） | 较长 | 良好 |
| 上海西门公共体育场 | 上海体育会成立授新式体操，国人筹备自己的体育场 | 高（近代中国第一座公共体育场） | 爱国民主运动、上海体育事业重要基地 | 中等（五四运动时期上海国民大会、中山追悼会会址） | 较长 | 完全拆除 |
| 大连运动场 | 日本占领辽东半岛 | 中等（大连日据时期唯一体育设施） | 东北亚体育发展见证 | 低（大连足球重要基地） | 较长 | 完全拆除 |
| 南京中央体育场 | 第五届全国运动会、首都规划计划 | 高（中华民国时期东亚最大最先进体育中心之一） | 近代中国体育事业发展见证 | 中高（南京首都规划历史建筑重要组成） | 较长 | 良好 |
| 天津河北省体育场 | 第十八届华北运动会 | 中等（华北地区第一座现代体育场） | 奥运会足球、篮球预选赛 | 中低（柏林奥运会选拔基地） | 较长 | 完全拆除 |
| 上海江湾体育场 | 第六届中华民国全国运动会、大上海计划 | 高（中华民国时期远东最大最先进体育中心） | 中国体育、上海足球重要基地 | 中高（第七届中华民国全国运动会、第五、八届中华人民共和国全国运动会比赛场） | 较长 | 良好 |
| 北平公共体育场 | 为华北运动会而建（因日本侵华未举办） | 中等（北京市第一座现代体育场） | 北京市人民体育大会、世界杯外围赛 | 中低（北京足球、中国体育训练基地） | 较长 | 原貌改变 |
| 重庆滑翔会跳伞塔 | 日本全面侵华战争后，建筑业转向军民两用建筑实践 | 高（中国第一座跳伞塔，抗日战争时期中国唯一建成的体育建筑） | 重庆体委成立航空俱乐部 | 中等（大田湾历史体育建筑群、重庆跳伞队训练场） | 较长 | 一般 |
| 北京体育馆 | 苏联援建、"一五计划"开始 | 中高（中华人民共和国首座大型综合体育馆） | 加建了16处体育训练场地 | 中等（国家体育总局办公地与训练基地） | 中 | 良好 |
| 重庆市体育馆 | 苏联援建、"一五计划"开始 | 中等（第一座大型山地体育建筑） | 重庆体育发展见证 | 中等（大田湾历史体育建筑的重要组成） | 中 | 良好 |
| 重庆市人民体育场 | 苏联援建、"一五计划"开始 | 中高（中华人民共和国首座大型综合体育场） | 重庆体育发展见证，原貌保护状况不佳 | 中等（大田湾历史体育建筑的重要组成） | 中 | 不佳 |
| 天津市人民体育馆 | 苏联援建、"一五计划"开始 | 中等（中华人民共和国天津首座综合体育馆） | 天津体育发展见证 | 中低（天津排球、网球、体操比赛馆） | 中 | 良好 |
| 长春市体育馆 | 苏联援建、"一五计划"开始 | 中等（中华人民共和国长春首座综合体育馆） | 长春体育发展见证 | 中低（长春及东北地区篮球比赛馆） | 中 | 一般 |
| 广州体育馆 | 苏联援建、"一五计划"开始 | 中等（中华人民共和国华南地区首座体育馆） | 广州体育发展见证 | 中低（广州乒乓羽毛球比赛馆） | 中 | 完全拆除 |

续表

| 调研案例 | 第一历史时期 | 第一历史价值 | 第二历史时期 | 第二历史价值 | 建成年限 | 保存状态 |
|---|---|---|---|---|---|---|
| 广州二沙头训练场 | 墨尔本奥运会备战（后未参与本届比赛） | 中高（中华人民共和国首座体育训练基地） | 中国著名运动员训练地 | 中等（广东省主要体育训练基地） | 中 | 一般 |
| 北京工人体育场 | 中华人民共和国成立十周年国庆典礼、第一届全国运动会开幕 | 高（"中华人民共和国十大建筑"） | 中国多次政治与体育重大历史事件见证地 | 高（第一、二、三、四、七届全国运动会主赛场、亚运会开闭幕场、奥运会足球场、北京足球主场） | 中 | 复原重建 |
| 北京工人体育馆 | 中华人民共和国成立十周年建筑、世乒赛、第一届全国运动会 | 中高（中华人民共和国时期首次举办国际比赛的体育场馆） | 中国体育历史见证地 | 中高（北京亚运会乒乓球馆、北京奥运会拳击馆） | 中 | 良好 |
| 内蒙古赛马场 | 中华人民共和国成立十周年建筑、第一届全国运动会赛马比赛 | 中高（中华人民共和国首座专业赛马场、亚洲最大赛马场） | 少数民族运动发展见证 | 中等（少数民族运动会主场） | 中 | 原貌改变 |
| 广西南宁体育馆 | 广西壮族自治区十周年建筑 | 中低（广西重要体育建筑） | 广西地区体育发展见证 | 低（南宁主要文体场所） | 中 | 一般 |
| 首都体育馆 | 政治运动与大型集会、在此毛主席发出了"发展体育运动，增强人民体质"的号召 | 中高（中华人民共和国首座冰上运动馆、中国规模最大体育馆） | 中国政治与体育历史见证地 | 高（中美乒乓球友谊赛、北京亚运会、北京奥运会排球馆、北京冬奥会比赛馆） | 中 | 良好 |
| 浙江人民体育馆 | 大型集会所用 | 中等（中国首座椭圆形平面、鞍形悬索屋盖体育馆） | 浙江地区体育发展见证地 | 中等（亚运会拳击馆） | 中 | 一般 |
| 南京五台山体育馆 | 大型集会所用 | 中等（中国首座八角形平面体育馆） | 江苏地区体育发展见证地 | 中等（世界青运会比赛馆） | 中 | 一般 |
| 上海体育馆 | 大型集会所用 | 中等（中华人民共和国上海首座综合体育馆） | 上海地区体育发展见证地 | 中高（第五、八届全国运动会比赛馆、第一届东亚运动会主会场） | 中 | 一般 |
| 成都城北体育馆 | 改革开放政策实施，大型公共建设恢复 | 中等（四川地区首座综合体育馆） | 四川地区体育发展见证地 | 中等（原为城北体育公园，正在改造为大运会拳击馆） | 短 | 一般 |
| 深圳体育馆 | 改革开放政策实施、深圳特区成立，大型公共建设恢复 | 中高（深圳特区成立八大建筑、首获国际建筑师协会体育设施奖的中国建筑） | 深圳特区发展见证地 | 中等（第六届全国运动会比赛馆） | 短 | 完全拆除 |

| 调研案例 | 第一历史时期 | 第一历史价值 | 第二历史时期 | 第二历史价值 | 建成年限 | 保存状态 |
|---|---|---|---|---|---|---|
| 上海游泳馆 | 改革开放政策实施，大型公共建设恢复。第四届游泳跳水世界杯 | 中等（国际标准水上比赛馆，第四届游泳跳水世界杯比赛馆） | 上海地区水上运动发展见证 | 中等（第五、八届全国运动会比赛馆） | 短 | 良好 |
| 吉林滑冰馆 | 第六届全国冬季运动会 | 中等（地方新建的首座冰上运动馆） | 东北地区冰上运动发展见证 | 中等（冬季亚运会冰球比赛馆） | 短 | 完全拆除 |
| 广州天河体育中心 | 第六届全国运动会 | 中高（中华人民共和国首组一次建成的综合体育中心，第一条健身步道） | 广州城市发展见证地 | 中高（第六、九届全国运动会主场馆，广州足球队主场） | 短 | 良好 |
| 北京石景山体育馆 | 1990 年北京亚运会 | 中等（北京亚运会比赛馆） | 北京区域体育发展见证地 | 中低（北京奥运会篮球训练馆） | 短 | 良好 |
| 北京朝阳体育馆 | 1990 年北京亚运会 | 中等（北京亚运会比赛馆） | 北京区域体育发展见证地 | 中低（北京奥运会羽毛球训练馆） | 短 | 良好 |
| 北京国家奥林匹克中心 | 1990 年北京亚运会 | 中高（北京亚运会主要比赛场馆） | 北京体育发展见证 | 中高（北京奥运会、第七届全国运动会比赛馆） | 短 | 良好 |
| 天津体育馆 | 第 43 届世界乒乓球锦标赛 | 中高（中国首座室内田径馆） | 天津体育发展见证 | 中等（世界体操锦标赛、东亚运动会比赛馆） | 短 | 良好 |
| 黑龙江速滑馆 | 第三届冬季运动会 | 中等（第三届亚洲冬季运动会比赛场） | 东北地区速滑运动发展见证 | 中等（全国冬季运动会比赛馆） | 短 | 一般 |
| 上海长宁体操馆 | 第八届全国运动会 | 中高（国际标准专业体操馆） | 上海区域体育发展见证 | 中低（长宁区全民健身馆） | 短 | 原貌改变 |
| 上海体育场 | 第八届全国运动会 | 高（第八届全国运动会主场馆、中国规模最大体育场、中国最早体育综合体） | 中国足球发展的重要见证、上海文体事业发展见证 | 中高（北京奥运会部分足球比赛场） | 短 | 大幅更新 |
| 上海虹口足球场 | 上海申花足球队新主场 | 中高（国际标准专业足球场、中国首座专业足球场、中国首座TOD 球场） | 中国足球发展的重要见证、上海文体事业发展见证 | 中高（世界女子世界杯足球比赛场） | 短 | 良好 |

资料来源：作者整理自制。

### 3.4.1.3　典型案例类型、发展和历史事件的关系

历史价值的评判依据中，"第一""唯一"等具有显著的历史相对性，因此结合历史事件发展和体育建筑类型发展将更加清晰，笔者进一步分析中国近现代体育建筑典型案例类型、发展和历史事件的关系，如图 3.73 所示。

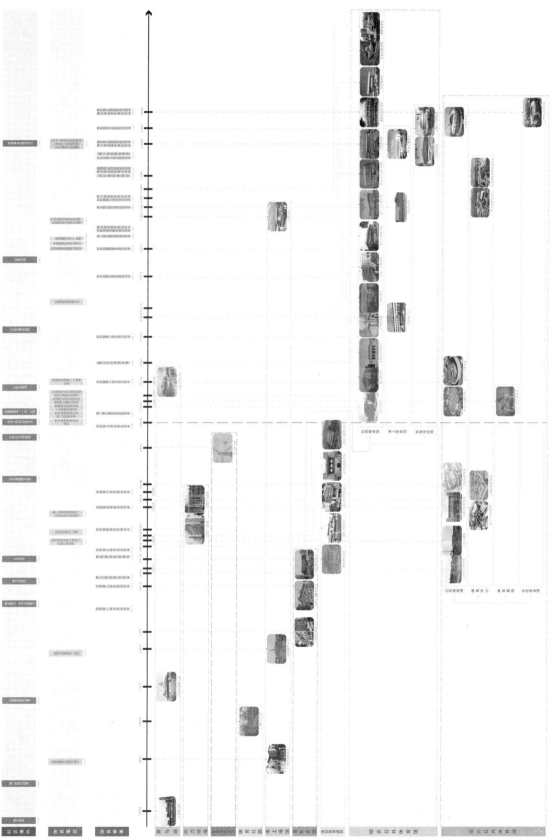

图 3.73 中国近现代体育建筑典型案例类型、发展和历史事件的关系

### 3.4.2 艺术价值分析与评级

体育建筑艺术价值的评定与体育空间的形式设计、整体空间的形式设计与建筑界面的形式设计紧密相关，并与建筑所处的场所环境，以及建筑本身的规模体量相关。结合前文的案例调研分析，可得出艺术价值分析及其定性评级。

#### 3.4.2.1 评定依据

（1）典型案例形式设计因素的定性评价应按照完备程度与指涉程度而定。完备程度是指是否充分思考并解决了体育空间的观演问题（场地与看台的协调关系），是否充分思考并解决了整体空间的组织问题（功能与形式的协调关系），是否清晰地表现了建筑的艺术风格信息；指涉程度是指各个部分是否运用形式指涉的方法，以及运用的层次与数量。

据此，体育空间场地的高低程度依次为"场地先进""场地完善""高标准""标准"等，体育空间观众座席的高低程度依次为"看台设计规范""全面/充分考虑视线设计""考虑了视线设计""简易看台"等；整体空间功能布局的高低程度依次为"创新式布局（层叠式、复合化、下沉式等）""复杂布局""合理布局""清晰布局""简单布局"等；整体空间组织关系的高低程度依次为"（功能布局）与平面形式契合""（功能布局）与平面形式协调"等；建筑界面风格信息的高低程度依次为"创新的……风格""典型的……风格""不典型的……风格""简约的……风格"等。

（2）典型案例非设计因素的定性评价应按照周边环境的艺术品质（艺术性）与公共性，以及规模体量的相对性而定。

据此，若周边环境处于历史人文或自然景观之中或附近，则会得到高评价；若周边环境处于城市地标、中心位置之中或附近，则会得到较高评价；若周边环境处于城市商业区、娱乐区等公共性强的区域之中或附近，则会得到中等评价；其他可达性不强的区域，则会得到较低评价。规模体量相对明确，参考同类型项目比较即可得出高低评价。

#### 3.4.2.2 艺术价值分析与定性评级

具体信息见表 3.11。

表 3.11 中国近现代体育建筑典型案例艺术价值分析与定性评价

| 调研案例 | 形式现貌 | 形式设计因素 | | | 非设计因素 | |
|---|---|---|---|---|---|---|
| | | 体育空间 | 整体空间 | 建筑界面 | 周边环境 | 体量 |
| 上海跑马场跑马总会大楼 | | 中低（原室内场地多样现已改造，无指涉） | 中等（布局合理，与形式协调，无指涉） | 中高（典型西方折中主义，局部巴洛克装饰，指示性指涉） | 中高（上海城市中心，公共性强艺术品质强） | 中 |
| 汉口西商跑马场跑马俱乐部 | | 中高（游泳池/舞厅及大看台的设计精巧，无指涉） | 中低（布局较简单，与形式协调，无指涉） | 中等（典型英国乡村别墅风格，无特定指涉） | 低（解放军通信学院宿舍、武汉话剧院，可达性不高） | 小 |
| 广州沙面游泳场 | | 中等（非标准泳道，有娱乐设施，无特定指涉） | 中低（布局较简单，与形式协调，无指涉） | 中等（典型英国殖民地风格，无特定指涉） | 中高（沙面历史建筑群，艺术性强） | 小 |

续表

| 调研案例 | 形式现貌 | 形式设计因素 | | | 非设计因素 | |
|---|---|---|---|---|---|---|
| | | 体育空间 | 整体空间 | 建筑界面 | 周边环境 | 体量 |
| 上海划船俱乐部 | | 中高（原有标准泳道后拆除现恢复为景观，相似性指涉） | 中等（布局对称，与形式协调，无指涉） | 中等（典型英国别墅风格，无特定指涉） | 中高（外滩建筑群端点，艺术性强） | 小 |
| 上海回力球场 | | 中等（标准回力球场，现已拆除，无指涉） | 中低（布局简单，与形式协调，现已拆除，无指涉） | 中等（简约Art Deco风格，无特定指涉） | 中低（商业中心街区，艺术性一般） | 中小 |
| 天津回力球场 | | 中等（标准回力球场，无指涉） | 中等（功能设施齐备，布局复杂，与形式较协调，无指涉） | 中高（典型Art Deco风格，多建筑体育浮雕，指示性与象征性指涉体育精神） | 中高（意租界中心马可波罗广场，艺术性强） | 中 |
| 上海虹口公园 | | 中等（多组休闲体育场地，现已拆除，无特定指涉） | 中等（按照季节划分场地，现已拆除，无指涉） | 中等（典型英国自然风景式园林，无特定指涉） | 中低（商业与住宅区，艺术性一般） | 中大 |
| 上海青年会四川路会所 | | 中等（不完整健身场地，相似性指涉美国青年会健身空间） | 中高（立体复合化体育空间布局，与形式较为协调，无指涉） | 中等（非典型折中主义，多元素拼贴，断山花装饰等指示性指涉） | 低（城市商业街区，艺术性较弱） | 中小 |
| 天津青年会东马路会所 | | 中等（标准青年会健身房，复刻美国青年会馆） | 中等（标准青年会布局，正方形体量） | 中等（典型折中主义，局部双柱装饰，复刻美国青年会馆） | 中等（古文化街区，艺术性较强） | 中小 |
| 广州青年会长堤会所 | | 中等（标准青年会健身房，指涉美国青年会健身空间） | 中高（岭南合院式布局，与形式契合，无指涉） | 中高（西班牙殖民复兴风格，中式坡顶大门指示性指涉） | 中低（城市商业区，艺术性较弱） | 中 |
| 圣约翰大学顾斐德体育室 | | 中等（标准青年会健身房，指涉美国青年会健身空间） | 中等（健身房与泳池并置，与形式较为协调，无指涉） | 中高（典型中式折中主义风格，起翘高挑相似性指涉） | 中高（圣约翰大学建筑群苏州河岸，艺术性较强） | 中 |
| 清华大学西体育馆 | | 中等（标准青年会健身房，指涉美国青年会健身空间） | 中等（对称布局，与形式协调，无指涉） | 中等（简约折中主义风格，无特定指涉） | 中高（清华大学建筑群，艺术性较强） | 中 |
| 南洋公学体育馆 | | 中等（标准青年会健身房，指涉美国青年会健身空间） | 中等（对称布局，与形式协调，无指涉） | 中等（典型折中主义/买办式风格，无特定指涉） | 中高（上海交通大学建筑群，艺术性较强） | 中 |
| 东北大学汉卿体育场 | | 中高（参考西方田径场平面，《千字文》命名入口指示性指涉古典文化） | 中等（对称布局，与场地形状较协调，马蹄形布局相似性指涉古典精神） | 中高（典型后罗曼主义风格，部分檐口装饰有中式特征，无特定指涉） | 中低（沈阳体育学院旧区，艺术性一般） | 中大 |

| 调研案例 | 形式现貌 | 形式设计因素 | | | 非设计因素 | |
| --- | --- | --- | --- | --- | --- | --- |
| | | 体育空间 | 整体空间 | 建筑界面 | 周边环境 | 体量 |
| 武汉大学宋卿体育馆 | | 中等（标准青年会健身房，指涉美国青年会健身空间） | 中等（包含楼梯等在内的绝对对称平面布置，象征性指涉古典精神） | 中高（创新中式折中主义风格，装饰性斗拱指示性指涉中国建筑） | 中高（武汉大学建筑群，艺术性较强） | 中 |
| 上海西门公共体育场 | | 中低（非标准田径场，现已拆除，无指涉） | 中低（布局简单，与形式协调，现已拆除，无指涉） | 中低（简约中式折中主义风格，现已拆除，无指涉） | 低（现黄浦学校内，现已拆除，可达性不强） | 中 |
| 大连运动场 | | 中等（标准综合田径场与游泳池，现已拆除，无指涉） | 中等（田径场与游泳池的看台结合的布局，现已拆除，无指涉） | 中等（简约现代主义风格，现已拆除，无特定指涉） | 中等（城市中心现已拆除，公共性强） | 大 |
| 南京中央体育场 | | 高（各类场地设施完备，有中国传统国术馆，国术馆八边形相似性指涉太极图） | 中高（单体布置清晰，总体布局清晰，无指涉） | 高（中国古典复兴风格，数与比例的推敲象征性指涉古典建筑） | 中高（钟山山麓，毗邻文化遗产，艺术性强） | 大 |
| 天津河北省体育场 | | 中高（各类场地设施完备，有中国传统国术馆，现已拆除，干支编号入口象征性指涉古典文化） | 中等（布局明确，现已拆除，马蹄形布局相似性指涉古典精神） | 中等（简约Art Deco风格，现已拆除，无特定指涉） | 中低（城市老商业区，现已拆除，公共性较强） | 大 |
| 上海江湾体育场 | | 中高（各类高标准场地，看台设计标准，无指涉） | 中高（单体布置简洁，总体布局清晰，与大上海城市计划相结合，无指涉） | 高（典型中国古典风格，斗拱式样、牌坊雕样、勒脚纹样，相似性中国古典建筑） | 中等（城市副中心五角场，商业区为主，公共性强） | 大 |
| 北平公共体育场 | | 中等（各类标准场地，建设过程波折影响结果，无指涉） | 中等（单体布局简洁，与形式呼应，无指涉） | 中等（原为简洁中国古典复兴风格，现已拆除重建，无特定指涉） | 中高（北京中轴线南端，紧邻天坛，艺术性强） | 大 |
| 重庆滑翔会跳伞塔 | | 中低（布局简单，无指涉） | 中低（布局简单，无指涉） | 中低（简洁现代主义风格，无特定指涉） | 中等（老城中心大田湾片区，艺术性较强） | 小 |
| 北京体育馆 | | 中等（场地完善，看台部分考虑了视线，无指涉） | 中高（对称布局，球类加水上结合的综合模式，无指涉） | 中等（简约苏联援建时期古典复兴风格，无特定指涉） | 中等（近邻天坛，艺术性较强） | 中 |
| 重庆市体育馆 | | 中高（设施齐全，看台局部利用地形，无指涉） | 中等（布局简单紧凑，节约了屋顶跨度，无指涉） | 中高（苏联援建时期古典复兴风格，入口牌坊相似性指涉古典建筑） | 中等（老城中心大田湾片区，艺术性较强） | 中 |

续表

| 调研案例 | 形式现貌 | 形式设计因素 | | | 非设计因素 | |
| --- | --- | --- | --- | --- | --- | --- |
| | | 体育空间 | 整体空间 | 建筑界面 | 周边环境 | 体量 |
| 重庆市人民体育场 | | 中高（设施先进，充分考虑看台尺度视线，无指涉） | 中高（设施齐全，布局合理，与形式契合，无指涉） | 中高（苏联援建时期古典复兴风格，望柱栏杆、素颜盝顶、合角脊吻等，相似性指涉古典建筑） | 中等（老城中心大田湾片区，艺术性较强） | 大 |
| 天津市人民体育馆 | | 中等（综合球类场地设施完善，考虑看台视线，无指涉） | 中等（设施齐全，对称布局，与形式协调，无指涉） | 中高（苏联援建时期古典复兴风格，门楣与檐口装饰相似性指涉古典建筑） | 中等（近邻五大道历史风貌区，艺术性较强） | 中 |
| 长春市体育馆 | | 高（综合球类场地设计精细，据此提出视线分区图，无指涉） | 中高（设施齐全，对称布局，大空间观众厅与形式契合，无指涉） | 中等（苏联援建时期古典复兴风格，无特定指涉） | 中等（城市中心，公共性强） | 中 |
| 广州体育馆 | | 中等（综合球类场地设计精细，无指涉） | 中等（设施齐全，布局对称，与形式协调，现已拆除，无指涉） | 高（苏联援建时期古典复兴风格，并有结构表现倾向，现已拆除，无特定指涉） | 中等（近邻越秀山，现已拆除，公共性较强） | 大 |
| 广州二沙头训练场 | | 中等（综合训练场地及附属设施齐备，原始无看台，无指涉） | 中低（单体布局简单，整体清晰、紧凑的并置布局，无指涉） | 中等（原始建筑仅跳水池设计精细，现代主义风格，无特定指涉） | 中等（珠江中心岛二沙岛，周边艺术性较强） | 大 |
| 北京工人体育场 | | 中高（设施先进，全面考虑看台尺度视线，无指涉） | 中高（设施齐全，布局合理，与形式契合，无指涉） | 中等（苏联援建之后的折中风格，无指涉） | 中等（城市商业区，公共性强） | 大 |
| 北京工人体育馆 | | 中高（场地完善，全面考虑看台尺度视线，正圆形平面象征性指涉古典精神） | 中高（设施齐全，布局合理，与形式契合，无指涉） | 中高（苏联援建过后的折中风格，屋盖有结构表现倾向，无特定指涉） | 中等（城市商业区，公共性强） | 中大 |
| 内蒙古赛马场 | | 中低（大型赛马场地，看台简易，无指涉） | 中低（布局简易，无指涉） | 中高（地域风格，屋盖相似性指涉传统蒙古包意向） | 中低（城市北郊公园旁，公共性较强） | 中大 |
| 广西南宁体育馆 | | 中等（结合气候设计场地布置方向，但导致观众席视线一般，无指涉） | 中高（结合气候布置功能用房，观众入口层开敞，相似性指涉传统吊脚楼意向） | 中等（现代主义风格，无指涉） | 中高（城市中心，邕江南岸，艺术性强） | 中 |

续表

| 调研案例 | 形式现貌 | 形式设计因素 | | | 非设计因素 | |
| --- | --- | --- | --- | --- | --- | --- |
| | | 体育空间 | 整体空间 | 建筑界面 | 周边环境 | 体量 |
| 首都体育馆 | | 中高（场地可转换设计，但看台过多且横走道较多导致视线不佳，无指涉） | 中等（设施齐全，布局合理，与形式协调，无指涉） | 中等（现代主义风格，无特定指涉） | 中等（北京动物园及首体速滑馆旁，公共性强） | 大 |
| 浙江人民体育馆 | | 中高（综合球类场地，视线质量优秀，无指涉） | 中等（设施齐全，布局合理，与形式契合，无指涉） | 中等（现代主义风格，马鞍形曲线象征性指涉运动的张力） | 中低（城市老商业区，公共性较强） | 中 |
| 南京五台山体育馆 | | 中等（综合球类场地，视线质量较好，无指涉） | 中等（设施齐全，布局合理，与形式协调，无指涉） | 中高（现代主义风格，大面积玻璃，无特定指涉） | 中高（五台山麓，周边为南京大学区，艺术性较强） | 中 |
| 上海体育馆 | | 中高（综合球类场地，看台横走道取消得以视线优化，正圆形平面象征性指涉古典精神） | 中等（设施齐全，布局合理，与形式协调，无指涉） | 中高（现代主义风格，大面积玻璃，无特定指涉） | 中等（城市商住区，徐家汇体育公园内部，艺术性较强） | 大 |
| 成都城北体育馆 | | 中等（场地齐备，正圆形平面象征性指涉古典精神） | 中等（设施齐全，布局合理，观众厅内收相似性指涉花蕾意向） | 中等（现代主义风格，檐口纹理装饰，无特定指涉） | 中低（城市老城区小沙河西岸，公共性一般） | 中 |
| 深圳体育馆 | | 中高（场地设施先进，全面考虑看台尺度视线，无指涉） | 中高（屋顶、看台与大平台的三段式象征性指涉古典建筑意向） | 中等（现代主义风格，结构塑造立面，无装饰，无特定指涉） | 中等（城市老中心，公共性强） | 中 |
| 上海游泳馆 | | 中等（游泳池与跳水池一字形布置，观众视觉质量高，无指涉） | 中高（不等边六角形布置，入口与楼梯置于角部塑造形式，无指涉） | 中高（现代主义风格，大面积玻璃幕墙，无特定指涉） | 中等（城市商住区，徐家汇体育公园内部，艺术性较强） | 中大 |
| 吉林滑冰馆 | | 中等（标准速滑场地，观众视线好，无指涉） | 高（布局清晰，结构限定空间，相似性指涉雾凇冰棱意向） | 中高（现代主义风格，结构塑造立面，无特定指涉） | 中高（吉林市郊松花江岸树林中，与建筑形象相融） | 中 |
| 广州天河体育中心 | | 高（竞技与全民健身用途结合的丰富高标准场地，看台设计规范，无指涉） | 中高（设施完善，布局精细，体育馆的三段式象征性指涉古典建筑意向） | 中等（现代主义风格，结构与体块塑造立面，无特定指涉） | 中高（广州东部中心，公共性强艺术性较强） | 大 |

| 调研案例 | 形式现貌 | 形式设计因素 | | | 非设计因素 | |
|---|---|---|---|---|---|---|
| | | 体育空间 | 整体空间 | 建筑界面 | 周边环境 | 体量 |
| 北京石景山体育馆 | | 中高（多功能场地，看台设计规范，天光象征性指涉古典精神） | 中高（布局紧凑，整体下沉，翘起的屋盖象征性指涉运动张力） | 中等（现代主义风格，结构塑造立面，无装饰，无特定指涉） | 中等（紧邻石景山公园，艺术性一般） | 中 |
| 北京朝阳体育馆 | | 中高（多功能场地，看台设计规范，天光象征性指涉古典精神） | 中高（布局紧凑，整体下沉，桥梁的意向象征性指涉美好意向） | 中等（现代主义风格，结构塑造立面，无装饰，无特定指涉） | 中低（城市办公与居住区，公共性较强） | 中 |
| 北京国家奥林匹克中心 | | 中高（亚运标准场地，看台设计规范，游泳馆的中心天光象征性指涉古典精神） | 高（平赛结合的混合布局，坡屋顶指涉古典建筑意向） | 中高（现代主义风格，檐口下网架节点相似性指涉斗拱） | 高（北京中轴线北端，紧邻奥运会场馆，艺术性强） | 大 |
| 天津体育馆 | | 中等（室内田径场地为主，看台数量较少，无指涉） | 中高（布局较契合，飞碟造型象征性指涉未来意向） | 中等（当代风格，无装饰，无特定指涉） | 中高（近邻电视塔，形成城市标志，艺术性较强） | 中 |
| 黑龙江速滑馆 | | 中等（高标准大道速滑场地，可转换设计，观众座席少，无指涉） | 中等（布局简洁，体量下沉，无指涉） | 中等（当代风格，规则带状天窗塑造立面，无特定指涉） | 中等（近邻哈尔滨文化公园，艺术性较强） | 中大 |
| 上海长宁体操馆 | | 中等（国际标准体操场地，看台设计规范，无指涉） | 中高（层叠式布局，与形式契合，场地与大平台相似性指涉明珠玉盘意向） | 中高（当代风格，表皮化，铝合金棱条塑造立面，无特定指涉） | 中低（城市居住区，近邻内环高架，公共性较强） | 中 |
| 上海体育场 | | 中高（国际标准综合田径场地，看台设计规范，无指涉） | 中高（层叠式复合化布局，无指涉） | 中等（当代风格，大面积玻璃幕墙，鞍形曲线象征性指涉运动张力） | 中等（城市商住区，徐家汇体育公园内，艺术性较强） | 大 |
| 上海虹口足球场 | | 中高（国际标准足球场地及相应紧贴场地的看台，观赛体验佳，无指涉） | 中高（布局合理，与轨道、商业相连，无指涉） | 中高（当代风格，大面积玻璃幕墙，鞍形曲线象征性指涉运动张力，棱锥幕墙相似性指涉钻石） | 中高（城市商业区，毗邻鲁迅公园，艺术性较强） | 大 |

资料来源：笔者整理。

### 3.4.2.3　典型案例风格类型、发展和形式指涉的关系

艺术价值的评判依据中，体育空间、整体空间和建筑界面的创新性判别具有显著的历史相对性，因此结合风格类型发展将更加清晰。笔者进一步分析中国体育建筑典型案例风格类型、发展和形式指涉运用的关系，如图 3.73 所示。

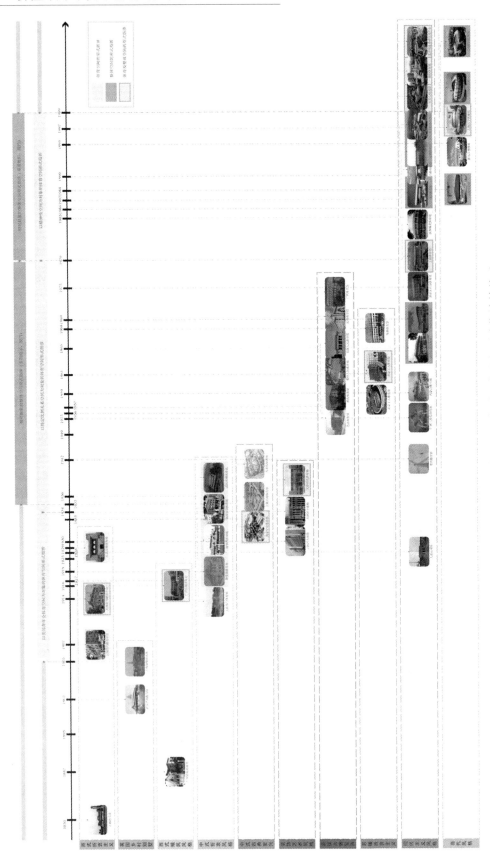

图 3.73 中国近现代体育建筑典型案例风格类型、发展和形式指涉的关系

## 3.4.3  科学价值分析与评级

体育建筑的科学价值高低与建筑工艺、体育工艺两大方面紧密相关，并可进一步细分为结构、材料、细部、施工、运动功能、设施设备功能六小方面及其各自多种内涵分析确定。结合前文的案例调研分析，可得出科学价值分析及其定性评级。

### 3.4.3.1  评定依据

（1）建筑工艺之结构及其材料的定性评价应按照其创新度及融合度而定。高等级的结构工艺水平体现在结构对建筑整体的创新引领，结构选型新、跨度大，普遍意味着结构工艺水平高，例如南洋公学体育馆、广州体育馆、北京工人体育馆、浙江人民体育馆、上海体育场均有结构选型的创新或首次应用，对当今的结构依然有具启发性的参考价值。中至中高等级的结构工艺水平体现在结构与形式、功能的有机融合，例如广州沙面游泳场的钢桁架结构跨度达到 13m，达到 19 世纪末的较高水平，且结合了屋顶采光，因此为中高等级评定；武汉大学宋卿体育馆的三铰拱钢架结构跨度大，且结构转折处结合了采光带形窗，因此为中高等级评定；天津体育馆的球面网壳结构更是整合了防水、保温、吸音体等功能于一体，因此为中高等级评定。中及以下等级的结构工艺水平体现在结构水平较为常见，创新性一般，多因工期及造价的限制，例如上海西门公共体育场、重庆人民体育场、广州二沙头体育训练场等案例，都因工期制约采用普通结构形式。

（2）建筑工艺之细部及其施工的定性评价应按照其复杂度与完成度而定。高等级的细部及其施工水平体现在建筑细部不仅能够恰当地传达出整体形式理念，其自身也拥有复杂构成与高完成度，甚至对当今的细部设计都有参考价值。例如武汉大学宋卿体育馆的轮舵形山墙、三铰拱屋盖及屋檐下方的简易斗拱装饰等，均体现出一种高标准，简易斗拱自身为混凝土材质，相较于传统中国古典斗拱来说有了极大的简化，原来的承托作用已不存在，而转化为一种现代性装饰。中等级的细部及其施工水平体现在细部主要服务于整体，实现方式也不算复杂，多数也是囿于工期及造价的限制，例如重庆跳伞塔无任何细节装饰，成为杨廷宝先生设计作品的特例，主要由于战争时期的特殊环境；北京体育馆的细部较为简略，也是原方案多次删减后的结果，同样受工期与造价较为紧张的影响。

（3）体育工艺的定性评价应按照其创新度与使用满意度而定。高等级的体育工艺水平体现在通过材料与做法的创新实现让运动员与观众有更好的使用体验，例如 20 世纪 30—50 年代，从江湾体育场一直到重庆人民体育场跑道对细煤／木屑构造做法的不断改良精进。又如 20 世纪 70 年代，在北京工人体育场引进塑胶跑道，实现田径比赛运动员更好的运动体验。再如 20 世纪 50 年代，通过长春体育馆实际验证视觉质量分区图，实现观赛群众更好的观看体验。1929 年的大连体育场，其综合田径场地的内凸沿半径便已设计为 36.5m，这一数字直到 20 世纪末期才成为田径场地的国际标准。中及以下等级的体育工艺水平则在创新度或使用满意度存在不足之处，例如 1965 年广西南宁体育馆，为了顺应气候风向及布置紧凑，中等及以下视觉质量的观众座席数量较多，难免影响它对体育工艺水平的评定。

### 3.4.3.2  科学价值分析与定性评级

具体信息见表 3.12。

表 3.12　中国近现代体育建筑典型案例科学价值分析及定性评价

| 调研案例 | 建筑工艺 | | 体育工艺 | |
|---|---|---|---|---|
| | 结构及其材料 | 细部及其施工 | 运动空间 | 设施设备 |
| 上海跑马场跑马总会大楼 | 中等（建筑：钢筋混凝土结构） | 中高（立面红砖和石块交织砌筑，辅以山花、壁柱与涡卷等西式装饰） | 中低（跑马厅与看台相结合，单坡式） | 中等［800 码（1 码 =0.9144m）不规则环形跑马道，中心有多项其他类型场地］ |
| 汉口西商跑马场跑马俱乐部 | 中等（建筑：砖木结构；看台与舞厅顶棚：大跨度钢结构） | 中低（红砖砌筑，瓦屋面） | 中高（跑马厅看台结合，单坡式，看台下方有通风气孔设计） | 中等（不规则环形跑道，中心有其他类型场地） |
| 广州沙面游泳场 | 中高（建筑：大跨度钢桁架结构，可顶部采光） | 中等（立面采用意大利引进的批荡拉毛工艺） | 中（32.5m×13.7m 非标准泳池，无观赛区域） | 中高（五条半程泳道，恒温循环水系统） |
| 上海划船俱乐部 | 中等（会所：砖混结构；东西翼：大跨度木桁架 + 砖混结构） | 中低（清水砖砌筑，瓦屋面） | 中低（50m×30m 非标准水池，无观赛区域） | 中低（游泳池由一个浅池和有四泳道深池组成，无恒温设施） |
| 上海回力球场 | 中低（建筑：钢筋混凝土结构） | 中等（连续开窗形成立面韵律，法商营造公司承建） | 中等（三面击球墙面，一面面向看台的回力场，单坡式看台） | 中低（球场配合博彩辅助设施） |
| 天津回力球场 | 中低（建筑：钢筋混凝土结构） | 中等（意大利工程师设计承建，有意式装饰艺术风格及浮雕） | 中高（三面击球墙面，一面面向看台的回力场，单坡式看台，二、三层设有包厢） | 中低（球场配合博彩辅助设施） |
| 上海虹口公园 | 无主要建筑 | 无主要建筑 | 中等（标准篮、排、网、足、高尔夫场地，无观赛区域） | 中高（网球、滚球与足球、板球按季切换，草坪维护合二为一） |
| 上海青年会四川路会所 | 中低（建筑：多层砖混结构） | 中等（清水砖与瓦屋面、西方古典山花细部） | 中等（健身手球等新式运动场地，无观赛区） | 中等（室内游泳池水循环系统） |
| 天津青年会东马路会所 | 中等（建筑：四层砖木结构、全进口材料） | 中等（完全仿照美国标准青年会会所修建） | 中等（带有环廊的二层高体育空间，无观赛区） | 中等（德智体群有关设施完备） |
| 广州青年会长堤会所 | 中高［桁架式钢筋混凝土结构体系（Kahn System）］ | 中等（屋面用玻璃瓦代替陶瓦，去除花岗岩复杂装饰） | 中等（带有环廊的二层高体育空间，无观赛区） | 中高（露天泳池的新式水清洁与过滤系统） |
| 圣约翰大学顾斐德体育室 | 中低（建筑：砖木结构） | 中高（江南古典歇山式屋顶、中国古典纹样） | 中等（带有环廊的二层高体育空间，无观赛区） | 中高（室内游泳池水循环系统、健身设施） |
| 清华大学西体育馆 | 中等（建筑：砖混结构；屋顶：三角拱形钢桁架） | 中高（红砖墙瓦屋面，入口处设有多立克式花岗岩双柱廊，屋顶采用中国古典坡屋顶） | 中等（带有环廊的二层高体育空间，无观赛区） | 高（有游泳水源消毒、暖气、热气干燥等当时最先进的设备） |

续表

| 调研案例 | 建筑工艺 | | 体育工艺 | |
|---|---|---|---|---|
| | 结构及其材料 | 细部及其施工 | 运动空间 | 设施设备 |
| 南洋公学体育馆 | 高（建筑：钢筋混凝土结构；主馆屋顶：钢桁架，可顶部采光；游泳池屋顶：木桁架；室内跑道：创新式钢结构悬挂） | 中高（一层为白色石材墙面，入口处采用爱奥尼式双柱门廊；二、三层为红砖墙体，设有圆弧形拱窗；窗框及檐口有多重线脚） | 中等（带有环廊的二层高体育空间，无观赛区；有台球房、半程标准泳池、健身房与小型舞台） | 中高（有均匀的照明，室内锅炉调节水温的游泳池及配套的卫浴设施） |
| 东北大学汉卿体育场 | 中等（建筑：砖混结构；看台：钢筋混凝土结构） | 中等（红砖马赛克立面，主看台为砖砌城楼箭雉式样） | 中高［国内最早塑胶跑道（已损坏），马蹄形单坡式看台］ | 中低（设有卫浴、休息室、储藏等设施） |
| 武汉大学宋卿体育馆 | 中高（建筑：钢筋混凝土结构；屋顶：三铰拱钢架，可顶部采光） | 高（轮舵形山墙、琉璃重檐歇山顶随三铰拱结构转折，混凝土简易斗拱） | 中等（带有环廊的二层高体育空间，无观赛区） | 中等（设有卫浴、休息室、储藏等设施） |
| 上海西门公共体育场 | 低（建筑：砖木结构；看台：木结构，后混凝土结构） | 中等（中国古典式屋顶及细部） | 中等（最初为300m煤屑跑道及多功能训练场。最初木制看台，后为水泥看台） | 中低（设有卫浴、休息室、储藏等设施） |
| 大连运动场 | 中等（建筑：钢筋混凝土结构；北面看台：钢混结构；北面罩棚：钢桁架结构） | 中等（参照西方现代主义体育场建造，细部简洁但精致） | 中高（内凸沿半径36.5m的当今标准综合田径场规格，连续钢筋混凝土单坡式看台） | 中低（最初为黄土足球场、三合土构造跑道与依山坡露天看台，后1985年改造为塑胶跑道） |
| 南京中央体育场 | 中等（建筑：钢筋混凝土结构；局部罩棚：钢结构） | 高（细部：中式回云纹与西式巴洛克式浮雕相结合、中式屋檐与半圆拱门，主入口均采用中式牌楼） | 中高（体育场为内凸沿半径36m的标准半圆式田径场，连续钢筋混凝土单坡式看台） | 中高（先进的排水系统，结合旗杆的现代化照明设施，专用设施包括各式电子设备等） |
| 天津河北省体育场 | 中等（建筑：钢筋混凝土结构；局部罩棚：钢结构） | 中等（浅色的横纵条纹、入口门柱、顶部旗杆与深色的砖墙面） | 中高（内凸沿半径36m的标准半圆式田径场，马蹄形单坡看台，并考虑了视线优化） | 中高（场地设施包括甬道、田径赛场、国术场等多种场地；专用设施包括比分、无线电播音和电报装置等） |
| 上海江湾体育场 | 中等（建筑：钢筋混凝土结构；局部罩棚：钢结构） | 高（斗拱状饰样、拱廊上方的牌坊状浮雕、勒脚传统纹样。东西两侧的司令台由白玉雕刻筑成，各有一尊精致铜鼎。设计阶段有施工精度计算） | 中高（内凸沿半径36m的标准半圆式田径场，钢筋混凝土单坡式看台） | 高（体育场：最早的细煤屑跑道；体育馆：防眩光照明、采暖设备；游泳馆：有池内灯光、池水加温与滤水装置等） |
| 北平公共体育场 | 中等（建筑：钢筋混凝土结构） | 中低（主入口简单，主看台中国古典式屋顶及装饰，受日本侵华带来的停工及续工影响） | 中等（内凸沿半径36m的标准半圆式田径场，连续钢筋混凝土单坡式看台，看台计算不科学，$c$ 值过大、走道过宽） | 中低（早期的细煤屑跑道，体育场地类型多样，但最初的设备较简单） |

| 调研案例 | 建筑工艺 | | 体育工艺 | |
| --- | --- | --- | --- | --- |
| | 结构及其材料 | 细部及其施工 | 运动空间 | 设施设备 |
| 重庆滑翔会跳伞塔 | 中等（建筑：钢筋混凝土结构） | 中等（塔壁有采光洞，外观直接用素混凝土） | 中高（当时国际标准跳伞塔，螺旋楼梯为垂直交通，无观赛设施） | 中高（有专用机械夜航灯、避雷针等跳伞运动专用设备） |
| 北京体育馆 | 中等（建筑：钢筋混凝土结构；主馆顶：三角形钢桁架） | 中等（屋檐少量精简装饰，北立面少量花纹装饰，施工较为仓促） | 中等（主馆为综合球类场地，设置双层看台，横走道过宽，$c$ 值略大） | 中高（主馆考虑了天窗采光，采暖通风等物理环境，简单的记分计时，游泳馆的滤水、温水装置较为先进） |
| 重庆体育馆 | 中等（建筑：钢筋混凝土结构；屋顶：拱形钢桁架） | 中高（立面大理石、斩石、水泥为主，有琉璃与彩绘细部装饰，底层看台的下半部座席是直接利用原有的石地面凿出而成） | 中等（综合球类场地，双层看台，场地下沉） | 中等（比赛场有日光灯照明、电动记分系统与广播设备等，但比赛厅的自然通风不畅） |
| 重庆市人民体育场 | 中低（西看台建筑：砖混结构，南北看台：土筑结构） | 中等（原地形为两山之谷，北面基础设计复杂；水泥砂浆饰面，设计师提出希望后来改成浅黄色饰面，施工较为仓促） | 中高（内凸沿 36m 标准半圆式田径场，砖墙与土筑两种承重方式，西面看台利用地形加高，全面考虑了座席宽度、视线与疏散时间） | 中高（场地中间是标准草地足球场，足球场外圈是木屑铺设的超 300m 履带式白色跑道，内圈是红煤屑铺筑的 400m 红色跑道；碉楼有记分、广播等） |
| 天津市人民体育馆 | 中高（建筑：钢筋混凝土结构；屋盖：弧形联方钢网架） | 中高（立面水刷石材质，有简化的柱式、额枋、雀替、斗拱等古典装饰构件） | 中等（小型综合球类场地，41.5m×25m，双层看台，四面等距） | 中等（比赛设备齐全，但比赛厅较小且自然通风较弱） |
| 长春市体育馆 | 中等（建筑：钢筋混凝土结构；屋顶：拱形钢桁架） | 中等（檐口中式浮雕，主入口为大面拱形玻璃窗） | 中高（综合球类场地，运用视觉质量分区图设计座席） | 中等（最初有无线电广播等简单设备） |
| 老广州体育馆 | 高（建筑：钢筋混凝土结构；屋顶：反梁式薄板型钢屋架结构，屋顶钢结构间隙设有玻璃天窗与通风设备） | 中高（精致的栏杆、雀替等细部，体育意象的浮雕，施工时间较局促） | 中等（综合球类场地，双层看台，四面等距排布） | 中等（完备的采光与通风设备，但屋顶无吸声材料导致回声大、音响效果差） |
| 广州二沙头训练场 | 中低（原跳水池：木结构；扩建建筑：钢筋混凝土结构；屋顶：网架结构） | 中等（运动员花架休息棚采用南方竹子材质及编织方式制成，体现出地域工艺） | 中低（训练为主，比赛场地不多，广东体育馆比赛厅为综合球类场地，有少量看台） | 中高（创新木结构游泳池壁、柔性草皮地面铺砌法等，创新的人工土弹性跑道） |

续表

| 调研案例 | 建筑工艺 | | 体育工艺 | |
|---|---|---|---|---|
| | 结构及其材料 | 细部及其施工 | 运动空间 | 设施设备 |
| 北京工人体育场 | 中等（建筑：钢筋混凝土结构） | 中等（韵律感的立面、简约的门楣装饰与广场雕塑，施工较为仓促） | 中高（内凸沿36m标准半圆式田径场，全面考虑了座席宽度、视线、疏散时间、防风照明等因素） | 中高（细煤屑构造跑道，后改为全国第一个塑胶跑道） |
| 北京工人体育馆 | 高（建筑：钢筋混凝土结构；屋顶：创新的轮辐式悬索结构） | 高（入口门楣的仿生纹理，屋顶大跨结构与吊顶、中心环灯、色彩设计加以结合；采用预制装配式看台，材料节省，施工快捷） | 中等（多功能比赛场地，正圆形观众席平面，全面考虑了座席宽度、视线、疏散等） | 中高（完善的电气与通风系统设计，充分满足了国际乒联当时的各项规定） |
| 内蒙古赛马场 | 中等（建筑：钢筋混凝土结构） | 中等（三个白色圆包宝顶，辅以红漆抱柱、红砖材质立面，有简化的雀替及檐口装饰） | 中等（160m×300m标准马球场与2000m环形马道，单坡式看台，视距过远） | 中低（马厩、草料场库布于司令台后部，场地转弯半径经过细致推敲，场地构造及看台的设计较为简略） |
| 广西南宁体育馆 | 中等（建筑：钢筋混凝土结构；屋顶：钢网架结构） | 中高（结构构件的精致表达；座席下方通风口，楼座上方通风环廊可见） | 中等（综合球类场地，双层看台，场地下沉） | 中等（主被动相结合的照明与通风系统设计） |
| 首都体育馆 | 中高（建筑：钢筋混凝土结构；屋顶：平板钢网架结构，通风设计结合了屋顶结构） | 中高（屋盖顶部表面细部做法承担排水、保温与防锈蚀的三重功能；室内吊顶构造既结合了电气、吸音板，又考虑了美观纹理） | 中高（冰场/乒乓球大型场转换的多功能比赛场地、活动地板、活动看台与拼装体操台等创新设计，但观赛视线存在问题） | 高（创新的冰面构造做法；均匀、明亮的照明系统；顶侧面相结合的通风与去雾系统；抑制回声与噪声装置等） |
| 浙江人民体育馆 | 高（建筑：钢筋混凝土结构；屋顶：鞍形预应力悬索结构） | 中等（大面积玻璃面与看台曲线结合的立面） | 中高（中小型综合球类场地，椭圆形观众席平面，观赛视线设计优秀） | 中等（较完善的电气与通风系统设计；抑制回声与噪声装置等） |
| 南京五台山体育馆 | 中高（建筑：钢筋混凝土结构；屋顶：三向空间网架） | 中等（大面积玻璃面与实墙面的立面构成，铺设白黄色面砖，主体结构采用整体吊装施工） | 中等（中型综合球类场地，八角形观众席平面，观赛视线设计良好，但$c$值升起略大） | 中高（良好的电气、通风系统设计与声音系统设计，混响效果好） |
| 上海体育馆 | 中高（建筑：钢筋混凝土结构；屋顶：金属网架结构） | 中高（构件类型少，便于装配；主体结构采用整体吊装施工） | 中高（大型多功能比赛场地，正圆形观众席平面，横走道取消优化视线） | 中高（完善的电气与通风系统设计；活动看台与活动排球网、篮球架等） |
| 成都城北体育馆 | 中高（建筑：钢筋混凝土结构；屋顶：轮辐式悬索结构） | 中等（外墙采用灰绿色大理石屑与黑石子，倾斜框架柱承托花瓣状檐口板，屋顶结构与吊顶结合） | 中等（多功能比赛场地，正圆形观众席平面，观赛视线设计优良，排间距略小） | 中等（完善的照明系统、声音系统、电子记分系统等） |

| 调研案例 | 建筑工艺 | | 体育工艺 | |
|---|---|---|---|---|
| | 结构及其材料 | 细部及其施工 | 运动空间 | 设施设备 |
| 深圳体育馆 | 中高（建筑：四组钢筋混凝土柱为主支撑；屋顶：钢网架结构） | 中高（大面积实墙面与带形窗，裸露的支柱节点，采用整体吊装施工） | 中等（中型多功能比赛场地，六边形单层观众席，观赛视线设计优良） | 中高（欧美进口的先进屋面板、照明、音响、地板等；一部分地面为升降舞台） |
| 上海游泳馆 | 中等（建筑：钢筋混凝土结构；屋顶：钢网架结构） | 中等（大面积玻璃幕墙面与实墙面相结合，浅绿色铝合金板檐口与白色铝板平顶） | 高（国际标准泳池与跳水池，一字形并列布置；不规则八边形观众席，单坡式看台平面，视线设计良好） | 中高（优良的电气、声音、通风系统设计，先进的水质、保温、防腐处理等） |
| 吉林滑冰馆 | 高（建筑：钢筋混凝土结构；屋顶：悬索结构，结构与形式、天花、通风、采光结合） | 中等（由于投资限制，屋顶天窗较大，与上空折板式吸音吊顶相结合显得屋顶稍不规则） | 中高（标准冰球场地，可转做短道速滑场地，不等距观众席；充分考虑多功能使用，可用作文艺、展览等） | 中等（齐全的电气、通风、音响设备） |
| 广州天河体育中心 | 中等（建筑：钢筋混凝土结构；屋顶：钢网架结构） | 中高（屋顶结构外露，设备吊装在屋顶结构上，几无装饰处理，近似蓬皮杜的暴露美学） | 高（多类型国际标准比赛场地；体育馆：不规则八边形平面，单层看台；游泳馆：双侧等距平面；多类室外全民健身设施） | 中高（完善的电气、空调设备，先进的计时、测距、记分等体育比赛设备） |
| 北京石景山体育馆 | 中高（建筑：钢筋混凝土结构；屋顶：双曲面扭壳结构，与采光带结合） | 中高（通过硬朗的转折处理塑造形象，中心采光带塑造视觉秩序） | 中高（长六边形中型多功能场地，不对称布局观众席，视线设计优良） | 中等（齐全的电气、通风、音响设备以及电子显示、转播通信设备等，先进的场地木质地板） |
| 北京朝阳体育馆 | 中高（建筑：钢筋混凝土结构；屋顶：悬索结构，与采光带结合） | 中高（通过舒缓的曲线处理塑造形象，中心屋脊带塑造视觉秩序） | 中高（中型多功能场地，近椭圆形对称布局观众席，视线设计优良） | 中等（齐全的电气、通风、音响设备以及电子显示、转播通信设备等，先进的场地木质地板） |
| 北京国家奥林匹克体育中心 | 高（建筑：钢筋混凝土结构；体育/游泳馆屋顶：斜拉索双坡曲面组合结构） | 高（檐口下露明的网架节点上杆件的三角形轮廓，象征中国古建斗拱；塔筒外侧向内收分以及它与斜拉索、与屋脊形成的起伏轮廓） | 高（曲棍球场：中国首座国际标准曲棍球场；体育馆：40m×70m大型综合场地，等距四周单层观众看台；游泳馆：不等距双侧观众席；体育场：内凸沿半径37.898m的标准半圆式田径场） | 高（先进的工艺设施；田径场：先进的塑胶跑道与中心草坪球场；游泳馆：世界最多的跳板跳台，最先进的活动跳台、液压电梯等） |
| 天津体育馆 | 中高（建筑：钢筋混凝土结构；屋顶：球面空间网壳集结构、防水、保温、吸音体于一体） | 中等（银灰色镁铝合金复合金属屋盖，乳白色涂料墙面，完形且简洁） | 中高（国际标准200m室内田径场地，可转化为球类场地，近圆形观众席） | 中高（先进的照明、音响、转播与通信设备，大型彩屏，计算机场馆管理系统等） |

续表

| 调研案例 | 建筑工艺 | | 体育工艺 | |
|---|---|---|---|---|
| | 结构及其材料 | 细部及其施工 | 运动空间 | 设施设备 |
| 黑龙江省速滑馆 | 中等（建筑：钢筋混凝土结构；屋顶：筒面＋球面网壳） | 中高（空间网壳的杆件构图呈现韵律美感，空调管道、散热器、灯具、灯桥、吸音体暴露） | 中高（综合冰上场地，可做大道速滑场地，少量单侧观众席） | 中等（较先进的冰场，但最初冰面厚度不足；齐全的空调、通信、转播设备） |
| 上海长宁体操馆 | 中高（建筑：钢筋混凝土结构；屋顶：铝网壳结构） | 高（铝镁合金板与工字铝合金棱条的编织形成立面的细节纹理） | 中等（国际标准体操比赛场地，双侧单坡式观众看台） | 中等（场地采用NBA比赛专用地板；齐备的各项设施） |
| 上海体育场 | 高（建筑：钢筋混凝土结构；屋顶：膜结构，巨大的顶棚悬挑支撑） | 高（实体玻璃墙与周边镂空的构架细部；复杂且精准的施工技术） | 高（精准的内凸沿半径36.5m的400m标准综合田径场；非等距马鞍形观众席平面） | 高（先进的跑道、场地构造，先进的照明、电气、扩声系统设计；智能化体育电子服务系统） |
| 上海虹口足球场 | 中高（建筑：钢筋混凝土结构；屋顶：膜结构，较大的顶棚悬挑支撑） | 中高（四棱锥铝板幕墙与水平条形窗，较复杂的施工技术） | 高（国际标准专业足球场地，非等距马鞍形观众席平面，视觉质量优良占比65.8%） | 高（场地采用美国暖地型草，场地下装有干燥环境下有效的浇水系统与供暖管道；对标国际的观赛设备） |

资料来源：笔者整理自制。

### 3.4.4　社会价值分析与评级

中国近现代体育建筑的社会价值的高低评定会受到建筑与社区环境、居民生活两个方面的影响。结合前文的案例调研分析，可得出社会价值分析及其定性评级。

#### 3.4.4.1　评定依据

（1）在社区环境层面，对相近保存状态的近现代体育建筑，自身的体量规模越大，选址距离城市平均人流密度高的地区越近，公共功能复合程度越高，则它对社区环境起到的象征意义、触媒效应就越高。

（2）在居民生活层面，对相近保存状态的近现代体育建筑，自身的活动承载能力越大，年代越近，以及场馆的参与程度越高，则它对居民生活起到的聚集属性、情感承载就越高。

若建筑的保存状态较差，以致影响体育功能属性的正常发挥，则会相应地影响其社会价值的评定。

#### 3.4.4.2　社会价值分析与定性评级

具体信息见表3.13。

表 3.13　中国近现代体育建筑调研案例的社会价值

| 调研案例 | 体育建筑与社区环境 | | 体育建筑与居民生活 | |
|---|---|---|---|---|
| | 象征意义 | 触媒效应 | 聚集属性 | 情感承载 |
| 上海跑马场跑马总会大楼 | 较强（近代上海城市中心象征） | 较弱（区域地标建筑多，自身带动力有限） | 较弱（规模中等，多为参观游览） | 较弱（与居民联结性不强） |
| 汉口西商跑马场（跑马俱乐部） | 较强（近代武汉城市中心象征） | 弱（建筑保存状况一般，可达性不佳） | 弱（规模小，参观游览为主） | 较弱（与居民联结性不强） |
| 广州沙面游泳场 | 中等（近代沙面建筑群组成，非核心标志建筑） | 中等（体育功能延续，带动力较强） | 中等（规模较小，游泳运动参与广泛） | 较强（体育功能延续，市民参与度高） |
| 上海划船俱乐部 | 中等（近代外滩建筑群北端，非核心标志建筑） | 较弱（区域地标建筑多，自身带动力有限） | 弱（规模小，参观餐饮为主） | 较弱（与居民联结性不强） |
| 上海回力球场 | （已拆除） | （已拆除） | （已拆除） | 弱（赌博色彩的负面记忆） |
| 天津回力球场 | 中等（意租界中心广场象征） | 较强（区域为历史街区，商业开发程度较高） | 中等（规模中等，参观、游览、餐饮等功能为主） | 弱（赌博色彩的负面记忆） |
| 上海虹口公园（现指鲁迅公园及周边地区） | 较弱（占地较大，但无标志性历史建筑） | 较强（与周边体育功能、文化街区联动） | 较强（民众参与度高，文体资源丰富） | 较强（市民参与度高，文体资源丰富） |
| 上海青年会四川路会所 | 较弱（近代早期青年会会馆） | 弱（青年会功能未存续，带动力有限） | 弱（规模较小，不对外开放） | 较弱（规模较小，与居民联结性不强） |
| 天津青年会东马路会所 | 中等（国际青年会会馆标志） | 中等（文化功能存续，与周边文化街区联动） | 较弱（规模较小，参观游览为主） | 较强（青年会与文化宫的集体记忆深刻） |
| 广州青年会长堤会所 | （已拆除） | （已拆除） | （已拆除） | 中等（中国基督教首次传入的记忆） |
| 圣约翰大学顾斐德体育室 | 较弱（校园内部历史建筑） | 弱（校园内部历史建筑） | 中等（体育功能存续，校园重要组成） | 中等（著名大学集体记忆） |
| 清华大学西体育馆 | 较弱（校园内部历史建筑） | 弱（校园内部历史建筑） | 中等（体育功能存续，校园重要组成） | 中等（著名大学集体记忆） |
| 南洋公学体育馆 | 较弱（校园内部历史建筑） | 弱（校园内部历史建筑） | 中等（体育功能存续，校园重要组成） | 中等（著名大学集体记忆） |
| 东北大学汉卿体育场 | 较弱（东北大学校园原标志） | 弱（保存状态不佳，带动力小） | 弱（保存状态不佳，使用率低） | 中等（东北大学、沈阳体育学院记忆） |
| 武汉大学宋卿体育馆 | 较弱（校园内部历史建筑） | 弱（校园内部历史建筑） | 中等（体育功能存续，校园重要组成） | 中等（著名大学集体记忆） |

续表

| 调研案例 | 体育建筑与社区环境 | | 体育建筑与居民生活 | |
|---|---|---|---|---|
| | 象征意义 | 触媒效应 | 聚集属性 | 情感承载 |
| 上海西门公共体育场 | （已拆除） | （已拆除） | （已拆除） | 较强（上海新文化运动的集体记忆） |
| 大连运动场 | （已拆除） | （已拆除） | （已拆除） | 较弱（殖民主义与大连足球记忆） |
| 南京中央体育场 | 强（钟山景区近代建筑地标） | 中等（距市区较远，现为南京体院内部） | 中等（体育功能存续，现为南京体院内部） | 较强（中华民国时期重大活动集体记忆） |
| 天津河北省体育场 | （已拆除） | （已拆除） | （已拆除） | 较弱（中华民国时期天津主要活动记忆，但存在时间较短） |
| 上海江湾体育场 | 强（上海公共体育中心，副中心地标） | 强（与周边设施联动，形成城市副中心） | 较强（体育功能存续，并已增设完善服务设施） | 较强（中华民国时期重大活动集体记忆） |
| 北京先农坛体育场（原北平公共体育场） | （已拆除再建）较弱（原北京首座体育场旧址） | （已拆除再建）中等（近邻永定门公园与天坛，开发潜力较大） | （已拆除再建）较弱（规模中大，专业运动队训练为主） | （已拆除再建）中等（中华人民共和国初期政治与体育活动记忆） |
| 重庆滑翔会跳伞塔 | 中高（重庆老体育中心标志之一） | 中等（保存一般，周边历史及配套资源丰富） | 弱（规模小，参观游览为主） | 较强（二战时期陪都记忆） |
| 北京体育馆 | 中等（国家体育总局与国家队训练办公地） | 较弱（周边以景点与住宅为主，开发潜力有限） | 中等（利用专业队训练空隙对外开放） | 中等（中华人民共和国初期北京体育活动记忆） |
| 重庆体育馆 | 较强（重庆老体育中心标志之一） | 较强（重庆市中心，周边历史及配套资源丰富） | 中等（规模中等，活动有限） | 中等（中华人民共和国初期重庆体育活动记忆） |
| 重庆市人民体育场 | 较强（重庆老体育中心标志之一） | 中等（保存状态一般，历史及配套资源丰富） | 中等（保存状态一般，活动少） | 较强（中华人民共和国初期足球活动记忆） |
| 天津市人民体育馆 | 中等（近邻五大道文化区的体育地标） | 中等（与周边文化街区联动） | 中等（规模中等，活动有限） | 较强（中华人民共和国早期天津体育活动记忆） |
| 长春体育馆 | 较强（长春市中心的标志之一） | 中等（周边以景点与办公为主，规划严格） | 中等（规模中等，活动有限） | 较强（中华人民共和国早期长春体育活动记忆） |
| 广州体育馆 | （已拆除） | （已拆除） | （已拆除） | 较强（中华人民共和国早期广州体育活动记忆） |
| 广州二沙头训练场 | 中等（珠江二沙岛端头标志） | 较强（二沙岛已定位为国际运动休闲岛） | 强（场地类型丰富，开放性强，参与度高） | 中等（以专业训练为主的集体记忆） |

续表

| 调研案例 | 体育建筑与社区环境 | | 体育建筑与居民生活 | |
|---|---|---|---|---|
| | 象征意义 | 触媒效应 | 聚集属性 | 情感承载 |
| 北京工人体育场 | （已拆除再建）强（北京商业区地标、体育文化象征之一） | （已拆除再建）强（与周边三里屯商区联动，形成商业中心） | （已拆除再建）较强（规模大，使用频率较高） | （已拆除再建）强（中华人民共和国初期中国重大活动、北京足球记忆） |
| 北京工人体育馆 | 中等（工体配套场馆，象征性中等） | 较强（工体配套场馆，与周边三里屯商区联动） | 中等（规模中等，使用频率中等） | 较强（中国乒乓运动发展的集体记忆） |
| 内蒙古赛马场 | （已拆除再建）中等（少数民族运动地标之一） | （已拆除再建）中等（城北部中心，与市体育中心、成吉思汗广场联动） | （已拆除再建）中等（规模大，参与度中等） | （已拆除再建）中等（自治区第一届运动会记忆） |
| 广西南宁体育馆 | 中等（体量中等，老地标之一） | 中等（滨江景观带，地标建筑多，带动力中等） | 较低（规模中等，活动频率较低） | 中等（曲折时期广西体育活动记忆） |
| 首都体育馆 | 中等（体量较大，区域标志之一） | 较强（与国家图书馆、北京动物园、首都速滑馆等设施联动，形成活动中心） | 较强（规模大，使用频率中等） | 中等（曲折时期北京正负面活动记忆） |
| 浙江人民体育馆 | 中等（体量中等，老中心区标志之一） | 较强（城市中心区，配套设施丰富） | 较弱（规模中等，活动有限） | 较强（曲折时期以来杭州体育集体记忆） |
| 南京五台山体育馆 | 较强（体量中等，五台山标志） | 较强（五台山体育场地与配套设施齐全，与周边大学医院联动） | 较强（规模中等，周边运动需求大） | 较强（曲折时期以来南京体育集体记忆） |
| 上海体育馆 | 较强（上海体育标志之一） | 较强（场地与配套设施齐全，周边居住为主） | 较强（规模大，活动频率中等） | 较强（曲折时期以来上海集体记忆） |
| 成都城北体育馆 | 较弱（体量中等，成都电子商城区标志之一） | 中等（周边商业设施齐全，开发潜力较大） | 较弱（规模中等，活动有限） | 中等（改革开放初期成都体育记忆） |
| 深圳体育馆 | （已拆除） | （已拆除） | （已拆除） | 较强（建市初期重大活动集体记忆） |
| 上海游泳馆 | 中等（体量中等，上海水上运动地标） | 较强（场地与配套设施齐全，周边居住为主） | 中等（规模中大，周边运动需求大） | 较弱（改革开放以来上海水上运动记忆） |
| 吉林滑冰馆 | （已拆除） | （已拆除） | （已拆除） | 较弱（改革开放初期东北冰上运动记忆） |
| 广州天河体育中心 | 较强（广州城市中心地标之一、体育象征） | 强（广州商业中心的重要节点） | 强（广州足球队主场，参与度很高，场地与配套设施丰富） | 较强（改革开放前期广州重大活动集体记忆） |

续表

| 调研案例 | 体育建筑与社区环境 | | 体育建筑与居民生活 | |
|---|---|---|---|---|
| | 象征意义 | 触媒效应 | 聚集属性 | 情感承载 |
| 北京石景山体育馆 | 中等（体量中等，形式感强，区域地标） | 中等（距市中心较远，周边功能设施丰富） | 较弱（规模中等，周边办公场所居多，需求较弱） | 较弱（区域体育活动的集体记忆） |
| 北京朝阳体育馆 | 中等（体量中等，形式感强，区域地标） | 中等（周边以居住社区为主，开发潜力中等） | 中等（规模中等，周边居民需求中等） | 较弱（区域体育活动的集体记忆） |
| 北京国家奥林匹克中心 | 较强（单体及布局体量大，形式感强，北京体育地标之一） | 强（与国家体育场、水立方等奥运设施联动，构成体育功能中心） | 较强（规模大，活动频率较高，场地与配套丰富） | 较强（北京亚运会、奥运会的集体记忆） |
| 天津体育馆 | 较强（体量中等，形式感强，天津体育地标之一） | 较强（与天津奥体中心、天津体育学院设施联动,形成体育功能中心） | 较强（规模中等，场地与周边配套丰富） | 中等（改革开放前期天津体育活动记忆） |
| 黑龙江速滑馆 | 中等（体量中大，形式感强，齐齐哈尔体育地标） | 较弱（城市西端，嫩江江畔，开发潜力有限） | 中等（观众规模小，冰上场地与周边配套较多） | 较弱（改革开放初期大道速滑运动记忆） |
| 上海长宁体操馆 | （已拆除再建）中等（体量中等，形式感强，长宁区地标） | （已拆除再建）中等（距市中心较远，周边功能设施丰富） | （已拆除再建）中等（规模中等，周边居住、办公为主） | （已拆除再建）较弱（区域体育活动的集体记忆） |
| 上海体育场 | 较强（上海体育标志之一） | 较强（场地与配套设施齐全，周边居住为主） | 较强（规模大，活动频率较高） | 较强（全面发展时期上海重大活动集体记忆） |
| 上海虹口足球场 | 较强（区域中心建筑、上海体育标志之一） | 较强（场地与配套设施齐全，周边居住为主） | 较强（规模大，活动频率中等） | 较强（全面发展时期中国与上海足球记忆） |

资料来源：笔者整理自制。

# 3.5 中国近现代体育建筑价值评价体系的权重集

本研究的权重确定采用决策实验室分析（DEMATEL）和层次分析（AHP）的综合方法。首先通过德尔菲法收集数据，构造各层次评价指标的判断矩阵，并进行一致性检验，确定了评价指标间的相对重要程度，得到初始权重。然后通过决策实验室分析，削减价值指标之间的相互影响，得到价值指标的最终权重。

## 3.5.1 基本方法

在评价体系的指标集划分为若干层次后，各指标权重可由各层次指标之间的相互比较得出，将定量分析与定性分析结合，用专业经验判断各目标之间能否实现的标准之间的相对重要程度，这种确定方法是层次分析法。它的特点是在对复杂问题的本质、影响因素及其内在关系进行深入分析的基础上，能利用较少的定量信息使决策的思维过程量化，从而为多目标、多准则或无结构特性的复杂决策问题提供较为简便的决策方法。该方法的基本操作步骤为建立层次结构模型、构造对比矩阵、计算权向量并做一致性检验。

　　然而，面对本研究的价值评价问题时，价值指标的分类难免产生一定的交叉关联性，进而产生重复计算的偏差。例如，历史价值中的指标多以"第一""唯一"来判定高低，而科学价值中在强调过去的创新对当今的示范作用时，第一座应用某技术的建筑是一定会有相对高的科学价值的。因此，此类特征会因为多项高权重而产生重复计算。为了尽量减少非独立性的偏差，考虑到模糊理论的概念，该方法在近年得以扩展，出现结合决策实验室分析的改进方法。改进版层次分析法的基本思路是将评价指标体系划分为递阶层次结构，运用层次分析法计算指标权重，再由决策实验室分析确定同一层次各指标的相互影响关系，并以此为基础修正层次分析法计算出的指标权重，最后分层次进行评价。本研究中确定权重的改进方法就是 DEMATEL-AHP 相结合的方法，具体操作步骤如下：

　　步骤 1：应用 AHP 法调研得到初始指标权重 $W_a$

　　（1）构建判断矩阵 $B$，计算价值指标的初始权重

$$B = (B_{ij})_{n \times n}$$

式中，$B_{ij}$ 表示指标 $i$ 和指标 $j$ 两相比较哪个更重要。

　　判断矩阵各项分值的赋予采用九级标度法。该方法是定量化的关键步骤，用以明确要素之间的重要程度。九级标度法是更加容易让受试者明确区分的评定方法，被心理学家所广泛认可。标度含义见表 3.14。

表 3.14　判断矩阵的标度及其含义

| 标度 | 含义 | 说明 |
|---|---|---|
| 1 | 同等重要 | $U_i$ 与 $U_j$ 相比较时一样重要 |
| 3 | 略微重要 | 两相比较时 $U_i$ 比 $U_j$ 略微重要 |
| 标度 | 含义 | 说明 |
| 5 | 明显重要 | 两相比较时 $U_i$ 比 $U_j$ 明显重要 |
| 7 | 强烈重要 | 两相比较时 $U_i$ 比 $U_j$ 强烈重要 |
| 9 | 极为重要 | 两相比较时 $U_i$ 比 $U_j$ 极端重要 |
| 2,4,6,8 | 介于以上相邻判断之间的中间值 | |
| 上述数字倒数 | 若 $i$ 与 $j$ 重要性之比为 $A_{ij}$，那么 $j$ 与 $i$ 重要性之比为 $A_{ji}=1/A_{ij}$ | |

资料来源：笔者自制。

　　（2）对判断矩阵进行一致性检验

$$CR = \frac{CI}{RI} = \frac{\lambda_{max}}{(n-1)RI}$$

式中，CI 代表矩阵的一致性指标；$\lambda_{max}$ 代表矩阵的最大特征根；RI 代表矩阵的平均随机一致性指标。

近现代体育建筑的价值体系是一种复杂系统，保证各因素权重的一致性是必要的。最理想的一致性条件是满足等式 $a_{ik}=a_{ij}\,a_{jk}$，在一般情况下，为确证各层次单排序的可信度与准确度，当一致性比例 CR<0.1 时，不一致程度是可接受的，即通过一致性检验。

步骤 2：调研得出不同层次的价值指标之间的直接影响矩阵 $Z$

本研究方法定义（0，1，2，3，4）来分别表示无影响、有较小影响、有影响、有较大影响、有很大影响，直接影响矩阵为

$$Z = \begin{bmatrix} 0 & z_{12} & ... & z_{1n} \\ z_{21} & 0 & ... & z_{2n} \\ & ... & & \\ z_{n1} & z_{n2} & ... & 0 \end{bmatrix} = (z_{ij})_{n \times n} (1 \leqslant i \leqslant n, 1 \leqslant j \leqslant n)$$

式中，$Z_{ij}$ 指第 $i$ 个指标对第 $j$ 个指标的直接影响程度。

步骤 3：归一化直接影响矩阵 $Z$，得到矩阵 $X$

$$X = Z \, / \, \max \sum_{j=1}^{n} z_{ij} = (x_i)_{n \times n} \quad (1 \leqslant i \leqslant n, \ 1 \leqslant j \leqslant n)$$

步骤 4：计算得出综合影响矩阵 $T$ 和影响权重 $W_b$

综合影响矩阵 $T$ 的计算公式为

$$T = X + X_2 + \cdots + X_n = (t_{ij})_{n \times n}$$

当 $n$ 充分大时，可采用下式近似计算

$$T = X(1-X)^{-1}$$

影响权重 $W_b$ 的计算公式为

$$W_b = \sum_{j=1}^{n} t_{ij} W_a \Big/ \sum_{i=1}^{n} \sum_{j=1}^{n} t_{ij} W_a \quad (1 \leqslant i \leqslant n, \ 1 \leqslant j \leqslant n)$$

步骤 5：计算得出考虑复杂系统相互影响的最终应用权重 $W$

$$W = 1/2(W_a + W_b)$$

## 3.5.2 结果与讨论

### 1. AHP 法得出初始权重

通过将下一层次各因素对上一层次元素相对重要性程度进行两两比较，并依据其重要性差异赋予一定的分值，赋值后的矩阵可以实现判断定量化。在把价值指标、特征分析与专家意见数据输入后，本研究的价值评价体系可得到 3 个层次共 14 组判断矩阵。

每一组比较得出判断矩阵后，还需进行一致性检验。一致性检验是为保证重要性判断数据的可靠性，排除评价时可能出现的矛盾结果。近现代体育建筑价值是一个复杂系统，保证各因素权重的一致性是必要的。最为理想的一致性条件情况是满足等式 $a_{ik}=a_{ij}\,a_{jk}$，在一般情况下，为确证各层次单排序的可信度与准确度，当一致性比例 CR<0.1 时，矩阵的不一致程度是可以接受的，即通过一致性检验。经计算，各层次指标的判断矩阵及其一致性检验结果见表 3.15~表 3.28。

（1）一级指标判断矩阵：近现代体育建筑价值（一致性比例为 0.0305；对总目标权重为 1.0000；最大特征根为 4.0815）。

**表 3.15 近现代体育建筑价值因素判断矩阵**

| 近现代体育建筑保护价值评价 | 历史价值 | 艺术价值 | 科学价值 | 社会价值 | $W_i$ |
|---|---|---|---|---|---|
| 历史价值（$B_1$） | 1 | 2 | 2 | 4 | 0.4262 |
| 艺术价值（$B_2$） | 0.5 | 1 | 2 | 3 | 0.2827 |
| 科学价值（$B_3$） | 0.5 | 0.5 | 1 | 3 | 0.2032 |
| 社会价值（$B_4$） | 0.25 | 0.3333 | 0.3333 | 1 | 0.0879 |

资料来源：数据输入与计算，笔者自制。

（2）二级指标判断矩阵 1：历史价值因素（一致性比例为 0.0834；对总目标权重为 0.4262；最大特征根为 3.0867）。

**表 3.16 历史价值因素判断矩阵**

| 历史价值 | 本体性历史 | 衍生性历史 | 历时状态 | $W_i$ |
|---|---|---|---|---|
| 本体性历史（$C_1$） | 1 | 3 | 5 | 0.6194 |
| 衍生性历史（$C_2$） | 0.3333 | 1 | 4 | 0.2842 |
| 历时状态（$C_3$） | 0.2 | 0.25 | 1 | 0.0964 |

资料来源：数据输入与计算，笔者自制。

（3）二级指标判断矩阵 2：艺术价值因素（一致性比例为 0.0000；对总目标权重为 0.2827；最大特征根为 2.0000）。

**表 3.17 艺术价值因素判断矩阵**

| 艺术价值 | 前期设计 | 形式设计 | $W_i$ |
|---|---|---|---|
| 前期设计（$C_4$） | 1 | 0.2 | 0.1667 |
| 形式设计（$C_5$） | 5 | 1 | 0.8333 |

资料来源：数据输入与计算，笔者自制。

（4）二级指标判断矩阵 3：科学价值因素（一致性比例为 0.0000；对总目标权重为 0.2032；最大特征根为 2.0000）。

**表 3.18 科学价值因素判断矩阵**

| 科学价值 | 建筑工艺 | 体育工艺 | $W_i$ |
|---|---|---|---|
| 建筑工艺（$C_6$） | 1 | 2 | 0.6667 |
| 体育工艺（$C_7$） | 0.5 | 1 | 0.3333 |

资料来源：数据输入与计算，笔者自制。

（5）二级指标判断矩阵4：社会价值因素（一致性比例为0.0000；对总目标权重为0.0879；最大特征根为2.0000）。

表3.19 社会价值因素判断矩阵

| 社会价值 | 区域认同感 | 集体归属感 | $W_i$ |
|---|---|---|---|
| 区域认同感（$C_8$） | 1 | 3 | 0.75 |
| 集体归属感（$C_9$） | 0.3333 | 1 | 0.25 |

资料来源：数据输入与计算，笔者自制。

（6）三级指标判断矩阵1：本体性历史因素（一致性比例为0.0089；对总目标权重为0.2640；最大特征根为3.0092）。

表3.20 本体性历史因素判断矩阵

| 本体性历史 | 属性类型 | 罕有程度 | 影响范围 | $W_i$ |
|---|---|---|---|---|
| 属性类型（$C_{11}$） | 1 | 2 | 3 | 0.539 |
| 罕有程度（$C_{12}$） | 0.5 | 1 | 2 | 0.2973 |
| 影响范围（$C_{13}$） | 0.3333 | 0.5 | 1 | 0.1638 |

资料来源：数据输入与计算，笔者自制。

（7）三级指标判断矩阵2：衍生性历史因素（一致性比例为0.0116；对总目标权重为0.1211；最大特征根为4.0310）。

表3.21 衍生性历史因素判断矩阵

| 衍生性历史 | 属性类型 | 罕有程度 | 影响范围 | 发生数量 | $W_i$ |
|---|---|---|---|---|---|
| 属性类型（$C_{21}$） | 1 | 2 | 3 | 4 | 0.4658 |
| 罕有程度（$C_{22}$） | 0.5 | 1 | 2 | 3 | 0.2771 |
| 影响范围（$C_{23}$） | 0.3333 | 0.5 | 1 | 2 | 0.1611 |
| 发生数量（$C_{24}$） | 0.25 | 0.3333 | 0.5 | 1 | 0.096 |

资料来源：数据输入与计算，笔者自制。

（8）三级指标判断矩阵3：历时状态因素（一致性比例为0.0000；对总目标权重为0.0411；最大特征根为2.0000）。

表3.22 历时状态因素判断矩阵

| 历时状态 | 历时年限 | 保存状况 | $W_i$ |
|---|---|---|---|
| 历时年限（$C_{31}$） | 1 | 5 | 0.8333 |
| 保存状况（$C_{32}$） | 0.2 | 1 | 0.1667 |

资料来源：数据输入与计算，笔者自制。

（9）三级指标判断矩阵 4：前期设计因素（一致性比例为 0.0000；对总目标权重为 0.0471；最大特征根为 2.0000）。

表 3.23 前期设计因素判断矩阵

| 前期设计 | 公共性与品质 | 规模体量 | $W_i$ |
|---|---|---|---|
| 公共性与品质（$C_{41}$） | 1 | 3 | 0.75 |
| 规模体量（$C_{42}$） | 0.3333 | 1 | 0.25 |

资料来源：数据输入与计算，笔者自制。

（10）三级指标判断矩阵 5：形式设计因素（一致性比例为 0.0000；对总目标权重为 0.02356；最大特征根为 3.0000）。

表 3.24 形式设计因素判断矩阵

| 形式设计 | 体育空间形式设计 | 整体空间形式设计 | 建筑界面形式设计 | $W_i$ |
|---|---|---|---|---|
| 体育空间形式设计（$C_{51}$） | 1 | 2 | 1 | 0.4 |
| 整体空间形式设计（$C_{52}$） | 0.5 | 1 | 0.5 | 0.2 |
| 建筑界面形式设计（$C_{53}$） | 1 | 2 | 1 | 0.4 |

资料来源：数据输入与计算，笔者自制。

（11）三级指标判断矩阵 6：建筑工艺因素（一致性比例为 0.0128；对总目标权重为 0.1355；最大特征根为 4.0342）。

表 3.25 建筑工艺因素判断矩阵

| 建筑工艺 | 施工技术 | 细部工艺 | 结构技术 | 材料技术 | $W_i$ |
|---|---|---|---|---|---|
| 施工技术（$C_{61}$） | 1 | 2 | 0.2 | 0.3333 | 0.1148 |
| 细部工艺（$C_{62}$） | 0.5 | 1 | 0.1667 | 0.25 | 0.0722 |
| 结构技术（$C_{63}$） | 5 | 6 | 1 | 2 | 0.5204 |
| 材料技术（$C_{64}$） | 3 | 4 | 0.5 | 1 | 0.2926 |

资料来源：数据输入与计算，笔者自制。

（12）三级指标判断矩阵 7：体育工艺因素（一致性比例为 0.0000；对总目标权重为 0.0677；最大特征根为 2.0000）。

表 3.26 体育工艺因素判断矩阵

| 体育工艺 | 体育运动功能设计 | 体育设施设备配置 | $W_i$ |
|---|---|---|---|
| 体育运动功能设计（$C_{71}$） | 1 | 3 | 0.75 |
| 体育设施设备配置（$C_{72}$） | 0.3333 | 1 | 0.25 |

资料来源：数据输入与计算，笔者自制。

（13）三级指标判断矩阵 8：区域认同感因素（一致性比例为 0.0000；对总目标权重为

0.0659；最大特征根为 2.0000）。

表 3.27 区域认同感因素判断矩阵

| 区域认同感 | 象征意义 | 触媒效应 | $W_i$ |
|---|---|---|---|
| 象征意义（$C_{81}$） | 1 | 2 | 0.6667 |
| 触媒效应（$C_{82}$） | 0.5 | 1 | 0.3333 |

资料来源：数据输入与计算，笔者自制。

（14）三级指标判断矩阵 9：集体归属感因素（一致性比例为 0.0000；对总目标权重为 0.0220；最大特征根为 2.0000）。

表 3.28 集体归属感因素判断矩阵

| 集体归属感 | 聚集作用 | 情感承载 | $W_i$ |
|---|---|---|---|
| 聚集作用（$C_{91}$） | 1 | 4 | 0.8 |
| 情感承载（$C_{92}$） | 0.25 | 1 | 0.2 |

资料来源：数据输入与计算，笔者自制。

由上可知，各判断矩阵的一致性比例（CR）均小于 0.1000，因此通过一致性检测，各层级指标因素的权重（$W_i$）结果数据有效。

在得出各单一层次因素的相对权重后，还要计算各因素（尤其是底层指标）相对总目标层的权重。根据上述计算所得数据，可以计算出下一层次 $B$ 的元素对其上一层 $A$ 中某元素的权重向量，$B$ 层次各因素总排序权值的计算应用如下公式：

$$b_i = \sum_{j=1}^{m} b_{ij} a_j \quad (i=1, 2, \cdots, n)$$

在完成层次总排序后，从目标层到指标层逐层展开一致性检验，其检验过程与层次总排序计算过程类似。进行一致性检验是为了预防在进行综合考评时，各层次的非一致性被积累起来，最终使分析结果产生较严重的非一致性。检验计算采用的方法为：假设 $B$ 层中与 $A_j$ 相关的所有因素的比较判断矩阵在单排序计算中通过了一致性的检验，则所得单排序一致性指标 $\mathrm{CI}_{(j)}$（$j=1, 2, \cdots, m$）和相应的平均随机一致性指标 $\mathrm{RI}_{(j)}$，则 $B$ 层的总排序随机一致性比例 CR 为

$$\mathrm{CR} = \frac{\sum_{j=1}^{m} \mathrm{CI}_{(j)} a_j}{\sum_{j=1}^{m} \mathrm{RI}_{(j)} a_j}$$

与单层次因素的一致性检验相似，当一致性比例 CR < 0.100 时，说明层次结构模型在 $B$ 层次上具有整体一致性，层次总排序结果有效。

通过数据输入与计算，可得各层次要素的权重值及相应排序结果，24 项三级指标的权重向量 W=（0.1423, 0.0785, 0.0432, 0.0564, 0.0336, 0.0195, 0.0116, 0.0342, 0.0068, 0.0353, 0.0118, 0.0942, 0.0471, 0.0942, 0.0705, 0.0396, 0.0098, 0.0156, 0.0508, 0.0169, 0.0439, 0.0220, 0.0176, 0.0044）。价值指标初始权重分布如图 3.75 所示。

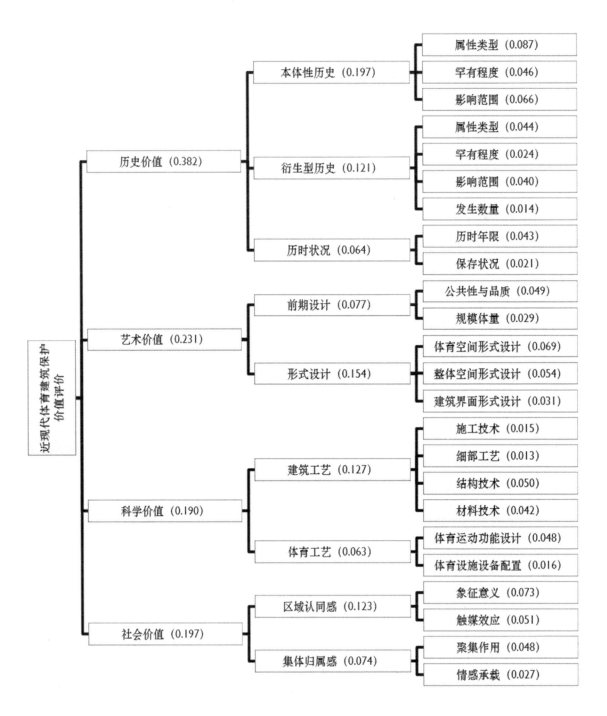

图 3.75 价值指标初始权重分布

## 2. DEMATEL 法修正权重

通过将不同指标之间的影响程度两两比较，可构建出各层级价值指标的直接影响矩阵，共得到 3 个层次共 14 组矩阵。进一步计算得到综合影响矩阵，并从中得到影响度、被影响度、中心度等数值。经收集和计算，各层次指标的直接影响矩阵和综合影响矩阵见表 3.29~表 3.42。

表 3.29  近现代体育建筑价值因素的直接影响矩阵和综合影响矩阵

| 近现代体育建筑价值 | 直接影响矩阵 | | | | 综合影响矩阵 | | | |
|---|---|---|---|---|---|---|---|---|
| 历史价值（$B_1$） | 0.000 | 0.000 | 0.250 | 0.625 | 0.515 | 0.000 | 0.379 | 0.994 |
| 艺术价值（$B_2$） | 0.375 | 0.000 | 0.125 | 0.500 | 0.932 | 0.000 | 0.358 | 1.127 |
| 科学价值（$B_3$） | 0.375 | 0.000 | 0.000 | 0.125 | 0.639 | 0.000 | 0.160 | 0.544 |
| 社会价值（$B_4$） | 0.375 | 0.000 | 0.000 | 0.000 | 0.568 | 0.000 | 0.142 | 0.373 |

表 3.30  历史价值因素的直接影响矩阵和综合影响矩阵

| 历史价值 | 直接影响矩阵 | | | 综合影响矩阵 | | |
|---|---|---|---|---|---|---|
| 本体性历史（$C_1$） | 0.000 | 0.750 | 0.250 | 0.000 | 0.750 | 0.438 |
| 衍生性历史（$C_2$） | 0.000 | 0.000 | 0.250 | 0.000 | 0.000 | 0.250 |
| 历时状态（$C_3$） | 0.000 | 0.000 | 0.000 | 0.000 | 0.000 | 0.000 |

表 3.31  艺术价值因素的直接影响矩阵和综合影响矩阵

| 艺术价值 | 直接影响矩阵 | | 综合影响矩阵 | |
|---|---|---|---|---|
| 前期设计（$C_4$） | 0.000 | 1.000 | 0.000 | 1.000 |
| 形式设计（$C_5$） | 0.000 | 0.000 | 0.000 | 0.000 |

表 3.32  科学价值因素的直接影响矩阵和综合影响矩阵

| 科学价值 | 直接影响矩阵 | | 综合影响矩阵 | |
|---|---|---|---|---|
| 建筑工艺（$C_6$） | 0.000 | 0.000 | 0.000 | 0.000 |
| 体育工艺（$C_7$） | 0.000 | 0.000 | 0.000 | 0.000 |

表 3.33  社会价值因素的直接影响矩阵和综合影响矩阵

| 社会价值 | 直接影响矩阵 | | 综合影响矩阵 | |
|---|---|---|---|---|
| 区域认同感（$C_8$） | 0.000 | 1.000 | 0.333 | 1.333 |
| 集体归属感（$C_9$） | 0.250 | 0.000 | 0.333 | 0.333 |

表 3.34  本体性历史因素的直接影响矩阵和综合影响矩阵

| 本体性历史 | 直接影响矩阵 | | | 综合影响矩阵 | | |
|---|---|---|---|---|---|---|
| 属性类型（$C_{11}$） | 0.000 | 0.000 | 1.000 | 0.000 | 0.000 | 1.000 |
| 罕有程度（$C_{12}$） | 0.000 | 0.000 | 0.500 | 0.000 | 0.000 | 0.500 |
| 影响范围（$C_{13}$） | 0.000 | 0.000 | 0.000 | 0.000 | 0.000 | 0.000 |

表 3.35　衍生性历史因素的直接影响矩阵和综合影响矩阵

| 衍生性历史 | 直接影响矩阵 | | | | 综合影响矩阵 | | | |
|---|---|---|---|---|---|---|---|---|
| 属性类型（$C_{21}$） | 0.000 | 0.000 | 1.000 | 0.000 | 0.000 | 0.000 | 1.000 | 0.000 |
| 罕有程度（$C_{22}$） | 0.000 | 0.000 | 0.500 | 0.000 | 0.000 | 0.000 | 0.500 | 0.000 |
| 影响范围（$C_{23}$） | 0.000 | 0.000 | 0.000 | 0.000 | 0.000 | 0.000 | 0.000 | 0.000 |
| 发生数量（$C_{24}$） | 0.000 | 0.000 | 0.500 | 0.000 | 0.000 | 0.000 | 0.500 | 0.000 |

表 3.36　历时状态因素的直接影响矩阵和综合影响矩阵

| 历时状态 | 直接影响矩阵 | | 综合影响矩阵 | |
|---|---|---|---|---|
| 历时年限（$C_{31}$） | 0.000 | 1.000 | 2.000 | 3.000 |
| 保存状况（$C_{32}$） | 0.667 | 0.000 | 2.000 | 2.000 |

表 3.37　前期设计因素的直接影响矩阵和综合影响矩阵

| 前期设计 | 直接影响矩阵 | | 综合影响矩阵 | |
|---|---|---|---|---|
| 公共性与品质（$C_{41}$） | 0.000 | 0.000 | 0.000 | 0.000 |
| 规模体量（$C_{42}$） | 1.000 | 0.000 | 1.000 | 0.000 |

表 3.38　形式设计因素的直接影响矩阵和综合影响矩阵

| 形式设计 | 直接影响矩阵 | | | 综合影响矩阵 | | |
|---|---|---|---|---|---|---|
| 体育空间形式设计（$C_{51}$） | 0.000 | 1.000 | 0.000 | 1.000 | 2.000 | 0.000 |
| 整体空间形式设计（$C_{52}$） | 0.500 | 0.000 | 0.000 | 1.000 | 1.000 | 0.000 |
| 建筑界面形式设计（$C_{53}$） | 0.000 | 0.000 | 0.000 | 0.000 | 0.000 | 0.000 |

表 3.39　建筑工艺因素的直接影响矩阵和综合影响矩阵

| 建筑工艺 | 直接影响矩阵 | | | | 综合影响矩阵 | | | |
|---|---|---|---|---|---|---|---|---|
| 施工技术（$C_{61}$） | 0.000 | 0.000 | 0.667 | 0.333 | 0.000 | 0.000 | 0.667 | 1.000 |
| 细部工艺（$C_{62}$） | 0.000 | 0.000 | 0.333 | 0.333 | 0.000 | 0.000 | 0.333 | 0.667 |
| 结构技术（$C_{63}$） | 0.000 | 0.000 | 0.000 | 1.000 | 0.000 | 0.000 | 0.000 | 1.000 |
| 材料技术（$C_{64}$） | 0.000 | 0.000 | 0.000 | 0.000 | 0.000 | 0.000 | 0.000 | 0.000 |

表 3.40　体育工艺因素的直接影响矩阵和综合影响矩阵

| 体育工艺 | 直接影响矩阵 | | 综合影响矩阵 | |
|---|---|---|---|---|
| 体育运动功能设计（$C_{71}$） | 0.000 | 0.000 | 0.000 | 0.000 |
| 体育设施设备配置（$C_{72}$） | 0.000 | 0.000 | 0.000 | 0.000 |

表 3.41　区域认同感因素的直接影响矩阵和综合影响矩阵

| 区域认同感 | 直接影响矩阵 | | 综合影响矩阵 | |
|---|---|---|---|---|
| 象征意义（$C_{81}$） | 0.000 | 1.000 | 0.500 | 1.500 |
| 触媒效应（$C_{82}$） | 0.333 | 0.000 | 0.500 | 0.500 |

表 3.42　集体归属感因素的直接影响矩阵和综合影响矩阵

| 集体归属感 | 直接影响矩阵 | | 综合影响矩阵 | |
|---|---|---|---|---|
| 聚集作用（$C_{91}$） | 0.000 | 1.000 | 0.000 | 1.000 |
| 情感承载（$C_{92}$） | 0.000 | 0.000 | 0.000 | 0.000 |

注：表 3.29~ 表 5.42 通过数据输入与计算得出结果，笔者自制。

### 3. 最终权重结果

通过德尔菲法收集数据，构造各层次评价指标的判断矩阵，并进行一致性检验，确定了评价指标间的相对重要程度，得到初始权重。然后，通过 DEMATEL 法，削减了价值指标之间的相互影响，得到价值指标的最终综合权重结果。具体各项步骤的结果见表 3.43，24 项三级子指标项的权重向量为 $W=$（0.087，0.046，0.066，0.044，0.024，0.040，0.014，0.043，0.021，0.049，0.029，0.069，0.054，0.031，0.015，0.013，0.050，0.042，0.048，0.016，0.073，0.051，0.048，0.027）。

由权重结果可知，本体性历史属性类型（$C_{11}$）、体育空间形式设计（$C_{51}$）、本体性历史的影响范围（$C_{13}$）是中国近现代体育建筑各项价值中权值最大的因素，施工技术（$C_{61}$）、衍生历史事件的发生数量（$C_{24}$）、细部工艺（$C_{62}$）是影响较小因素，该结果呼应了突出特征的统计结果，说明最初的历史意义和设计意图对近现代体育建筑遗产的价值具有重大影响，相对局部的细节对近现代体育建筑遗产的价值具有较小影响。

表 3.43　中国近现代体育建筑遗产价值指标的最终权重结果

| 指标 | 初始权重 | 一致性检验 | 影响度 | 被影响度 | 中心度 | 修正权重 | 最终综合权重 |
|---|---|---|---|---|---|---|---|
| $B_1$ | 0.4262 | | 1.888 | 2.654 | 4.541 | 0.337 | 0.382 |
| $B_2$ | 0.2827 | CR=0.0305 | 2.417 | 0.000 | 2.417 | 0.180 | 0.231 |
| $B_3$ | 0.2032 | < 0.1 | 1.343 | 1.038 | 2.382 | 0.177 | 0.190 |
| $B_4$ | 0.0879 | | 1.083 | 3.038 | 4.121 | 0.306 | 0.197 |
| $C_1$ | 0.6194 | | 1.188 | 0.000 | 1.188 | 0.413 | 0.197 |
| $C_2$ | 0.2842 | CR=0.0834 | 0.250 | 0.750 | 1.000 | 0.348 | 0.121 |
| $C_3$ | 0.0964 | < 0.1 | 0.000 | 0.688 | 0.688 | 0.239 | 0.064 |
| $C_4$ | 0.1667 | CR=0.0 | 1.000 | 0.000 | 1.000 | 0.500 | 0.077 |
| $C_5$ | 0.8333 | < 0.1 | 0.000 | 1.000 | 1.000 | 0.500 | 0.154 |
| $C_6$ | 0.6667 | CR=0.0 | — | — | — | — | 0.127 |
| $C_7$ | 0.3333 | < 0.1 | — | — | — | — | 0.063 |
| $C_8$ | 0.75 | CR=0.0 | 1.667 | 0.667 | 2.333 | 0.500 | 0.123 |
| $C_9$ | 0.25 | < 0.1 | 0.667 | 1.667 | 2.333 | 0.500 | 0.074 |
| $C_{11}$ | 0.539 | | 1.000 | 0.000 | 1.000 | 0.333 | 0.087 |
| $C_{12}$ | 0.2973 | CR=0.0089 | 0.500 | 0.000 | 0.500 | 0.167 | 0.046 |
| $C_{13}$ | 0.1638 | < 0.1 | 0.000 | 1.500 | 1.500 | 0.500 | 0.066 |
| $C_{21}$ | 0.4658 | | 1.000 | 0.000 | 1.000 | 0.250 | 0.044 |
| $C_{22}$ | 0.2771 | CR=0.0116 | 0.500 | 0.000 | 0.500 | 0.125 | 0.024 |
| $C_{23}$ | 0.1611 | < 0.1 | 0.000 | 2.000 | 2.000 | 0.500 | 0.040 |
| $C_{24}$ | 0.096 | | 0.500 | 0.000 | 0.500 | 0.125 | 0.014 |
| $C_{31}$ | 0.8333 | CR=0.0 | 5.000 | 4.000 | 9.000 | 0.500 | 0.043 |
| $C_{32}$ | 0.1667 | < 0.1 | 4.000 | 5.000 | 9.000 | 0.500 | 0.021 |
| $C_{41}$ | 0.75 | CR=0.0 | 0.000 | 1.000 | 1.000 | 0.500 | 0.049 |
| $C_{42}$ | 0.25 | < 0.1 | 1.000 | 0.000 | 1.000 | 0.500 | 0.029 |

续表

| 指标 | 初始权重 | 一致性检验 | 影响度 | 被影响度 | 中心度 | 修正权重 | 最终综合权重 |
|---|---|---|---|---|---|---|---|
| $C_{51}$ | 0.4 | CR=0.0<br>＜0.1 | 3.000 | 2.000 | 5.000 | 0.500 | 0.069 |
| $C_{52}$ | 0.2 | | 2.000 | 3.000 | 5.000 | 0.500 | 0.054 |
| $C_{53}$ | 0.4 | | 0.000 | 0.000 | 0.000 | 0.000 | 0.031 |
| $C_{61}$ | 0.1148 | CR=0.0128<br>＜0.1 | 1.667 | 0.000 | 1.667 | 0.227 | 0.015 |
| $C_{62}$ | 0.0722 | | 1.000 | 0.000 | 1.000 | 0.136 | 0.013 |
| $C_{63}$ | 0.5204 | | 1.000 | 1.000 | 2.000 | 0.273 | 0.050 |
| $C_{64}$ | 0.2926 | | 0.000 | 2.667 | 2.667 | 0.364 | 0.042 |
| $C_{71}$ | 0.75 | CR=0.0<br>＜0.1 | — | — | — | — | 0.048 |
| $C_{72}$ | 0.25 | | — | — | — | — | 0.016 |
| $C_{81}$ | 0.6667 | CR=0.0<br>＜0.1 | 2.000 | 1.000 | 3.000 | 0.500 | 0.073 |
| $C_{82}$ | 0.3333 | | 1.000 | 2.000 | 3.000 | 0.500 | 0.051 |
| $C_{91}$ | 0.8 | CR=0.0<br>＜0.1 | 1.000 | 0.000 | 1.000 | 0.500 | 0.048 |
| $C_{92}$ | 0.2 | | 0.000 | 1.000 | 1.000 | 0.500 | 0.027 |

资料来源：笔者自制。其中影响度指某要素对其他要素的综合影响值，被影响度指某要素被其他要素的综合影响值，该值越大意味着（被）影响度越大。评分有三种色深的底纹，最深代表一级指标的权重，较深代表二级指标的权重，较浅代表三级子指标的权重。

# 3.6 本章小结

本章重点分析价值评价体系的指标集和权重集。本章首先对 50 个经典作品的典型特征进行归纳分析，得出中国近现代体育建筑价值指标的构成；然后对中国近现代体育建筑的特征性与一般性价值进行内涵和影响因素分析；最后通过实际应用决策实验室分析 – 层次分析法（DEMATEL-AHP），计算得出中国近现代体育建筑价值指标的权重。主要结论如下：

（1）通过建筑价值理论分析、典型案例调研、突出特征和价值因素关联分析等系统研究，笔者得出近现代体育建筑价值的指标集（表 3.1）。本体系为多层次结构模式，能够进行全面评价与分项评价。其中，近现代体育建筑的保护价值（目标层）主要分为历史价值、艺术价值、科学价值、社会价值共 4 项一级指标（准则层），9 项二级指标（指标层），24 项三级指标（子目标层）。

（2）明确了中国近现代体育建筑保护更新的特殊性和价值取向。其历史价值应从原始材料的关注转向设计观念的保护，其艺术价值应从感性崇拜转向技术欣赏，其科学价值应着重判断体育工艺的代表性，其社会价值应着重评估其社区更新的触媒效应。

（3）中国近现代体育建筑的历史价值具有本体性历史价值高、符号性历史价值低的特征，这是与其他多数类型建筑的主要差别。影响中国近现代体育建筑发展、历史价值高低的历史事件纷繁复杂，可分为重大社会事件、体育事业事件、体育赛事事件三个主要类型。

（4）中国近现代体育建筑的艺术价值，既有知觉层面背后的演变逻辑，也会参考艺术史地位，结合两方面来综合评定。影响因素也可理解为基于知觉的审美体验的影响因素，由无设计介入的因素与形式设计的因素两方面构成。近现代体育建筑的经典作品大多表现出技艺交融的特征，意在传达给使用者一种震撼的、崇高的、先锋的审美感受，这也是近现代体育建筑艺术价值的核心。

（5）中国近现代体育建筑的体育及建筑工艺发生了巨大的变化，许多既有近现代体育建筑的结构选型、场地布局、看台形式与体育工艺如今已不采用，它们都是体育建筑科学发展历程的实物见证。也因为前沿科技的广泛应用，近现代体育建筑是科学价值最突出的建筑类型之一。近现代体育建筑的科学价值的影响因素包含建筑工艺与体育工艺两大方面，结构、材料、细部、施工、观赛、比赛工艺六小方面。

（6）中国近现代体育建筑的社会价值可以分为对区域物理环境的作用与对社区人群情感的作用，即区域认同感与集体归属感。在区域认同感方面，近现代体育建筑主要发挥其整体形象对片区建设的象征意义，以及其整体功能对片区更新的触媒效应；在集体归属感方面，近现代体育建筑发挥其公共属性对社区生活的聚集作用，以及其集体记忆对社区居民的情感承载。不同于历史、艺术和科学价值，社会价值是相互作用的产物，需要结合当地社会居民、专家、管理者，以及所在城市区域的数据与意见，得出相对客观的评定。

（7）本研究将 50 个典型案例的特征性信息进行全面分析，成果见 3.4 节。特征性价值信息库不仅能夯实价值评价体系的指标研究，也将为后文作为评价主体的体育建筑专家提供数据来源，还将为今后中国近现代体育建筑的策划定位、利用情况、价值评价、保护更新、日常管理等全生命周期提供数据参考。

（8）通过德尔菲法收集数据，构造各层次评价指标的判断矩阵，并进行一致性检验，确定了评价指标间的相对重要程度，得到初始权重。通过 DEMATEL 法，削减价值指标之间的相互影响，最终得到价值指标的最终综合权重结果。由权重结果可知，本体性历史属性类型（$C_{11}$）、体育空间形式设计（$C_{51}$）、本体性历史的影响范围（$C_{13}$）是中国近现代体育建筑各项价值中权值最大的因素，施工技术（$C_{61}$）、衍生历史事件的发生数量（$C_{24}$）、细部工艺（$C_{62}$）是影响最小因素，该结果呼应了突出特征的统计结果，说明最初的历史意义和设计意图对近现代体育建筑遗产的价值具有重大影响，相对局部的细节对近现代体育建筑遗产的价值具有较小影响。

# 4　中国近现代体育建筑的价值评价体系构建
## ——评价方法

　　本章聚焦中国近现代体育建筑价值评价体系的评价方法制定，以及价值导向相关干预策略的制定。围绕研究问题，承接第 2 章的价值体系构建的研究基础，本章首先分析确定了本研究应用模糊综合评价的基本步骤，然后以留存至今的 38 个典型案例为应用对象，进行模糊综合评价，得到相应的评级、峰度和偏度等评价结果。根据评价结果及其背后代表的意义，研究得出评价结果对保护更新模式、工作流程和策略制定的指导性作用。

# 4.1　模糊综合评价

### 4.1.1　基本步骤

　　模糊综合评价（Fuzzy Comprehensive Evaluation，FCE）是适用于解决现实中众多模糊问题的数学方法。在对本研究这类多层次多因素问题进行模糊评价时，需要在确定指标集和权重集的基础上，采用德尔菲法收集每一项指标的模糊评语即评价隶属度。在完成一座建筑的各单项价值评语后，利用权重关系，综合所有指标，可以得到这座建筑的综合评价。这种层次化的评价思路来自于 DEMATEL-AHP 法在指标和权重确定时的应用。本研究价值指标的边界并不明显，很难将其完全归入某单一类别，因此先对各个因素进行评价，然后对所有因素进行综合模糊评价，并通过削减指标间影响的权重系数降低模糊造成的重复计算，是解决模糊性问题的有效途径。

　　本研究采用的模糊综合评价方法基本步骤如下：

　　步骤 1：构建多层次价值指标集 $U$、评价标准集 $V$ 和评价矩阵 $R$

　　设定评价值为 $P$，由建筑价值的各个指标构成一个集合 $U=\{u_1, u_2, \cdots, u_n\}$，由评价量度的各个级别构成一个集合 $V=\{v_1, v_2, \cdots, v_n\}$。然后收集德尔菲法评价数据，数据收集方法详见研究基础章节，得到各个单项指标的评价隶属度（$r_{i1}, r_{i2}, \cdots, r_{im}$）。因收集阶段采用里克特量表，所以 $m=5$。评价矩阵 $R$ 为

$$R = \begin{bmatrix} r_{11}, r_{12}, \cdots, r_{15} \\ r_{21}, r_{22}, \cdots, r_{25} \\ \vdots \\ r_{n1}, r_{n2}, \cdots, r_{n5} \end{bmatrix}$$

　　其中，（$U$，$V$，$R$）便构成一个模糊综合评价模型。

步骤 2：构建相应的多层次指标因素权重集

多层次多指标权重集 A，包含一级指标因素（criteria）的权重集 $A_c$，二级指标因素（index）的权重集 $A_i$ 和三级指标因素（subindex）的权重集 $A_{ij}$。

步骤 3：计算得到综合价值评级

单因素的评价隶属度结合相应的权重就可得到评价 P，如下式所示。同时根据最大隶属度原则，即取隶属度最高的级别为价值评级，可以得到建筑案例的综合价值评级。

$$P = RA$$

步骤 4：计算得到评价统计的峰度和偏度

根据不同程度的评价隶属度分布，还能计算分析得到两项描述数据集中趋势的统计学指标——峰度和偏度。峰度是分布集中趋势高峰的形状。若峰度 >3，为高尖峰；峰度 =3，为正态峰；峰度 <3，为低阔峰；通常让（峰度 –3），即得到超值峰度，则正态分布时，超值峰度为 0，超值峰度更便于观测和描述。偏度是对分布偏斜方向及程度的测度。偏度 >0，为右偏态；偏度 <0，为左偏态；偏度 =0，为对称；绝对值大于 0，为偏态；绝对值大于 1，为高度偏态；绝对值在 0.5~1，为中等偏态。这两个指标在后文评价结果的指导性分析部分有重要作用。

本研究的模糊综合评价中涉及的方法，如图 4.1 所示。

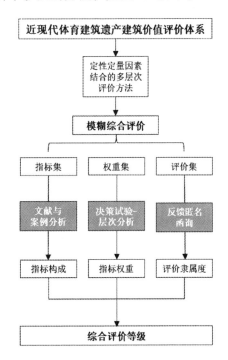

图 4.1　本研究的模糊综合价值评价方法应用示意

## 4.1.2　典型案例应用

为验证评价方法的可行性和有效性，笔者以留存至今的 38 座中国近现代体育建筑典型案例的价值为应用对象，通过模糊综合评价模型，得出每个案例的综合价值评价。结合指标集（本体历史属性类型、本体历史罕有程度、本体历史影响范围、衍生历史属性类型、衍生历史罕有程度、衍生历史影响范围、衍生历史事件数量、现存整体历时年限、现存整体保存状况、区域环境公共品质、场馆相对规模体量、体育空间形式设计、整体空间形式设计、建筑界面形式设计、结构技术先进水平、材料技术先进水平、细部工艺先进水平、施工技术先进水平、运动功能设计水平、体育设施配置水平、片区建设象征意义、片区更新触媒效应、社区生活聚集作用、社区居民情感承载）与评语集（高、中高、中、中低、低）进行模糊综合评价，使用加权平均型的权重向量，构建出 24×5 的权重判断矩阵，经过计算得到不同评语项的归一化隶属度。依据最大隶属度法则，可以得到最终的综合评级。若将评语集进行百分制赋值（100，80，60，40，20），可以得到综合评分。若将评价隶属度进行集中趋势的描述性统计，还可得到超值峰度和偏度。

　　现以第一座现存典型案例——上海跑马场跑马总会大楼为例，展示其模糊综合评价隶属度和评价结果的确定过程。

　　根据前文研究、权重计算与德尔菲法结果得到的隶属度矩阵，见表 4.1。

表 4.1　上海跑马场跑马总会大楼模糊综合评价指标隶属度矩阵

| 因素 | 高 | 中高 | 中 | 中低 | 低 | 权重 |
|---|---|---|---|---|---|---|
| 本体历史属性类型（$D_1$） | 0.30 | 0.30 | 0.40 | 0.00 | 0.00 | 0.087 |
| 本体历史罕有程度（$D_2$） | 0.90 | 0.10 | 0.00 | 0.00 | 0.00 | 0.046 |
| 本体历史影响范围（$D_3$） | 0.30 | 0.50 | 0.10 | 0.10 | 0.00 | 0.066 |
| 衍生历史属性类型（$D_4$） | 0.20 | 0.20 | 0.50 | 0.10 | 0.00 | 0.044 |
| 衍生历史罕有程度（$D_5$） | 0.10 | 0.30 | 0.60 | 0.00 | 0.00 | 0.024 |
| 衍生历史影响范围（$D_6$） | 0.00 | 0.30 | 0.70 | 0.00 | 0.00 | 0.04 |
| 衍生历史事件数量（$D_7$） | 0.00 | 0.00 | 0.50 | 0.50 | 0.00 | 0.014 |
| 现存整体历时年限（$D_8$） | 1.00 | 0.00 | 0.00 | 0.00 | 0.00 | 0.043 |
| 现存整体保存状况（$D_9$） | 0.00 | 0.40 | 0.40 | 0.10 | 0.10 | 0.021 |
| 区域环境公共品质（$D_{10}$） | 0.30 | 0.40 | 0.30 | 0.00 | 0.00 | 0.049 |
| 场馆相对规模体量（$D_{11}$） | 0.00 | 0.00 | 0.90 | 0.10 | 0.00 | 0.029 |
| 体育空间形式设计（$D_{12}$） | 0.00 | 0.00 | 0.20 | 0.80 | 0.00 | 0.069 |
| 整体空间形式设计（$D_{13}$） | 0.00 | 0.40 | 0.50 | 0.10 | 0.00 | 0.054 |
| 建筑界面形式设计（$D_{14}$） | 0.10 | 0.40 | 0.40 | 0.10 | 0.00 | 0.031 |
| 结构技术先进水平（$D_{15}$） | 0.00 | 0.10 | 0.70 | 0.20 | 0.00 | 0.015 |
| 材料技术先进水平（$D_{16}$） | 0.00 | 0.30 | 0.70 | 0.00 | 0.00 | 0.013 |
| 细部工艺先进水平（$D_{17}$） | 0.10 | 0.50 | 0.40 | 0.00 | 0.00 | 0.05 |
| 施工技术先进水平（$D_{18}$） | 0.00 | 0.20 | 0.80 | 0.00 | 0.00 | 0.042 |
| 运动功能设计水平（$D_{19}$） | 0.00 | 0.10 | 0.50 | 0.40 | 0.00 | 0.048 |
| 体育设施配置水平（$D_{20}$） | 0.00 | 0.30 | 0.70 | 0.00 | 0.00 | 0.016 |
| 片区建设象征意义（$D_{21}$） | 0.00 | 0.50 | 0.50 | 0.00 | 0.00 | 0.073 |
| 片区更新触媒效应（$D_{22}$） | 0.00 | 0.10 | 0.40 | 0.50 | 0.00 | 0.051 |
| 社区生活聚集作用（$D_{23}$） | 0.00 | 0.00 | 0.20 | 0.80 | 0.00 | 0.048 |
| 社区居民情感承载（$D_{24}$） | 0.00 | 0.10 | 0.50 | 0.40 | 0.00 | 0.027 |

资料来源：笔者整理。

借助 SPSS 对上表数据进行模糊数学计算，可得隶属度计算结果见表 4.2。

表 4.2  上海跑马场跑马总会大楼模糊综合评价隶属度计算结果

| 类型 | 高 | 中高 | 中 | 中低 | 低 |
|---|---|---|---|---|---|
| 隶属度 | 0.1643 | 0.2464 | 0.4036 | 0.1836 | 0.0021 |
| 归一化隶属度 | 0.164 | 0.246 | 0.404 | 0.184 | 0.002 |

注：隶属度是 0~1 之间的数，表示评价对象对评语集的归属程度，归一化后总和为 1。

经过模糊综合评价，使用加权平均型权重，最终计算得到归一化隶属度为（0.164，0.246，0.404，0.184，0.002）。由此可得评语集里"中"权重最高，依照集合最大隶属度法则，最终上海跑马场跑马总会大楼的综合评价为"中"。

经过与上述过程同理的 38 座中国近现代体育建筑典型案例的模糊综合评价过程，最终可得到 38 组评价结果，见表 4.3。

表 4.3  38 座中国近现代体育建筑典型案例的模糊综合评价结果

| 经典案例 | 归一化评价隶属度 | | | | | 超值峰度 | 偏度 | 综合评分 |
|---|---|---|---|---|---|---|---|---|
| | 高 | 中高 | 中 | 中低 | 低 | | | |
| 北京工人体育场 | 0.506 | 0.28 | 0.21 | 0.002 | 0.002 | −0.545 | 0.603 | 85.72 |
| 南京中央体育场 | 0.36 | 0.425 | 0.198 | 0.017 | 0 | −2.7 | 0.078 | 82.56 |
| 上海江湾体育场 | 0.3 | 0.519 | 0.181 | 0 | 0 | −0.601 | 0.691 | 82.38 |
| 北京国家奥林匹克体育中心 | 0.34 | 0.464 | 0.161 | 0.034 | 0 | −1.932 | 0.455 | 82.14 |
| 广州天河体育中心 | 0.33 | 0.449 | 0.195 | 0.026 | 0 | −2.029 | 0.253 | 81.66 |
| 上海虹口足球场 | 0.277 | 0.539 | 0.137 | 0.013 | 0.034 | 0.684 | 1.153 | 80.24 |
| 首都体育馆 | 0.257 | 0.501 | 0.232 | 0.01 | 0 | −0.39 | 0.596 | 80.1 |
| 上海体育场 | 0.306 | 0.441 | 0.186 | 0.04 | 0.026 | −1.542 | 0.443 | 79.16 |
| 北京工人体育馆 | 0.168 | 0.49 | 0.342 | 0 | 0 | −1.778 | 0.469 | 76.52 |
| 上海体育馆 | 0.112 | 0.409 | 0.465 | 0.013 | 0 | −2.965 | 0.483 | 72.34 |
| 天津体育馆 | 0.096 | 0.447 | 0.415 | 0.042 | 0 | −3.104 | 0.508 | 71.94 |
| 广州沙面游泳场 | 0.151 | 0.334 | 0.394 | 0.109 | 0.011 | −2.058 | 0.22 | 70.04 |
| 上海游泳馆 | 0.084 | 0.312 | 0.578 | 0.026 | 0 | 0.137 | 1.157 | 69.08 |
| 重庆人民体育场 | 0.102 | 0.351 | 0.43 | 0.11 | 0.006 | −2.295 | 0.472 | 68.6 |
| 上海跑马场跑马总会大楼 | 0.164 | 0.246 | 0.404 | 0.184 | 0.002 | 1.176 | 0.105 | 67.72 |
| 南京五台山体育馆 | 0.046 | 0.322 | 0.547 | 0.083 | 0.001 | −0.429 | 1.042 | 66.52 |

续表

| 经典案例 | 归一化评价隶属度 | | | | | 超值峰度 | 偏度 | 综合评分 |
|---|---|---|---|---|---|---|---|---|
| | 高 | 中高 | 中 | 中低 | 低 | | | |
| 重庆体育馆 | 0.039 | 0.304 | 0.592 | 0.06 | 0.004 | 0.523 | 1.267 | 66.22 |
| 广州二沙头训练场 | 0.055 | 0.289 | 0.564 | 0.092 | 0 | 0.718 | 1.241 | 66.14 |
| 浙江人民体育馆 | 0.043 | 0.313 | 0.54 | 0.103 | 0.001 | −0.262 | 1.031 | 65.88 |
| 天津回力球场 | 0.043 | 0.307 | 0.543 | 0.085 | 0.022 | −0.014 | 1.15 | 65.28 |
| 天津青年会东马路会所 | 0.039 | 0.269 | 0.583 | 0.105 | 0.004 | 1.406 | 1.374 | 64.68 |
| 北京体育馆 | 0.059 | 0.229 | 0.57 | 0.141 | 0 | 2.277 | 1.471 | 64.06 |
| 长春体育馆 | 0.056 | 0.198 | 0.633 | 0.111 | 0.001 | 3.396 | 1.798 | 63.88 |
| 天津人民体育馆 | 0 | 0.25 | 0.684 | 0.066 | 0 | 2.426 | 1.637 | 63.68 |
| 广西南宁体育馆 | 0.01 | 0.255 | 0.624 | 0.111 | 0 | 1.915 | 1.471 | 63.28 |
| 北京朝阳体育馆 | 0.028 | 0.238 | 0.593 | 0.141 | 0 | 2.051 | 1.444 | 63.06 |
| 北京石景山体育馆 | 0.028 | 0.238 | 0.572 | 0.162 | 0 | 1.73 | 1.322 | 62.64 |
| 成都城北体育馆 | 0.023 | 0.202 | 0.656 | 0.119 | 0 | 3.227 | 1.761 | 62.58 |
| 黑龙江速滑馆 | 0.011 | 0.214 | 0.601 | 0.156 | 0.018 | 2.511 | 1.542 | 60.88 |
| 武汉大学宋卿体育馆 | 0.066 | 0.218 | 0.459 | 0.206 | 0.051 | 1.182 | 1.102 | 60.84 |
| 重庆跳伞塔 | 0.058 | 0.227 | 0.503 | 0.1 | 0.111 | 2.57 | 1.649 | 60.36 |
| 东北大学汉卿体育场 | 0.056 | 0.246 | 0.422 | 0.194 | 0.082 | 0.249 | 0.846 | 60 |
| 圣约翰大学顾斐德体育室 | 0.005 | 0.245 | 0.49 | 0.207 | 0.053 | 0.457 | 0.832 | 58.84 |
| 上海划船俱乐部 | 0.015 | 0.187 | 0.555 | 0.182 | 0.062 | 2.759 | 1.559 | 58.28 |
| 清华大学西体育馆 | 0.025 | 0.184 | 0.509 | 0.236 | 0.046 | 1.268 | 1.162 | 58.12 |
| 南洋公学体育馆 | 0.021 | 0.217 | 0.461 | 0.249 | 0.051 | −0.105 | 0.673 | 58.1 |
| 上海青年会四川路会所 | 0.021 | 0.176 | 0.484 | 0.236 | 0.083 | 1.388 | 1.132 | 56.32 |
| 汉口西商跑马场 | 0.009 | 0.176 | 0.518 | 0.181 | 0.117 | 2.955 | 1.473 | 55.64 |

资料来源：笔者自制。

注：评分有三种色深的底纹，最深代表高等级，较深代表中高等级，较浅代表中等级。

评价隶属度的可视化分析如图 4.2 所示。

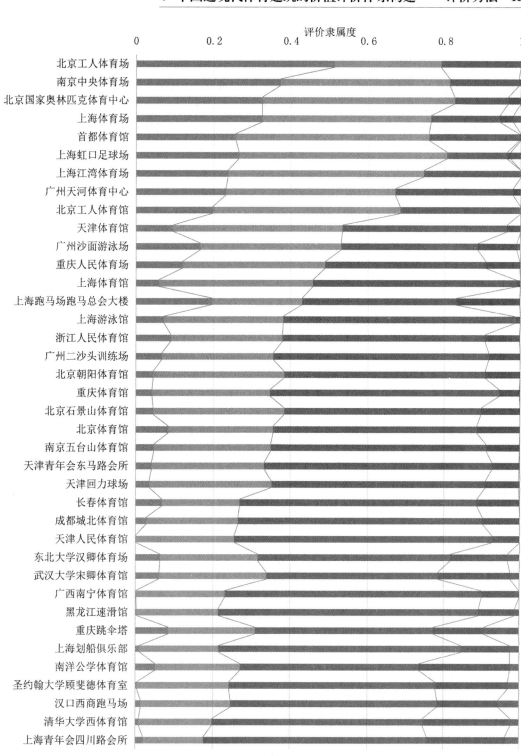

**图 4.2 现存典型案例的综合评级排序**

　　由统计结果可知，高等评级案例为北京工人体育场，共 1 个；中高评级案例包含南京
中央体育场等，共 9 个；中等评级案例包含上海体育馆等，共 28 个；中低评级与低评级未

出现，与样本均为具有历史代表性的重要体育建筑有关。另外，评价隶属度的超值峰度大于 0（高狭峰）的案例数量为 22 个；超值峰度小于 0（低阔峰）的案例数量为 16 个。评价隶属度的偏度大于 1（高等右偏）的案例数量为 22 个；偏度在 0.5~1 之间（中等右偏）的案例数量为 7 个；偏度在 0~0.5 之间（低等右偏）的案例数量为 9 个。

综上，应用本综合评价方法可以得到明确的评价结果和指导性指标，执行效率高，因此本综合评价方法具备较强的可行性。

# 4.2  价值评价的指导意义

## 4.2.1  价值导向的干预模式

价值导向的干预策略可以实现体育建筑更精细化的保护更新，体育建筑的功能设计和各种体育运动的不断发展要求意味着一种永久的保护形式是"不合适的"。同时，基于更宏观历史意义的干预模式研究还有待完善。美国内政部将建筑遗产保护分为保存、修复、更新和重建四种程度的干预方法，并颁布了相应的原则与技术标准。同济大学常青院士在《建筑遗产的生存策略》《历史建筑保护工程学》等著作中，都对建筑保护与修复的意义与局限，干预方式的选择，复建与历史空间再生等难点予以深入研究。历史建筑的"原真性"并非绝对，是相对性的概念，并由此发展出两种不同的基本干预模式：第一类是"作为终结了历史的建筑，标本一般的供人瞻仰和研究"，这种干预程度较低，甚至为零，适合于历史价值高、重点保护对象和非常独特的历史建筑；第二类是"作为历史得到延续的建筑，接受既往的变异因素"，这类建筑往往可以对其进行内部空间的更新，纳入发展变动的现实生活场景中，这种干预程度适中，甚至较高，适合构成城市历史风貌的大多数一般性历史建筑。近现代体育建筑保护应基于综合评价结果来选择相应的干预模式和策略。由于保存现状与价值评估的不同，同一评级的历史建筑也应有适宜、灵活、细化的干预策略。

不同综合评价结果决定着不同级别的具体干预策略，策略往往是综合的。具体来看，由综合评价模型的隶属度可以分析得出三项描述性指标：综合评级、峰度、偏度。对综合评级更高的建筑，干预程度应当更低；对隶属度分布峰度越扁平即评价差异越大的建筑，干预策略应当更加复合；对隶属度分布向右偏度越大即存在过低价值的建筑，干预策略在采用相应评级之外，增加低价值修复。

使用价值与经济价值这两大固有价值也影响具体干预原则。严格来说，本研究所构建的综合评价体系是历史建筑特定的综合价值评价，并未将建筑的两大固有价值考虑在内。综合评价体系未纳入的原因是，固有价值存在于每个建筑之中，不是建筑能否成为优秀历史建筑的影响因素而在面对具体干预策略时，两大固有价值又成为潜在的影响因素，因为它们关系到建筑保护工程的实际效果。回顾使用价值与经济价值的定义可知，近现代体育建筑的使用价值体现在体育空间使用状态、附属空间使用状态以及置换改造潜力三个方面，其经济价值体现在直接经济贡献与间接经济增值两个方面。在保护工程展开前，建筑师应明确建筑的固有价值达到基础标准，即建筑应能够继续在安全、有效的状态下存续。

结合对国内外专家理论的分析，笔者按干预程度将近现代体育建筑保护分为零干预度、低干预度、中干预度、高干预度四种基本干预模式，具体内容见表4.4。

**表 4.4　近现代体育建筑保护的基本干预模式及策略**

| 基本干预模式 | 价值评级 | 价值特征 | 基本干预策略 |
|---|---|---|---|
| 零干预度 | 高级别 | 使用与经济价值受到限制 | "博物馆式"完整保护，修复技术不改变原状，残缺也被视为有真实性意义 |
| 低干预度 | 中高～高级别 | 使用与经济价值受到制约 | 全方位的保护与修复，修复技术照原处恢复又保持有所区别，残缺可追溯原始设计修补 |
| 中干预度 | 中～中高级别 | 使用与经济价值寻求平衡 | 适应性修复与再利用，不改动基本格局与突出特征前提下，找寻最佳再利用方式 |
| 高干预度 | 低～中级别 | 使用与经济价值有较大提升空间 | 创新式更新与再利用，尊重重要特征元素前提下，重新赋予建筑活力与意义，提升使用与经济价值 |

资料来源：笔者自制。

对应四类特征性价值，可得更加具体的干预模式内涵，见表4.5。

**表 4.5　基本干预模式与四类综合价值的对应关系**

| 特征性价值 | 零干预度模式 | 低干预度模式 | 中干预度模式 | 高干预度模式 |
|---|---|---|---|---|
| 历史价值 | 原真性的彰显 | 解释性的修正 | 解释性的补充 | 解释性的延伸 |
| 艺术价值 | 形式语言的保留 | 形式语言的延续 | 形式语言的演绎 | 形式语言的叠加 |
| 科学价值 | 建筑与体育工艺的保留 | 建筑与体育工艺的保留与凸显 | 建筑与体育工艺的改进和升级 | 建筑与体育工艺的改变和替换 |
| 社会价值 | 外部场地的保留，内部空间的保留 | 外部场地的改善，内部空间的提升 | 外部空间对城市环境的衔接，内部空间对居民生活的关联 | 整体建筑对城市环境的触媒，满足居民需求的体验提升 |

资料来源：笔者自制。

### 1. 零干预度模式

零干预度模式的保护更新强调一切保护更新的行为应尊重原物，最大限度保留原初的实物与理念。正如《威尼斯宪章》中措辞严格的说明："大家认同，为子孙后代妥善地保护它们（历史文物建筑）是我们共同的责任。我们必须一点不走样地把它们的全部信息传承下去。"其中，"一点不走样"和"全部信息"就是强调对建筑遗产综合价值的全方位保留，最大限度地尊重原初信息，尽可能延长原物的使用周期。

具体来看，在历史价值方面，该模式强调建筑的"博物馆式"的静态展陈，完整保护高于日常使用，防止实物与理念的破坏，保留原始实物的历史印记，修复技术尽量最小化改变原状，残缺也被视为有真实性意义；在艺术、科学、社会价值方面，除了安全隐患等影响存续的问题，该模式强调尽可能保持原物状态，并在此基础上进行有限的展陈和使用。

### 2. 低干预度模式

低干预度模式的保护更新是以全方位的保护与修复为主的模式，遵循最小限度的干预，修复干预应同时有史料依据和科学依据，使修复完成后既提升性能又不会掩盖原初实物，保持较为清晰的区别，达到修复与原初实物相互可辨识、可追溯的状态，并能保证修复完成后原初历史信息的可读性，为延拓文物建筑的历史价值打好基础。

具体来看，在历史价值方面，该模式强调建筑在坚持原真性的基础上，实施让历史实物更加凸显的更新方法，并在实践案例中出现两种手法倾向：一是新介入的元素能够与旧有元素形成对比，以突出原初建筑的历史价值；二是新介入的元素构成了某种类比，以强化原建筑的历史价值。在艺术价值方面，该模式强调建筑形式语言的延续，新介入的元素不改变原建筑形式的逻辑。在科学价值方面，该模式强调建筑与体育工艺的凸显，体育空间的利用方式不会要求超越现有工艺的条件（例如不应要求回力球场改造再利用作为当代竞技型体育馆等），干预措施仅涉及过时失能的局部工艺。在社会价值方面，该模式强调建立外部场地对城市环境的衔接，和关联居民生活的功能聚合，提升建筑的区域定位与情感联结。

### 3. 中干预度模式

中干预度模式的保护更新是以适应性修复与再利用为主的模式，在不改动建筑突出特征和基本格局的前提下，找寻最佳的再利用方式。新介入元素与历史性元素之间仍应存在内在的逻辑关联，通过一系列设计手法实现新旧元素的关联与融合。

具体来看，在历史价值方面，该模式强调建筑完整性的扩展，基于科学的调研与文献，让原始建筑能够与时俱进，弥补缺憾，提高完整度，从而实现适应性再利用，多为原始设计时因客观条件没能实现的理念（例如工人体育场设计之初，梁思成先生曾提出旁边应建设一幢高层塔楼的构想），或原始设计有明显不足且容易改造的设计（例如 20 世纪末之前建成的大多数体育场都没有罩棚）。在艺术价值方面，该模式允许新的形式对原有形式语言强化秩序，形成引导，或新介入的形式与原有形式易于识别又相互补充，形成意义上的延续。在科学价值方面，该模式允许建筑与体育工艺的改进与升级，为满足某些更高的利用需求而进行适当程度的工艺更替。在社会价值方面，该模式强调在场地流线布局方面加强外部空间对城市环境的衔接，在整体功能布置方面加强内部空间对居民生活的关联。

### 4. 高干预度模式

高干预度模式的保护更新是以创新式更新与再利用为主的模式，在尊重主要历史特征要素的前提下，以提升建筑使用与经济价值为目标，激活建筑，甚至赋予新的意义。

具体来看，在历史价值方面，该模式强调建筑解释性的延伸，借助解释学的思想让历史建筑的意义得到延伸，让过去的文化传统转化成当代的文化意涵，干预过程也必然加入更多的当代理念。在艺术价值方面，该模式允许形式语言的植入与叠加，新旧建筑的结合会让人们重新审视历史场所及其空间的象征与表达。在科学价值方面，该模式允许建筑与体育工艺的改进与升级，为满足某些更高的利用需求而进行很大范围的工艺更替，甚至是为满足其他功能转换而移除体育工艺。在社会价值方面，该模式强调在场地流线布局方面整体建筑对城市环境的触媒效应，通过凸显地标形象和开放片区来吸引人流，在整体功能布置方面实现满足居民需求的体验提升作用，通过引入周边居民需求的功能来加强联结。

## 4.2.2　价值导向的工作流程

干预模式的有效执行依赖适合的保护工作流程。从行政管理角度来看，我国完整的历史建筑的保护与管理工作由两大系统与一个独立体系构成，两大系统分别为历史文化名城名镇名村体系和文物保护单位体系，独立体系为军事遗产管理体系，保障行政效力的法律包括《中华人民共和国城乡规划法》《中华人民共和国文物保护法》，以及相关法规、规章与保护技术规范等。其中，国家层面的法规对保护更新工作流程的规定是框架性要求，较为宏观，地方法规则较为具体。笔者以全国和上海的规定为例，将我国文物部门与建设部门的建筑保护更新工作流程进行对比和归纳，如图 4.3 所示。

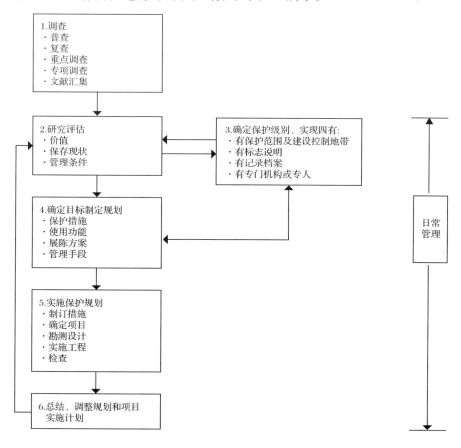

**图 4.3　《中国文物古迹保护准则》规定的基本工作流程**

相比之下，建筑保护组织提供的文件则有更为具体的规定。根据 2015 年修订的《中国文物古迹保护准则》，我国建筑遗产的保护利用方式主要分为静态展示、延续原有功能和植入当代功能三种，其中第三章将保护工作分为调查，研究评估，确定保护级别，确定目标制定规划，实施保护规划，总结、调整规划和项目实施计划共六大程序，涉及多学科领域。从中可以看出，此工作程序为专业保护工作者的指导流程，未能体现多组利益相关方的价值权衡。评估的内容包括文物建筑的价值、保存状态、管理条件和威胁安全因素，也包括对文物古迹研究和展示、利用状况的评估。可见价值评价只是其中一环，与其他多项评估的地位相近，并且共同影响未来的保护级别、目标和规划。整体来看，这里的工作流程属于线性流程，而非围绕价值的中心向流程。

在美国盖蒂保护研究所（The Getty Conservation Institute）发表的《文化遗产价值评估研究报告》（*Assessing the values of cultural heritage: Research report*）中，建筑文化重要性 / 价值导向的保护工作流程在开始阶段便引入利益相关者（Stakeholders）的参与，包括识别与描述、评估与分析、响应三个环节；在有关文化重要性 / 价值评价的进一步细化工作流程中，又包含鉴别、细化 / 引出、重要性表述三个子步骤，详见图 4.4、图 4.5。相较于《中国文物古迹保护准则》的工作流程，盖蒂研究所的工作流程中价值评价的地位更加突出，也更加直接地作用于响应环节的各种干预行为。

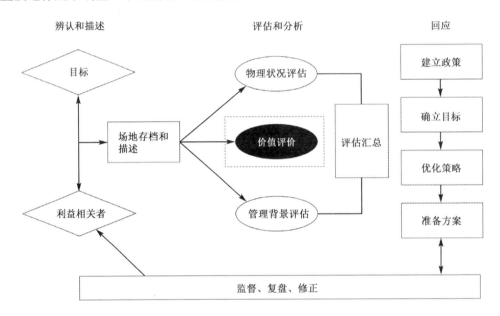

图 4.4　价值导向的保护工作流程

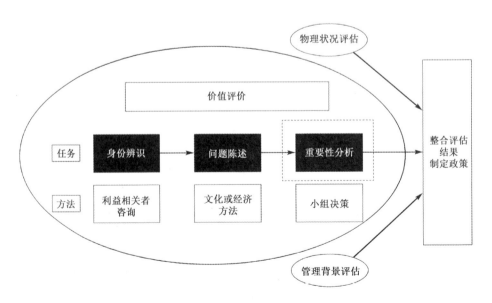

图 4.5　保护工作中心环节——价值评价（Value Assessment）的子工作流程

### 4.2.3 基于价值评价结果的指导原则

能通过价值评价结果归纳出相应的保护更新策略，才能够对实践工作产生指导意义。上述模糊综合评价得出的评价隶属度及其相应等级、超值峰度和偏度，均能够对应至工程实践中的指导原则，具体如下：

评价等级，反映专家意见对案例现有价值的认可程度，与工程实践中主要策略的干预度成反比关系，评级越高，相应策略可允许的干预程度就越低。因此，高等评级对应着低干预度为主即保护修缮为主的保护策略，低等评级对应着高干预度为主即改造更新为主的保护策略，而中等评级则对应着中干预度为主即平衡兼顾的保护策略。

超值（评价）峰度，反映最大隶属度评价的集中程度，与工程实践中需采用的差异策略与主要策略的干预程度差异大小有关，峰度越高，相应策略之间可允许的干预程度差异就越小，即差异的宽容度低。超值峰度大于 0，对应着低宽容度的保护策略；超值峰度等于 0，对应着中宽容度的保护策略；超值峰度小于 0，对应着高宽容度的保护策略。

偏度，反映评价意见的整体分布趋势，与工程实践中差异策略的数量占比有关。对高级、中高级、中级的典型案例来说，偏度小于 0，意味着差异意见多数被赋予较低评价，进而表示需要较多的差异策略进行价值补偿；偏度在 0~0.5 之间，表示需要部分的差异策略进行价值补偿；偏度在 0.5~1 之间，表示需要局部的差异策略进行价值补偿；偏度大于 1，表示仅需要个别的差异策略进行价值补偿。

最终，综合策略的制定就是在制定原则的基础上，根据实际案例的价值情况，选择不同具体策略进行组合。从整体的保护工作流程来看，具有指导意义的综合评价方法可以改善现有工作中存在的问题，如缺乏量化和明确的指导、缺乏及时的反馈和修正等。评价等级、峰度和偏度与保护策略的对应关系如图 4.6 所示。

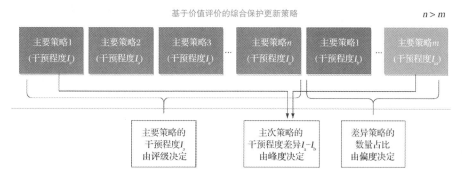

图 4.6 评价等级、超值峰度和偏度与保护策略的对应关系

# 4.3 典型案例的价值评价与指导性分析

以本研究应用的评价方法为例，在理论上，5 种评价等级（高、中高、中、中低、低）、3 种超值峰度分布（高尖峰、正态峰、低阔峰）、3 种偏度分布（左偏态、对称、右偏态）

可以产生 45 种不同的结果情况。在现实中，当德尔菲法样本数量足够大时，正态和对称的出现概率极低；另外，当评级为高和中高时，无法呈现左偏态，当评级为低和中低时，无法呈现右偏态。因此，符合现实情况的可能性共有 12 种。38 个典型案例的评价结果可分为 8 个具体类别，已覆盖多数常见情况。针对典型案例的价值评价结果进行类型化的指导性分析，具有重要的现实意义。

### 4.3.1 高等评级典型案例

类型 1：综合评级为高等，超值峰度为低阔，偏度为中度右偏

经统计分析，评价结果类型 1 的典型案例共计 1 个，为北京工人体育场，评价结果见表 4.6，评价隶属度分布见图 4.7。

表 4.6　类型 1 典型案例的评价结果

| 典型案例 | 综合评级 | | 超值峰度 | | 偏度 | |
|---|---|---|---|---|---|---|
| 北京工人体育场 | 高等 | 0.506 | 低阔 | −0.545 | 中度右偏 | 0.603 |

资料来源：笔者自制。

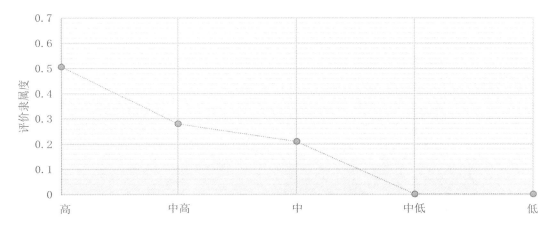

━●━ 北京工人体育场

图 4.7　类型 1 典型案例的隶属度分布

价值评价结果分析：其最大隶属度分布于高等，接近正态分布的低阔峰，呈现向右中度偏态。评价结果说明：北京工人体育场的各类保护价值均在高水平，获得多数专家认可，也存在部分类型价值得到相对低的级别评定，不同程度评价的整体差异性较小。

基于价值评价的指导原则：主要策略采用全方位的保护模式，局部具有突出价值的构件给予原貌保存，也允许局部修复。分析评定分歧略大的具体原因，允许进行局部部位改造以恢复完整性。需采用的差异策略数量较少，整体干预程度宜保持在零～中等水平。

类型 1 案例的实际干预策略分析：类型 1 的实际干预策略见表 4.7。北京工人体育场的保护性复建是较为特殊的案例，它是高等评级的典型案例，然而，它的原始修建过程十分仓促，建筑结构设计考虑不周，如今已是结构安全隐患（$D_{eu}$ 级）很高的建筑。正如前文所论，当一般性价值已经影响建筑存续时，异于其指导意见的干预措施是可被接受的。采

用拆除原物，又按原始工艺复建外观，按先进工艺新建内部空间的干预方式。实物干预程度与指导意见有较大偏差；原始突出的设计理念依然得到较多的保留，而对原始设计一些不合理或未实现的设计手法进行修正，在理念的保护上与评价结果及其指导意见较为一致，这也体现近现代体育建筑的意义性保护。

表4.7　类型1典型案例的实际干预策略

| 典型案例 | 实际干预策略 | 实际干预度 | 理念干预度 | 实际干预与指导原则的一致程度 |
|---|---|---|---|---|
| 北京工人体育场 | 体育场地：按照国际赛事标准的专业足球场重建，北看台编号不变；取消跑道，提升看台坡度，增大座椅间距，增加中看台及包厢层，加建屋顶罩棚。<br>整体空间：增加地下空间开发。<br>建筑立面：原工艺原样式复建，外立面形式、比例、椭圆造型基本不变 | 高 | 中 | 不一致 |

资料来源：笔者自制。

## 4.3.2　中高等评级典型案例

类型2：综合评级为中高等，超值峰度为低阔，偏度为低度右偏

经统计分析，评价结果类型2的典型案例共计4个，包括北京国家奥林匹克体育中心、广州天河体育中心、上海体育场、北京工人体育馆，评价结果见表4.8，评价隶属度分布见图4.8。

表4.8　类型2典型案例的评价结果

| 典型案例 | 综合评级 | | 超值峰度 | | 偏度 | |
|---|---|---|---|---|---|---|
| 北京国家奥林匹克体育中心 | 中高等 | 0.464 | 低阔 | −1.932 | 低度右偏 | 0.455 |
| 广州天河体育中心 | 中高等 | 0.449 | 低阔 | −2.029 | 低度右偏 | 0.253 |
| 上海体育场 | 中高等 | 0.441 | 低阔 | −1.542 | 低度右偏 | 0.443 |
| 北京工人体育馆 | 中高等 | 0.49 | 低阔 | −1.778 | 低度右偏 | 0.469 |

资料来源：笔者自制。

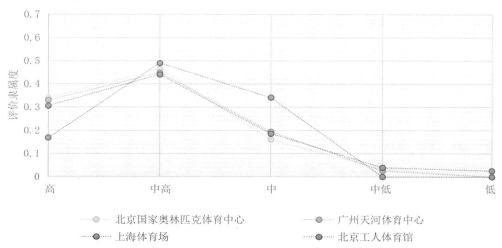

图4.8　类型2典型案例的隶属度分布

评价结果分析：其最大隶属度分布于中高等，接近正态分布的低阔峰，呈现向右低度偏态。评价结果说明：北京国家奥林匹克体育中心等类型 2 案例的多类保护价值处于中高水平，获得多数专家认可，也存在少部分类型的价值得到相对更高 / 低的评定意见，不同程度评价的整体差异性略大。

基于价值评价的指导原则：主要策略采用以保护为主的模式。分析评定分歧较大的具体原因，允许进行部分针对性的改扩建以实现综合价值提升。需采用的差异策略数量略多，整体干预程度宜保持在零 ~ 中等水平。

类型 2 案例的实际干预策略分析：类型 2 的具体干预策略见表 4.9。整体来看，实际干预与指导原则较为一致。针对北京国家奥林匹克体育中心的原始罩棚、广州天河体育中心的原始观众座席、北京工人体育馆的原始框架结构等不尽如人意的原始设计，实际干预中进行改造和提升，而承载突出特征的元素，则给予充分的尊重和保留。其中与指导原则略显不符的案例是上海体育场，在改造为专业足球场的过程中拆除了原始的田径场地和下层看台，在外立面也进行全面的翻新和微调，在对待原始实物的保护方面值得商榷。

**表 4.9　类型 2 典型案例的实际干预策略**

| 典型案例 | 实际干预策略 | 实际干预度 | 理念干预度 | 实际干预与指导原则的一致程度 |
|---|---|---|---|---|
| 北京国家奥林匹克体育中心 | 体育场地：体育场增加一层看台及包厢，设施设备满足国际田径赛事标准。<br>整体空间：群体布局的秩序不变，体育馆和游泳馆扩大一层大厅面积，屋顶节能改造，体育场增加四组外部螺旋交通空间，屋顶增加悬挑。<br>建筑立面：体育馆和游泳馆的立面形式、比例、屋顶造型基本不变，体育场的立面有较大改变 | 中 | 低 | 一致 |
| 广州天河体育中心 | 体育场地：观众座椅更新、看台防水补漏、厕所升级改造、综合维修等。<br>整体空间：全面提升的智能化改造。<br>建筑立面：保持原形制、结构、材料和工艺 | 低 | 低 | 一致 |
| 上海体育场 | 体育场地：取消跑道、场地下沉、增加前排看台、增加内悬挑结构罩棚，室内外和场地天然草坪翻新。<br>整体空间：看台下空间及建筑周边新建了赛事功能用房、商业配套、地下隧道和地下车库。<br>建筑立面：全面更新构件，维持原始外观 | 中高 | 中 | 不一致 |
| 北京工人体育馆 | 体育场地：多功能利用，设施设备升级。<br>整体空间：屋顶及框架结构加固，绿色改造。<br>建筑立面：外立面修缮，门窗节能改造 | 低 | 低 | 一致 |

资料来源：笔者自制。

类型 3：综合评级为中高等，超值峰度为低阔，偏度为中度右偏

经统计分析，评价结果类型 3 的典型案例共计 4 个，包括南京中央体育场、上海江湾体育场、首都体育馆、天津体育馆，评价结果见表 4.10，评价隶属度分布见图 4.9。

表 4.10　类型 3 典型案例的评价结果

| 典型案例 | 综合评级 | | 超值峰度 | | 偏度 | |
|---|---|---|---|---|---|---|
| 南京中央体育场 | 中高等 | 0.425 | 低阔 | −2.7 | 低度右偏 | 0.078 |
| 上海江湾体育场 | 中高等 | 0.519 | 低阔 | −0.601 | 低度右偏 | 0.691 |
| 首都体育馆 | 中高等 | 0.501 | 低阔 | −0.39 | 低度右偏 | 0.596 |
| 天津体育馆 | 中高等 | 0.447 | 低阔 | −3.104 | 低度右偏 | 0.508 |

资料来源：笔者自制。

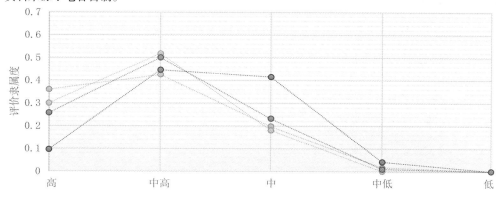

图 4.9　类型 3 典型案例的隶属度分布

　　评价结果分析：其最大隶属度分布于中高等，呈现扁平的低阔峰，向右中度偏态。评价结果说明：北京国家奥林匹克体育中心等类型 3 案例的多类保护价值处于中高水平，获得多半专家认可。部分分布于相对更高 / 低级别，且部分更高的评价应得到关注，不同程度评价的整体差异性较小。

　　基于价值评价的指导原则：主要策略采用以保护为主的复合模式。具有突出价值的构件给予原貌保存，允许局部修复。分析评定分歧略大的具体原因，允许进行局部部位改造以恢复完整性。需采用的差异策略数量较少，整体干预程度宜保持在零 ~ 中等水平。

　　类型 3 案例的实际干预策略分析：类型 3 的具体干预策略见表 4.11。整体来看，实际干预与指导原则基本一致，每一座都得到较为完整的传承，差异策略少。唯一偏差较大的实践是南京中央体育场篮球场和游泳池进行的原址加建，对原始露天场地和新加建室内馆都不是好的思路，在后来其国术场的保护更新中也能够看到与先前做法的显著不同。

表 4.11　类型 3 典型案例的实际干预策略

| 典型案例 | 实际干预策略 | 实际干预度 | 理念干预度 | 实际干预与指导原则的一致程度 |
|---|---|---|---|---|
| 南京中央体育场 | 体育场地：前期改造干预明显，篮球场改建为网球馆，游泳池改建为游泳馆，棒球场被居民区占据，而近期的国术场得以全面的保护性修缮。<br>整体空间：主轴线得到尊重，但后期加建建筑秩序较为杂乱。<br>建筑立面：整治修缮外立面及门窗 | 中 | 低 | 较一致 |

续表

| 典型案例 | 实际干预策略 | 实际干预度 | 理念干预度 | 实际干预与指导原则的一致程度 |
|---|---|---|---|---|
| 上海江湾体育场 | 体育场地：改用作全民健身属性的跑道及足球场地，设备升级。<br>整体空间：一层功能增加商业开发。<br>建筑立面：全面修缮，结构加固，恢复原貌 | 低 | 低 | 一致 |
| 首都体育馆 | 体育场地：观众席改造，冰上运动场地改造提升，照明通风系统升级。<br>整体空间：传承保护、立足赛后、确保赛时、绿色科技。<br>建筑立面：整旧如故，以原工艺全面修复 | 低 | 中 | 一致 |
| 天津体育馆 | 体育场地：比赛大厅进行提升改造，增加座席，增设斗屏，可满足全运会及专业篮球赛事。<br>整体空间：增加贵宾厅、休息厅，环廊打通，增加商业等服务设施及无障碍设施等。<br>建筑立面：修复原始幕墙 | 中低 | 低 | 一致 |

资料来源：笔者自制。

类型 4：综合评级为中高等，超值峰度为高尖，偏度为高度右偏

经统计分析，评价结果类型 4 的典型案例共计 1 个，为上海虹口足球场，评价结果见表 4.12，评价隶属度分布见图 4.10。

表 4.12　类型 4 典型案例的评价结果

| 典型案例 | 综合评级 | | 超值峰度 | | 偏度 | |
|---|---|---|---|---|---|---|
| 上海虹口足球场 | 中高等 | 0.539 | 高尖 | 0.684 | 高度右偏 | 1.153 |

资料来源：笔者自制。

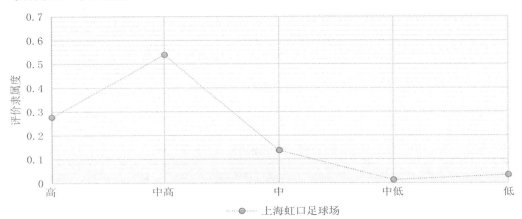

图 4.10　类型 4 典型案例的隶属度分布

评价结果分析：其最大隶属度分布于中高等，呈现突出的高尖峰，向右高度偏态。评价结果说明：上海虹口足球场代表的类型 4 案例的多数保护价值处于中高水平，获得绝大多数专家的一致认可。个别分布于相对更高 / 低级别，不同程度评价的整体差异性很小。

基于价值评价的指导原则：主要策略以保护为主的模式。尊重原初设计，允许个别部位改造以提升使用价值，需采用的差异策略数量很少，整体干预程度宜保持在零~低等水平。

类型4案例的实际干预策略分析：类型4的具体干预策略见表4.13。虹口足球场经历的历次保护更新工程均为低干预度的更新升级，与指导原则一致。

表 4.13　类型 4 典型案例的实际干预策略

| 典型案例 | 实际干预策略 | 实际干预度 | 理念干预度 | 实际干预与指导原则的一致程度 |
|---|---|---|---|---|
| 上海虹口足球场 | 体育场地：国际赛事标准的设备升级。<br>整体空间：一层附属用房平时用作办公及商业，二层及大平台平时用作全民健身俱乐部。<br>建筑立面：屋面膜结构及钢结构维护，立面幕墙更新 | 中 | 低 | 一致 |

资料来源：笔者自制。

## 4.3.3　中等评级典型案例

类型5：综合评级为中等，超值峰度为低阔，偏度为低度右偏

经统计分析，评价结果类型5的典型案例共计3个，包括上海体育馆、广州沙面游泳场、重庆人民体育场，评价结果见表4.14，评价隶属度分布见图4.11。

表 4.14　类型 5 典型案例的评价结果

| 典型案例 | 综合评级 | | 超值峰度 | | 偏度 | |
|---|---|---|---|---|---|---|
| 上海体育馆 | 中等 | 0.465 | 低阔 | −2.965 | 低度右偏 | 0.483 |
| 广州沙面游泳场 | 中等 | 0.394 | 低阔 | −2.058 | 低度右偏 | 0.22 |
| 重庆人民体育场 | 中等 | 0.43 | 低阔 | −2.295 | 低度右偏 | 0.472 |

资料来源：笔者自制。

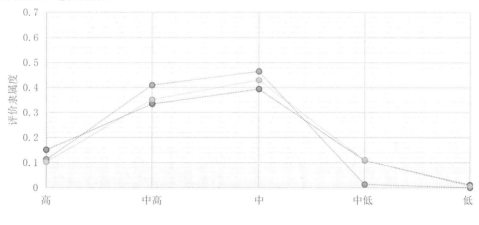

图 4.11　类型 5 典型案例的隶属度分布

评价结果分析：其最大隶属度分布于中等，呈现扁平的低阔峰，向右低度偏态。评价结果说明：上海体育馆等类型5案例的各类保护价值处于中高等级别，获得多数专家的认可，部分分布于相对更高/低级别，且部分更高的评价应得到关注，不同程度评价的整体差异性略大。

基于价值评价的指导原则：主要策略采用以保护和更新为主的综合模式。对具有突出价值的构件给予保护，允许部分部位改造以提升使用价值。需采用的差异策略数量略多，整体干预程度宜保持在低~中高等水平。

类型5案例的实际干预策略分析：类型5的具体干预策略见表4.15。整体来看，实际干预与指导原则一致。

表4.15 类型5典型案例的实际干预策略

| 典型案例 | 实际干预策略 | 实际干预度 | 理念干预度 | 实际干预与指导原则的一致程度 |
|---|---|---|---|---|
| 上海体育馆 | 体育场地：内场改造为NBA级别篮球场地，同时满足乒球、羽球、排球、斯诺克等赛事要求。<br>整体空间：量体裁衣，强化专业篮球馆主场功能，增加名人堂展览参观等，并调整相关流线。<br>建筑立面：全面更新外立面构件，原设计不变 | 中 | 低 | 一致 |
| 广州沙面游泳场 | 体育场地：钢结构屋架进行去锈修复和喷漆防腐，池体重做防水层并按现代泳池规范铺贴新瓷片，更换了循环过滤系统和池水加热系统。<br>整体空间：一层功能调整增加参观流线。<br>建筑立面：保持原形制、结构、材料和工艺，还原原始外墙的意大利批荡涂装 | 中 | 低 | 一致 |
| 重庆人民体育场 | 体育场地：修葺翻新原始田径场地，改作全民健身跑道及活动场地。<br>整体空间：看台下空间及建筑周边新建了赛事功能用房、商业配套、地下隧道和地下车库。<br>建筑立面：全面整饬，保护特色恢复传统风貌 | 中 | 低 | 一致 |

资料来源：笔者自制。

### 类型6：综合评级为中等，超值峰度为低阔，偏度为中高度右偏

经统计分析，评价结果类型6的典型案例共计4个，包括南洋公学体育馆、南京五台山体育馆、浙江人民体育场、天津回力球场，评价结果见表4.16，评价隶属度分布见图4.12。

表4.16 类型6典型案例的评价结果

| 典型案例 | 综合评级 | | 超值峰度 | | 偏度 | |
|---|---|---|---|---|---|---|
| 南洋公学体育馆 | 中等 | 0.461 | 低阔 | −0.105 | 中度右偏 | 0.672 |
| 南京五台山体育馆 | 中等 | 0.547 | 低阔 | −0.429 | 高度右偏 | 1.042 |
| 浙江人民体育馆 | 中等 | 0.54 | 低阔 | −0.262 | 高度右偏 | 1.031 |
| 天津回力球场 | 中等 | 0.543 | 低阔 | −0.014 | 高度右偏 | 1.15 |

资料来源：笔者自制。

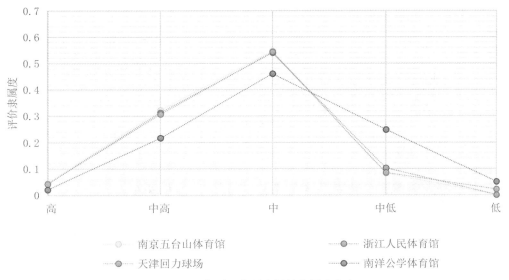

**图 4.12 类型 6 典型案例的隶属度分布**

评价结果分析：其最大隶属度分布于中高等，呈现接近正态分布的低阔峰，向右中度或高度偏态。评价结果说明：南洋公学体育馆、南京五台山体育馆等类型 6 案例的个别类型价值得到更高评价，总体处于中等水平，获得大多数专家认可。个别高等级的评价也应引起关注，不同程度评价的整体差异性较小。

基于价值评价的指导原则：主要策略以保护和更新为主的综合模式。对具有突出价值的构件给予保护，允许部分部位改造更新以提升使用价值。需采用的差异策略数量较少，整体干预程度宜保持在低～中高等水平。

类型 6 案例的实际干预策略分析：类型 6 的具体干预策略见表 4.17。整体来看，实际干预与指导原则较为一致。南洋公学体育馆的主球馆跑道、浙江人民体育馆的双曲屋顶等突出特征构件，均得到缜密的更新处理。略显违和的案例是天津回力球场，它一方面对原外观加以灰色涂料的覆盖，在原主入口的周围用大幅广告牌遮盖替换了原 "FORUM" 标志，另一方面在运动功能不存续的前提下大力商业开发为商业综合体，与原始理念也不尽相同。

**表 4.17 类型 6 典型案例的实际干预策略**

| 典型案例 | 实际干预策略 | 实际干预度 | 理念干预度 | 实际干预与指导原则的一致程度 |
|---|---|---|---|---|
| 南洋公学体育馆 | 体育场地：原泳池改造为乒乓球馆，主球馆及乒乓球馆的屋架及场地、跑道等设施得到修缮维护。<br>整体空间：一层局部房间改作办公室。<br>建筑立面：整治修缮外立面及门窗 | 中 | 低 | 一致 |
| 南京五台山体育馆 | 体育场地：功能转向全民健身，设备升级。<br>整体空间：一层功能改作体育俱乐部。<br>建筑立面：局部修缮，维持原貌 | 低 | 低 | 一致 |
| 浙江人民体育馆 | 体育场地：看台、运动地板、音响及灯光系统升级，满足 CBA 赛事及亚运会拳击比赛标准。<br>整体空间：功能基本不变，装饰翻新，场地周边及地下新建了训练馆、赛事功能用房和车库。<br>建筑立面：整旧如故，以原工艺全面修复，场地原雕塑及原树木均进行整新复位 | 低 | 低 | 一致 |

续表

| 典型案例 | 实际干预策略 | 实际干预度 | 理念干预度 | 实际干预与指导原则的一致程度 |
|---|---|---|---|---|
| 天津回力球场 | 体育场地：改作电影院及其他娱乐功能。<br>整体空间：功能改为娱乐产业为主的俱乐部，现有电影院、幼儿园、餐厅等。<br>建筑立面：立面用崭新涂料，与原貌有差别。 | 高 | 中 | 不一致 |

资料来源：笔者自制。

**类型 7：综合评级为中等，超值峰度为高尖，偏度为低度右偏**

经统计分析，评价结果类型 7 的典型案例共计 1 个，为上海跑马场跑马总会大楼，评价结果见表 4.18，评价隶属度分布见图 4.13。

**表 4.18　类型 7 典型案例的评价结果**

| 典型案例 | 综合评级 | | 超值峰度 | | 偏度 | |
|---|---|---|---|---|---|---|
| 上海跑马场跑马总会大楼 | 中等 | 0.404 | 高尖 | 1.176 | 低度右偏 | 0.105 |

资料来源：笔者自制。

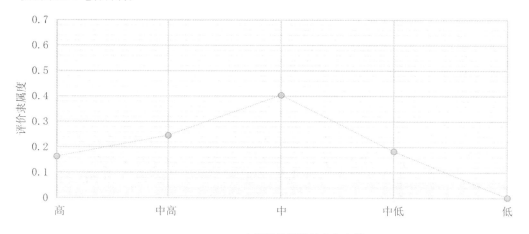

**图 4.13　类型 7 典型案例的隶属度分布**

评价结果分析：其最大隶属度分布于中高等，呈现接近正态分布的低阔峰，向右中度或高度偏态。评价结果说明：上海跑马场跑马总会大楼代表的类型 7 案例的部分类型价值得到高等评价，总体处于中等水平，获得多半专家认可。高/低等级的评价也应引起相当程度的重视，不同程度评价的整体差异性较大。分析这座典型案例的特性可知，上海跑马场跑马总会大楼的部分价值是其自身承载的，部分价值是其作为原上海跑马场三期扩建后整体的一部分承载的，在原跑马场实物拆除的背景下，跑马总会大楼的部分历史和艺术价值有了更大的保护需求。

基于价值评价的指导原则：主要策略采用以更新为主的模式。对具有突出价值的构件给予保护性更新，允许部分部位采用高干预方式以进行价值补偿。需采用的差异策略数量略多，整体干预程度宜保持在低～中高等水平。

类型 7 案例的实际干预策略分析：类型 7 的具体干预策略见表 4.19。作为上海跑马场的遗存附属设施，跑马总会大楼的体育设施痕迹在20世纪的几次大型改造过程中消失，在最近的保护更新工程中，建筑师在现存基础上精心修缮，并尽量将原始的天花、墙面、门窗玻璃暴露出来，同时将美术馆时期在楼梯厅加建的墙体也进行保留，忠实地表达出原始样貌和历史沿革。整体而言，充分展现了主要保护策略和局部差异策略的指导原则。

表 4.19 类型 7 典型案例的实际干预策略

| 典型案例 | 实际干预措施 | 实际<br>干预度 | 理念<br>干预度 | 实际干预与指导<br>原则的一致程度 |
|---|---|---|---|---|
| 上海跑马场<br>跑马总会<br>大楼 | 体育场地：原看台已在20世纪50年代和70年代改造中拆除，原观众厅（售票厅）得以修缮为序厅。<br>整体空间：环境整合，开放屋顶和场地，室内装饰注重在可识别性的基础上增加新的元素。<br>建筑立面：精心修缮，恢复原工艺的历史感。 | 中 | 中 | 一致 |

资料来源：笔者自制。

类型 8：综合评级为中等，超值峰度为高尖，偏度为中高度右偏

经统计分析，评价结果类型 8 的典型案例共计 20 个，包括东北大学汉卿体育场、圣约翰大学顾斐德体育室、上海游泳馆、重庆体育馆、广州二沙头训练场、天津青年会东马路会所、北京体育馆、长春体育馆、天津人民体育馆、广西南宁体育馆、北京朝阳体育馆、北京石景山体育馆、成都城北体育馆、黑龙江速滑馆、武汉大学宋卿体育馆、重庆跳伞塔、上海划船俱乐部、清华大学西体育馆、上海青年会四川路会所、汉口西商跑马场，评价结果见表4.20，评价隶属度分布见图4.14。

表 4.20 类型 8 典型案例的评价结果

| 典型案例 | 综合评级 | | 超值峰度 | | 偏度 | |
|---|---|---|---|---|---|---|
| 东北大学汉卿体育场 | 中等 | 0.422 | 高尖 | 0.249 | 中度右偏 | 0.846 |
| 圣约翰顾斐德体育室 | 中等 | 0.49 | 高尖 | 0.457 | 中度右偏 | 0.832 |
| 上海游泳馆 | 中等 | 0.578 | 高尖 | 0.137 | 高度右偏 | 1.157 |
| 重庆体育馆 | 中等 | 0.592 | 高尖 | 0.523 | 高度右偏 | 1.267 |
| 广州二沙头训练场 | 中等 | 0.564 | 高尖 | 0.718 | 高度右偏 | 1.241 |
| 天津青年会东马路会所 | 中等 | 0.583 | 高尖 | 1.406 | 高度右偏 | 1.374 |
| 北京体育馆 | 中等 | 0.57 | 高尖 | 2.277 | 高度右偏 | 1.471 |
| 长春体育馆 | 中等 | 0.633 | 高尖 | 3.396 | 高度右偏 | 1.798 |
| 天津人民体育馆 | 中等 | 0.684 | 高尖 | 2.426 | 高度右偏 | 1.637 |
| 广西南宁体育馆 | 中等 | 0.624 | 高尖 | 1.915 | 高度右偏 | 1.471 |
| 北京朝阳体育馆 | 中等 | 0.593 | 高尖 | 2.051 | 高度右偏 | 1.444 |
| 北京石景山体育馆 | 中等 | 0.572 | 高尖 | 1.73 | 高度右偏 | 1.322 |
| 成都城北体育馆 | 中等 | 0.656 | 高尖 | 3.227 | 高度右偏 | 1.761 |
| 黑龙江速滑馆 | 中等 | 0.601 | 高尖 | 2.511 | 高度右偏 | 1.542 |
| 武汉大学宋卿体育馆 | 中等 | 0.459 | 高尖 | 1.182 | 高度右偏 | 1.102 |
| 重庆跳伞塔 | 中等 | 0.503 | 高尖 | 2.57 | 高度右偏 | 1.649 |
| 上海划船俱乐部 | 中等 | 0.555 | 高尖 | 2.759 | 高度右偏 | 1.559 |
| 清华大学西体育馆 | 中等 | 0.509 | 高尖 | 1.268 | 高度右偏 | 1.162 |
| 上海青年会四川路会所 | 中等 | 0.484 | 高尖 | 1.388 | 高度右偏 | 1.132 |
| 汉口西商跑马场 | 中等 | 0.518 | 高尖 | 2.955 | 高度右偏 | 1.473 |

资料来源：笔者自制。

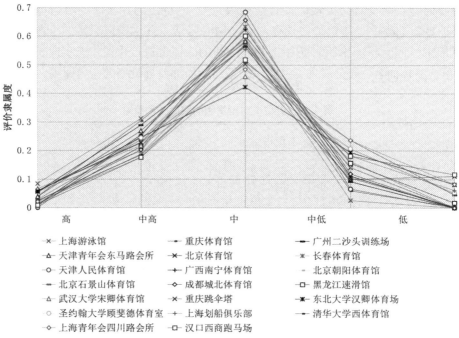

图 4.14　类型 8 典型案例的隶属度分布

　　评价结果分析：其最大隶属度分布于中高等，呈现接近正态分布的低阔峰，向右中度或高度偏态。评价结果说明：东北大学汉卿体育场、上海游泳馆等类型 8 案例的部分类型价值得到高等评价，其各类保护价值总体处于中等水平，获得大多数专家认可，不同程度评价的整体差异性较小。

　　基于价值评价的指导原则：主要策略采用以更新为主的模式。对具有突出价值的构件给予保护性更新，允许个别部位采用高干预方式以进行价值补偿。需采用的差异策略数量较少，整体干预程度宜保持在低～中高等水平。

　　类型 8 案例的实际干预策略分析：类型 8 的具体干预策略见表 4.21。整体来看，实际干预与指导原则较为一致。广州二沙头训练场、长春体育馆、天津人民体育馆、黑龙江速滑馆等都得到较为妥善的更新和再利用，建筑活力得以重申；也存在个别改动较大的案例，如上海游泳馆的内部空间和外部立面都进行大幅改造，实际干预度高。另外存在个别改造欠妥的案例，如上海青年会四川路会所，前期历史文献调研准备不足，正立面一角的原奠基石遭到破坏；又如汉口西商跑马场遗存的俱乐部与大看台分置于两个单位，后期的保护更新难以建立有效的历史连接，如今利用情况一般。整体来看，这一类型的保护更新难点在于把握更新干预的适当程度，既不需要静态展陈式的保存，也不应完全忽视具有突出价值的原始实物与体育建筑理念。

表 4.21　类型 8 典型案例的实际干预策略

| 典型案例 | 实际干预措施 | 实际干预度 | 理念干预度 | 实际干预与指导原则的一致程度 |
|---|---|---|---|---|
| 东北大学汉卿体育场 | 荒置，待保护修缮与再利用。 | 无 | 无 | 无 |
| 圣约翰顾斐德体育室 | 体育场地：场地日常作羽毛球室，设施升级。<br>整体空间：局部改作办公室。<br>建筑界面：实物打样恢复屋脊飞檐翘角，修复清水墙和木窗，兼顾原貌保持和节能改造 | 低 | 低 | 一致 |

续表

| 典型案例 | 实际干预措施 | 实际干预度 | 理念干预度 | 实际干预与指导原则的一致程度 |
|---|---|---|---|---|
| 上海游泳馆 | 体育场地：改造为全民健身水上运动场地。<br>整体空间：增加娱乐和商业设施。<br>建筑界面：立面重新设计为竖向金属格栅风格 | 高 | 中 | 较一致 |
| 重庆体育馆 | 体育场地：新增室内健身场地；屋顶改造为天窗采光式节能屋顶，屋顶结构进行加固维护，改建活动看台。<br>整体空间：局部空间改作体育局办公区。<br>建筑界面：局部修缮，保持原貌 | 低 | 低 | 一致 |
| 广州二沙头训练场 | 体育场地：二沙岛露天跳水台、运动员雕塑群、二沙岛篮球馆、宿舍楼及原乒乓球馆作为该片区地标加以原貌保护。<br>整体空间：外部空间被改造为全民健身公园 | 中 | 中 | 一致 |
| 天津青年会东马路会所 | 原功能已搬出，待修缮改造为中国篮球博物馆。 | 无 | 无 | 无 |
| 北京体育馆 | 体育场地：分阶段扩建出16座专项训练馆。<br>整体空间：改作国家体育总局综合训练基地。<br>建筑界面：局部修缮，保持原貌 | 中 | 中 | 一致 |
| 长春体育馆 | 体育场地：看台座席、场地设施、暖通照明设备全面改造升级为CBA赛事标准篮球场。<br>整体空间：屋顶及框架结构加固维护，局部辅助用房增设全民健身运动培训功能。<br>建筑界面：修旧如旧，恢复银灰色的立面外观 | 中 | 低 | 一致 |
| 天津人民体育馆 | 体育场地：平时改作羽毛球场地，屋顶结构维护，设施设备升级，看台座席改造提升。<br>整体空间：看台下空间改造为多项运动俱乐部的活动场地及附属办公用房。<br>建筑界面：局部修缮维持原貌，增设液晶屏幕 | 中 | 低 | 一致 |
| 广西南宁体育馆 | 体育场地：平时改作羽毛球场地，屋顶结构维护，设施设备升级。<br>整体空间：一层局部改作羽毛球俱乐部办公室，实施数字化智能升级。<br>建筑界面：局部修缮，保持原貌 | 低 | 低 | 一致 |
| 北京朝阳体育馆 | 体育场地：场地设备、设施升级改造，增加乒乓球、羽毛球、篮球、跆拳道等场地使用。<br>整体空间：无障碍设施升级。<br>建筑界面：局部修缮，保持原貌 | 低 | 低 | 一致 |
| 北京石景山体育馆 | 体育场地：场地设备、设施升级改造，增设一片室内标准冰场和冰壶场地。<br>整体空间：无障碍设施升级。<br>建筑界面：整体翻新，更新幕墙，保持原貌 | 中 | 中 | 一致 |
| 成都城北体育馆 | 体育场地：改造为国际赛事标准拳击场地，比赛厅打通为完整空间，设备、设施升级改造。<br>整体空间：附属用房改扩建，设施设备升级。<br>建筑界面：外立面叠加一层新表皮 | 中 | 中 | 一致 |
| 黑龙江速滑馆 | 体育场地：改造为国际赛事标准速滑场地，看台座席改造，冰面制冰设备、增加无影照灯<br>整体空间：附属用房改商业设施<br>建筑界面：局部修缮，保持原貌 | 中 | 低 | 一致 |

续表

| 典型案例 | 实际干预措施 | 实际干预度 | 理念干预度 | 实际干预与指导原则的一致程度 |
|---|---|---|---|---|
| 武汉大学宋卿体育馆 | 体育场地：屋架结构加固，高窗修缮，篮球设施升级。<br>整体空间：一层空间部分改造为健身房。<br>建筑界面：局部修缮，保持原貌 | 低 | 低 | 一致 |
| 重庆跳伞塔 | 体育场地：原降落场地被改造为大田湾健身步道的一部分。<br>整体空间 / 建筑立面：局部修缮，维持原貌 | 低 | 低 | 一致 |
| 上海划船俱乐部 | 体育场地：西翼考古发掘原泳池并更新为历史地景，东翼改造为灯光广场。<br>整体空间：拆除后期加建，恢复原貌，中部会所重新利用为咖啡馆。<br>建筑立面：抢救式修缮，恢复历史原貌 | 高 | 中 | 较一致 |
| 清华大学西体育馆 | 体育场地：屋顶结构维护，环形跑道加固，篮球设施及运动地板更新升级。<br>整体空间：基础整体托换，结构加固，拆除后加建的锅炉房等过时附属用房，恢复二期原貌。<br>建筑立面：整饬外墙，修复细部，整治周边杂乱环境 | 中 | 低 | 一致 |
| 上海青年会四川路会所 | 体育场地：改为上海浦光中学教学用房。<br>整体空间：整体修缮，恢复历史原貌。<br>建筑立面：东立面为重要保护对象，正在修缮（但出现不当修复，奠基石遭到遮挡破坏） | 高 | 低 | 不一致 |
| 汉口西商跑马场 | 体育场地：原跑马场地重建为解放公园，大看台及跑马道被纳入解放军通信信息学院家属院。<br>整体空间：因城市建设被分隔为三，俱乐部及花园改为武汉艺术剧院办公，局部作为商业设施。<br>建筑立面：基本以原貌保存，但日常维护不足 | 中 | 高 | 较一致 |

资料来源：笔者自制。

# 4.4　本章小结

　　本章以模糊综合评价方法的实例应用和结果分析为主题，构建高效可行、有指导意义的价值评价方法，提出一种以量化评价为核心的数学模型，实现了对中国近现代体育建筑相对客观的定量评价。主要结论如下：

　　（1）结合模糊综合评价方法，本研究的价值评价基本步骤为：①构建多层次价值指标集、评价标准集和评价矩阵；②构建相应的多层次指标因素权重集；③计算得到评价隶属度，进而得到评价的评级、超值峰度和偏度。

　　（2）为验证评价方法的可行性和有效性，以留存至今的38座中国近现代体育建筑典型案例的价值为应用对象，通过模糊综合评价模型，得出每个案例的综合价值评价。由评价结果可知：高等级案例为北京工人体育场，共1个；中高评级案例包含南京中央体育场等，共 9 个；中等评级案例包含上海体育馆等，共 28 个；中低评级与低评级未出现，与样本均为具有历史代表性的重要体育建筑有关。另外，评价隶属度的超值峰度大于 0（高狭峰）的案例数量为 22 个；超值峰度小于 0（低阔峰）的案例数量为 16 个。评价隶属度的偏度大于1（高等右偏）的案例数量为 22 个；偏度在 0.5~1 之间（中等右偏）的案例数量为 7 个；偏度在 0~0.5 之间（低等右偏）的案例数量为 9 个。综上，本研究的模糊综合评价简明易行，能够得到较为明确的量化结果。

（3）本书方法得到的评价隶属度及其相应等级、超值峰度和偏度，均能对应工程实践中的保护原则，具体如下：

①评价等级与工程实践中主要策略的干预度成反比关系，评级越高，相应策略可允许的干预程度越低。因此，高等评级对应着低干预度为主，即保护修缮为主的保护策略，低等评级对应着高干预度为主，即改造更新为主的保护策略，而中等评级则对应着中干预度为主，即平衡兼顾的保护策略。

②评价峰度与工程实践中需采用的差异策略与主要策略的干预程度差异大小有关，峰度越高，相应策略之间可允许的干预程度差异就会越小，即差异的容许度低。超值峰度大于 0，对应着低宽容度的保护策略；超值峰度等于 0，对应着中宽容度的保护策略；超值峰度小于 0，对应着高宽容度的保护策略。

③评价偏度与工程实践中差异策略的数量占比有关。对高级、中高级、中级的经典案例来说，偏度小于 0，意味着差异意见多数被赋予了较低评价，进而表示需要较多的差异策略进行价值补偿；偏度在 0~0.5 之间，表示需要部分的差异策略进行价值补偿；偏度在 0.5~1 之间，表示需要局部的差异策略进行价值补偿；偏度大于 1，表示仅需要个别的差异策略进行价值补偿。

（4）综合策略的制定就是在制定原则的基础上，根据实际案例的价值情况，选择不同具体策略进行组合。从整体的保护工作流程来看，具有指导意义的综合评价方法可以改善现有问题，如缺乏量化和明确的指导、缺乏及时的反馈和修正等。以本研究应用的评价方法为例，在理论上，5 种评价等级（高、中高、中、中低、低）、3 种超值峰度分布（高尖峰、正态峰、低阔峰）、3 种偏度分布（左偏态、对称、右偏态）可以产生 45 种不同的结果。现实中，当德尔菲法样本数量够大时，正态和对称的出现概率极低；另外，当评级为高和中高时，无法呈现左偏态，当评级为低和中低时，无法呈现右偏态。因此，符合实际情况的可能性共有 12 种。38 个典型案例的评价结果已覆盖多数常见情况。因此，对典型案例的评价结果进行类型化的策略分析，具有较强的现实指导意义。

# 5 价值导向的中国近现代体育建筑保护更新策略

本章属于中国近现代体育建筑的价值提升研究。基于四种特征性价值的评价结果，依照干预程度由低至高的顺序，本章研究分析基于中国近现代体育建筑历史价值、艺术价值、科学价值、社会价值的 15 种保护更新策略，重点剖析不同价值等级中国近现代体育建筑保护工程的实际难点问题；另外也研究基于一般性价值的可持续保护问题。一般性价值是建筑寿命延续、发挥功能、可持续发展的基础，分析基于一般性价值修复和提升的保护更新策略，探讨遭遇极端干预方式的中国近现代体育建筑案例，剖析原因，总结经验。

## 5.1 基于历史价值的保护更新策略

历史价值包含两个历史阶段——建成之时与建成之后，即第一历史阶段和第二历史阶段。基于历史价值的保护更新的核心就是彰显和表达出这些历史信息，让历史价值可以作为共同的纪念物传承下去。根据干预程度由低至高，笔者将其分为原真性的彰显、解释性的修正、解释性的扩充、解释性的延伸四种策略。

### 5.1.1 原真性的彰显

理解原真性的关键点在于两个方面——何时和何种的真实。对近现代体育建筑而言，原真性的时间点应选取限于当时技术和经济条件下最大化实现原始设计意图的时刻。例如虹口公园的原真性选取在英国自然风景式园林理念应用于体育公园的状态，而并没有选取建设之初仅为军用靶场的状态，后改成的鲁迅公园将原有的体育属性完全剥离，且园林设计也改变为中国古典式风格，也因此判定其原真性完全改变，未纳入现存建筑的价值评价之列。原真性的参考点应定位在忠于原始设计理念的科学性真实，无论是维持还是修缮，均须有相对准确的原始历史依据。若在历时阶段中经历的改造、扩建等高干预行为是损伤其历史价值的，后期的保护更新应加以还原。

原真性的彰显旨在强调维持、恢复与展示建筑本体的原真性，最大化尊重原物。尽管它属于零干预度的措施，但不等于放任不管，而应是基于对建筑原真性的充分理解之上，以延长本体的存续为目标，保证主体原貌不变，同时应进行必要的日常清理和定期监测，取得许可的前提下还应进行必要的发掘勘察工作。

#### 5.1.1.1 科学地修复与还原

我国近现代体育建筑的保护更新实践正在逐步向科学保护的方向转变，秉持科学保护思想，通过严谨的文献调研、类比研究与实物发掘相结合的方法，实现修复与再利用的典型案例之一是南京中央体育场国术场。

根据综合价值评价，南京中央体育场为中高等级，分布呈中度向右偏态的低阔峰，应采用组合策略，分析评定分歧较大的具体原因，允许进行局部针对性的改造以实现综合价值提升，干预程度保持在零～中等水平。近年完工的南京中央体育场国术场的保护修缮工程就体现了上述指导性思路，通过文献调研、类比研究与实物发掘相结合，保护师对起坡、看台等关键部位进行科学还原与修缮。

国术场是中央体育场的核心场地之一，位于主轴线南侧，与篮球场呈轴对称布局（图5.1）。国术场占地面积大约为16800m²，平面为正八边形，主入口设在正北边，包括国术场地、土质看台、武器陈列室及附属用房几个部分，可容纳约5400人（图5.2）。在中央国术馆馆长张之江先生把武术改称为"国术"后，它是中国第一座国术专业比赛场地。迄今90余年的历时过程中，岁月的沧桑、战争的破坏和多次不当的改造利用，让它遭到了较大的破坏。修缮工作开始前已经找不到原始的看台和场地，如图5.3、图5.4所示。针对中央体育场国术场高等历史价值、中等社会价值及不佳的保存现状等价值特点，建筑师对它的保护修缮目标就是基于翔实的文献调查，最大限度地还原到最能体现原始意图的20世纪30年代的建成状态，达到静态式展陈的要求和状态。保护修缮策略主要包括对国术场的外部空间和本体残损部位进行修复、对主入口下方的武器陈列室进行结构加固、还原八边形抬高、上下环道及内外通道、还原原始内场土质看台与混凝土看台等。

图5.1  南京中央体育场整体鸟瞰旧照          图5.2  国术场鸟瞰旧照

图5.3  国术场主入口保护修复前的状态          图5.4  国术场内场保护修复前的状态

还原并展示国术场经典的八角形空间格局的难点，是如何在本体已经残损的状态下，确定原始层叠式看台的用材及做法。中央体育场的原始设计蓝图仅有两张图纸明确标识了国术场的项目名称，剖面图仅标明看台座位尺寸，没有额外大样或索引。这是 20 世纪初期建筑施工图中的普遍现象，常规做法一般由工匠具体掌握。根据国术场的原始蓝图（图 5.5）、历史照片及现状遗存，建筑师最终采用类比中央体育场其他主要场地看台的做法找到本例依据，为此研究了田径场、篮球场、网球场、游泳池等场地的观众座席构造做法。根据调研可知，中央体育场旧址内，所有观众座席分为两种做法（表 5.1）：洋松木制看台座阶和预制缘石制看台座阶（Precast Curbs）。洋松木制看台座阶出现在下部有附属功能的混凝土屋面之上，如田径场编号甲~丁的看台座席；而缘石制看台座阶则设置在由天然起坡整平的夯土看台之上，如田径场编号丙的看台、游泳池看台、篮球场看台等。其他原始图纸中也出现缘石制看台座阶的大样做法。所谓缘石制看台座阶，利用预制混凝土浇筑而成，截面为 Z 形，是集成了座席、脚踏和集水沟于一体的构造，上下层之间留有空隙，方便雨水渗透（不致大量积水沿座席下淌），还可分层抵抗土看台的侧向滑动，起到连续矮挡土墙的功效。上述的类型化研究不仅揭示了不同种类观众座席的分布规律，也找到了不同原始做法背后的功能和结构作用。根据研究推断，按照原始设计的技术类型，国术场观众座席的构造做法，应当采用的是缘石制看台座阶。在正式施工前的探沟发掘中，又出土了多块混凝土座席残片，证实了类型化研究的推测。最终，经过翔实研究的保护工程恢复了国术场的经典面貌，修复后总平面如图 5.6，看台还原修复后，原入口下空间也得以恢复再利用，入口下房间平面如图 5.7 所示，现作为中央体育场历史资料博物馆供参观，主体保持了静态展陈的状态。保护工程实施后国术场的内场如图 5.8、图 5.9 所示。

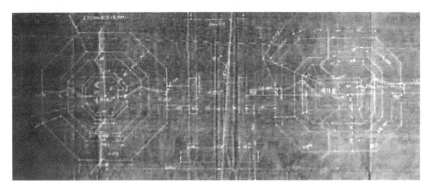

图 5.5　关于国术场和篮球场土方的原始蓝图

表 5.1　中央体育场旧址内各运动场观众座席不同做法的比较

| 洋松木制看台座阶 | | 预制缘石制看台座阶 | |
|---|---|---|---|
| 出现位置 | 特点 | 出现位置 | 特点 |
| 田径场甲、丁类看台 | 下部有空间 | 田径场丙类 | 土质看台上 |
| | 座椅边缘有倒角 | 游泳池看台 | 座椅边缘有倒角 |
| | 有洋松木坐凳条和垫块 | 篮球场看台 | 无木坐凳条或垫块 |
| | 部分有雨篷 | 棒球场看台 | 无雨篷 |

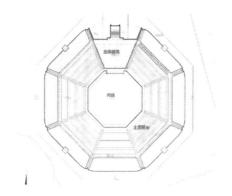

图 5.6　中央国术场总平面图

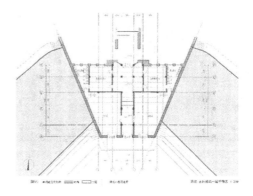

图 5.7　中央国术场一层平面图

图 5.8　中央国术场保护工程后鸟瞰图

图 5.9　中央国术场保护工程后内场

### 5.1.1.2　静态展陈式的再利用

静态展陈式的再利用意味着原始的体育功能不再恢复，仅保有展览博物的功能，建筑遗产本身及其内部历史展品一同陈列，相互印证和彰显历史。这一原真性彰显的策略较适用于历史价值较高、体育场地的尺度和标准与当今比赛的要求相差较大的室内体育馆。

根据综合价值评价，天津青年会东马路会所为中等级，分布呈中度向右偏态的高尖峰，应采用更新为主的策略，允许进行针对性的改造以实现综合价值提升，干预程度保持在低～中高水平。东马路会所曾于 1958 年租让于天津青年联合会，后改造为天津青少年科技宫，2020 年青少年宫迁出，空置至今。作为拥有中国首片室内篮球场、乒乓球场以及最早室内体育馆场地原型等的近现代体育建筑，东马路会所对后来的体育馆设计影响甚广，实物保存状况较好（图 5.10 ～图 5.12）。它将被修缮和改造为适于静态展陈的中国篮球博物馆及名人堂，最为核心的主体育室将修复已被损坏的篮球设施，并作为主要的展区与活动空间，展示中国篮球运动的历史事件和名人信息，建成后将成为中国第一座篮球历史博物馆。相较之前青少年宫的功能使用，改造为篮球博物馆是更加贴合历史价值的保护更新策略，主展厅保留了国际标准青年会场地的主要特征：原始篮球场地形制、二层悬挑跑道兼看台和局部大跨度空间，在历史原物的其中展示历史图片等相关信息，能够强化东马路会所历史价值的彰显和传播。

图 5.10 东马路会所入口门牌　　　　图 5.11 东马路会所主体育室　　　　图 5.12 东马路会所内廊及
　　　　　　　　　　　　　　　　　　　　　　　　　　　　　　　　　　　　　　原始屋顶结构

## 5.1.2 解释性的修正

如果 5.1.1 节历史价值中的原真性就是需要尊重原物，尽量延长其存在的期限，那么无疑对历史建筑在历时性过程中逐渐积累的"特性和意义"不进行任何干涉，将不断增强它们的历史根基。但是，完全的保守主义策略是无法获得超越性的第二历史价值的，甚至也会对其他的价值要素形成极大的掣肘。美国学者乔治·麦克林（George Mclean）曾在专著《传统与超越》中提到："在时间的长河中，价值的转变、调整和应用的积累过程，不仅是传承或者获取的过程，而是在我们以新的方式继续传递时也是一个不断创新的过程。"他也劝导民众从对"传统的积累的意义"的关注转向对"吸收过去、规范现在和建构未来的特殊意义"的关注中。因此，历史价值获得超越性的意义需要做出转变来适应现今和未来的语境，这就意味着基于历史价值的保护更新策略将不仅需要上一小节所阐述的忠于文本书献的科学性原真，也需要立足当下的解释性改变。正如麦克林所说："解释学的方法是抽象的原则的意义在时间之旅中展开，对过去的文本应运用新的视界、新的问题、从新的时代来阅读过去的文本，令读者能够在旧的文本中开拓出新的意义。"借助解释学的理念，历史性文本可以产生新的解读，并形成保护更新中的解释性策略，笔者将其进一步分为解释性的修正、解释性的补充和解释性的延伸三个类别。

建筑历史价值的评价具有复杂性，在"最小化干预""可识别""可逆性"成为共识原则之前，改造更新可能是对原真性的破坏。若在历史阶段中经历的改造、扩建等高干预行为是降低其历史价值的，后期的保护更新应予以修正，例如清华大学西体育馆的若干附属设备用房在 20 世纪 50—80 年代的加建等。另外，中国近现代体育建筑的发展经历过曲折、停滞与混乱的时期，一些不当的利用方式同样是对建筑历史价值的破坏，也应消除这种利用方式的影响，例如南京中央体育场主田径场、重庆人民体育场的内场在一段特殊时期内被开垦作为农业用地等。所谓解释性的修正，即通过低干预度的更新方法，基于保护工程师对建筑历史价值的解释性思考，让建筑能够重现当年最大化实现原始设计意图的时刻。与原真性展陈的科学修复不同的是，解释性的修正需要对建筑第二历史的部分遗存进行一定程度的改变。具体来说，去除某一时期的杂乱状态、复原某一时期的纯粹状态是两种基本思路，另外在两种思路基础上，通过对比或类比的手法，达到突出不同时期的叠合状态，可被视作第三种思路。

#### 5.1.2.1 去除某一时期的杂乱状态

根据文献与调研分析,去除漫长的历史变化过程中某些不当的改扩建影响,是让建筑重新接近原始意图的有效途径。

根据综合价值评价,清华大学西体育馆的价值评价为中级,呈中高度向右偏态的高尖峰,应相应地采用明确的更新策略,以价值导向的适应性再利用与修复为主,尊重原初设计,修缮老化和受损部位,允许不具突出价值部位的创新改造以提升综合价值,干预程度维持中~高等水平。近年的保护改造工程就体现了上述指导性思路,对影响主体功能的加建进行拆除。

20世纪50—80年代,清华大学西体育馆主体建筑的周边陆续加建了西端门厅及其配房、北侧办公用房及锅炉房、南侧附属房。这些建筑的设计主要满足使用需求,从建筑风格到建筑质量都与前后两馆的差距较大,呈现层层包裹的趋势,无采光的房间较多,特别是中部的卫浴间,通风、采光效果较差。20世纪30年代,加建的连廊与前馆两侧办公用房的窗户相冲突,破坏了原始建筑的基本功能。限于当时的各种因素,保护意识、整体效果、环境景观等因素的设计考量较为欠缺,导致加建的建筑布置局促,立面缺乏整体感,且风格混杂,不仅影响前后两馆的自然采光和通风,更对整体景观和周边环境产生了负面影响。通过近年的修缮,拆除了南北两侧的部分房间和烟囱,保留了原锅炉房并加固修缮后用作配电室,局部调整平面布局,改善部分房间的通风和采光条件,改善各部分之间的关系。同时铺装了周边绿化,整体环境得到明显的改善,主体建筑的历史面貌得到一定程度的恢复。南北立面在修缮前后的状态对比如图5.13、图5.14。

图 5.13 清华西体育馆南立面修缮前后对比　　　　图 5.14 清华西体育馆北立面修缮前后对比

#### 5.1.2.2 复原某一时期的特定状态

根据文献与调研分析,消除漫长的历时变化过程中不理想的改造,复原某一时期的特定状态,是还原建筑本体原貌的直接途径。

根据综合价值评价,广州沙面游泳场的价值评价为中高级,分布呈现右偏态的低阔峰,应相应地采用复合的干预策略,即价值导向的整体保护为主,尊重原初设计,允许局部修复。分析分歧较大的具体原因,允许进行局部改扩建以实现综合价值提升,干预程度应采用零~中等水平。广州沙面游泳场于2019年的保护更新就体现了上述指导性思路,制定了尊重原形制、原结构、原材料、原工艺的总体原则,修复重点就是依据原始资料,复原其建成之初的工艺及室内外效果。

广州沙面游泳场的保护工程对游泳池壁更新了防水层,并按现代泳池的标准铺贴了马赛克瓷片;更新了天窗的采光和通风方式,提升日间的被动式节能水平,如图5.15;去除了钢柱外围后期加建的混凝土包裹，对钢柱进行去锈和喷漆，并做防腐蚀处理，让原始的钢结构重新暴露出来，展现原初结构之美，如图 5.16 所示；依据考古挖掘出的原建筑外墙，建筑师将刻有"1887 年"字样的南北山墙还原出曾经的意大利批荡涂装工艺，在砂粒抹灰面层未干时用工具拉出毛头，使其具有独特的凹凸肌理，在南方充足光照下展现出丰富的光影关系，如图 5.17 所示。

图 5.15　沙面游泳场保护后的天窗采光　　　　图 5.16　沙面游泳场保护后的耐腐钢结构

图 5.17　广州沙面游泳场外立面的意大利批荡涂装工艺现照

### 5.1.2.3　展示多个时期的叠合状态

在以往的保护更新过程中，如果局部的历史原貌受到较大的破坏，后期又进行一定的调整，且这种情况难以修正清朗，那么根据文献与调研分析，对不同历时阶段的干预过程进行诚实的展示，展示不同时期的叠合状态，并加强一定的区分度，是尊重与展现第一与第二历史价值的较好途径。上海跑马场跑马总会大楼的东立面就采用这种保护方式的典型案例。

根据综合价值评价，上海跑马场跑马总会大楼的价值评价为中级，呈低度向右偏态的高尖峰。这种隶属度分布体现了其特别之处，一方面是作为原跑马场仅存的相关设施而拥有的稀缺性，另一方面又是自身的综合特征所处的历史定位，故应采用复合的干预策略，即兼顾适应性再利用和局部重点保护，允许局部修复，注重保留和展示突出的历史价值，干预模式应采用低～中等水平。上海跑马场跑马总会大楼最初建成的东楼和西楼均为带有英殖民风格的外廊式设计，后来东楼于 1933 年被拆除重建，先后被用作上海市图书馆、上海市博物馆、上海市美术馆等重点文化设施，历史状态如图 5.18 所示。如今它是上海革命历史博物馆，历次的保护与改扩建工程各有侧重。

图 5.18 上海跑马场跑马总会大楼的阶段历史建设时期旧照

1951—2003 年经历了三次集中的干预工程，总体趋势是顺应原跑马场地已被彻底改为公园的方式，消除其作为跑马场看台、观众休息厅和马厩等附属空间的历史痕迹，并增加作为后期图书馆和美术馆的功能。特别是 1979 年拆除东立面的看台、加建一跨新东立面并作为阅览室的做法，破坏了东立面的原始风貌，1997 年又进行重新设计，新的东立面又一定程度地回溯了原始风格，但依旧无法挽回原看台被拆除的功能损失，具体的干预历程见图 5.19。这一系列的改动，让东楼东立面的历史信息丰富且庞杂，东楼西立面及西楼则相对保持历史原貌。因此，针对东楼东立面的干预策略成为保护更新工程的难点。

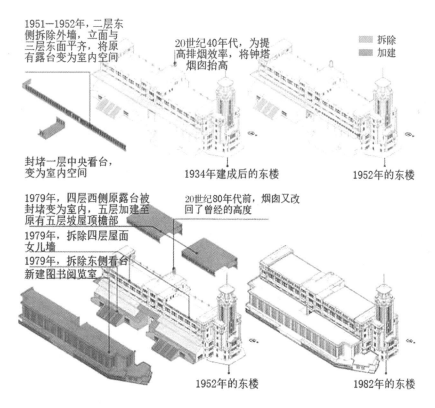

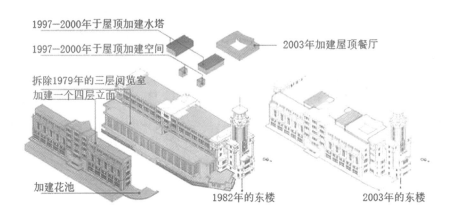

1997—2000年于屋顶加建水塔

1997—2000年于屋顶加建空间

2003年加建屋顶餐厅

拆除1979年的三层阅览室
加建一个四层立面

加建花池

1982年的东楼

2003年的东楼

图5.19 上海跑马场跑马总会大楼1951—2003年的三次主要干预

根据原始设计及后期的改造过程资料，突出不同时期的叠合状态，注重历史环境再生和历史信息叠加，是本次跑马总会大楼保护更新适宜的策略。跑马总会大楼于2018年的保护工程总体原则是尊重1933年东楼建成之初的历史原貌，也同样不再干预后期一系列的干预结果。

对东楼东立面，东楼大楼梯间的两侧分别保留有原始的泰山砖墙、水刷石墙和美术馆时期修建的砌体墙，最近的保护修缮工程在室内增添了新的大理石饰面，修缮后成为整座建筑的核心交通和过厅空间，体现出四个时期的墙体叠合，新旧墙面相邻，从窗中望出去会发现厚重的墙壁、新旧双层的玻璃以及刻在墙壁上的多个建设年代与改建信息。建筑师在内墙面及透过窗子的窗间墙处的设计强化了这种可识别性，以凸显跑马总会大楼的复杂历史干预过程，如图5.20、图5.21所示。

图5.20 东楼东立面内侧墙体叠合　　　　图5.21 东楼东立面内侧墙体标记

对其他有历史价值的区域，建筑师主要采用保存、修补与叠合展示的策略。为了满足历史博物馆的展示需要，恢复了东楼一层展厅的柱身和墙体的水刷石饰面；去除了东楼二层原俱乐部室后加建的天花，将原红厅的柚木雕饰藻井和原白厅的石膏雕饰藻井重新裸露出来（图5.22），应用柚木和石膏制品修复技术补全了原始的装饰性线；修复了西楼原马厩区域的地砖，并改作敞廊，将原始马厩地砖置于新建地砖的中央，同样展示出一种新老实物的对比和叠合状态（图5.23）。另外，还对东楼西立面、西楼整体立面的清水砖墙、泰山砖等材料按照原始工艺进行修复。

图 5.22 东楼展厅（原红厅）再现的红漆柚木藻井　　　图 5.23 西楼敞廊出入口新老地砖叠合

### 5.1.2.4 综合取舍呈现的平衡状态

不同于前三项方式对文献与调研分析的强调，综合取舍的方式更多是基于建筑当下的解释性意义而进行的，最终追求达到一种解释性的平衡状态，取舍标准以恢复体育及相关核心功能为主。

上海江湾体育场经历了近 90 年的历史岁月，各个时期的历史印记层叠交织于一身，21世纪初保护修缮工程的首要工作就是辨别它的历史价值及原真性分析。根据综合价值评价，上海江湾体育场的价值评价为中高级，呈中度向右偏态的低阔峰。江湾体育场应相应地采用复合的干预策略，即价值导向的整体保护为主，尊重原初设计，允许局部修复，干预程度应采用零～中等水平。体育场存在结构价值不足、场地形制老化等问题，建筑师确定了在干预决策的评估中，上海江湾体育场的历史定位决定了"体育相关度"成为对不同时期的改造更新应采用何种态度的主要依据，并根据评估结果来衡量每个部分具体的干预策略，同时"改造精细度"是衡量解释性修正水准的重要指标。

#### 1. 保留

江湾体育场于 1954 年整体修复时加建了南大门（图 5.24），于 1983 年加建了北大门，令整体场地流线更加合理和灵活，大门自身的形式语言也沿用了中国固有式风格。南北大门都是为更好地服务于竞技比赛和举行重大仪式而设立的，既是重大体育活动的见证物，又有承托比赛大屏幕的功能，且牌楼立面形式设计精美，细部也与整体建筑风格相互融合，并成为体育场整体印象中的重要组成部分，同时和门外交通、水系的关系也相契合（图5.25）。最终根据体育相关度与改造精细度的原则评判，予以保留。

图 5.24 上海江湾体育场于 1954 年加建的南门鸟瞰　　　图 5.25 上海江湾体育场南门与桥道的关系

2. 修正

作为中国足球甲 A 联赛申花队的前主场，上海江湾体育场于 1994 年进行看台扩容，当时选择的方式是在最前排看台前再加建 8 排看台，如图 5.26。这种简单化的处理方式破坏了建筑原貌，以及原始设计的人流组织方式，且加建座席的观赛视线也不佳，且未来上海江湾体育场将实施转型，不再需要强化使用功能。出于以上三个方面的考虑，决定拆除加建的看台，重现 1935 年建成之初时的看台形制。如今也证明，随着申花主场的更换，高强度的使用要求不再出现，拆除曾经为足球赛加建的看台决定是合理的。

图 5.26 1994 年上海江湾体育场改造过程中曾加建的前排看台

为了增加通风换气量，改善室内空气环境，上海江湾体育场体育馆于 20 世纪 70 年代加建了气楼，这是在当时经济和技术条件下做出的妥协。随着建筑设备技术的发展，体育馆采用全新的中央空调系统，且气楼也非当年的代表性技术，因此既失去了实际使用功能，又对体育馆的拱顶和整体形式有明显的不良影响。基于上述分析，上海江湾体育场于 2006 年更新过程中拆除了气楼，修正回到完整的拱顶造型，如图 5.27 所示。

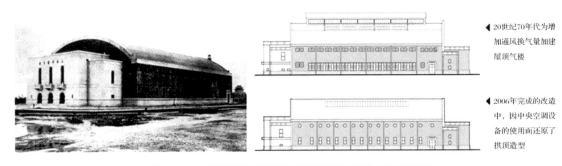

◀ 20世纪70年代为增加通风换气量加建屋顶气楼

◀ 2006年完成的改造中，因中央空调设备的使用而还原了拱顶造型

图 5.27 上海江湾体育场体育馆屋顶的气楼加建与还原

3. 复原

由于体育比赛的功能逐渐衰落，1970 年时体育场的辅助用房被改为办公室，为了采光的需要将原本小巧的长条窗和八角窗改造为大窗。这一举措破坏了原南北立面城墙般的实体感和围合感。2005 年的保护工程将其恢复为比赛的辅助用房，同时将开窗的方式也复原到最初的形式。

## 5.1.3 解释性的补充

在解释性理念的基础上，除了对历史价值有结合当代语境的诠释，建筑师在保护修复过程中还能够对建筑进行解释性的补充，以便完善曾经的或现在的语境下更加完整的历史价值。这种补充既可能来自建成之初实际效果与设计初衷之间的落差（这种情况在中华人民共和国成立初期的体育场馆建设中较为普遍），可能来自当下的体育建筑属性与建筑现状之间的差距，多指体育场馆屋盖的加建。

### 5.1.3.1 完形式补充

完形式补充是对原始设计意图的补充实现，正如勒-杜克的观点，建筑真正的原初状态应该存在于设计构思和设计方案。囿于当初某些技术条件，原始构思和方案未能实施和完成，在后续保护更新的过程中，依据文献和建筑状况进行补充。新的补充与旧的建筑之间的关系是融洽的，设计手法应是一脉相承的，可辨识性主要体现在新旧实体材料的区分。

作为综合价值最高的典型案例，北京工人体育场一直是重要体育运动赛事的聚集地。据北京工人体育场设计参与者熊明先生介绍，北京工人体育场的设计留有未能实现的遗憾，场地南部水体的西侧原本还有一片发展用地，现在已成为商业楼盘，最初希望建设一幢地标式的高塔建筑，并与主体育场形成对比关系，构想的塔楼位置如图 5.28 所示。建设之初，梁思成先生考察北京工人体育场建设时曾说："这一片建筑都是平着延展，里头应该有个竖的（建筑），成为地标。"因此，熊明曾于 2003 年补充设计了"工体大厦"方案，形式如同矿石晶体般的塔楼，晶莹剔透，富于动感，准备在工体南门广场西侧竖起，但因故尚未实施。北京工人体育场于 2020 年的保护性复建工程中将场地内的酒吧等小型商业设施进行整合，恢复到体育功能为中心的业态，且地块的制高点依然留给西南角已开发的商业住宅组群。

与此策略相似的典型案例还有黑龙江速滑馆，原始方案设计有顶部天窗，但因工期和预算的不断限制而取消，原始施工的实现度略有不足（图 5.29）。该馆于 2008 年依照国际赛事标准进行更新，其中屋盖加装了应用新材料新技术的采光天窗，弥补了原始方案未实现的遗憾。

图 5.28 北京工人体育场建成之初拟建高塔的西南角　　　　图 5.29 黑龙江速滑馆施工进程

### 5.1.3.2 并置式补充

并置式的补充是在新、旧部分及其空间各自保持相对独立完整的前提下，新的补充在功能、形式等方面可以对旧的建筑形成一定助益的方式。新的补充与旧的建筑之间在表面上相互独立，各自的时代性特征都能够保留和展示，新旧部分的可辨别性是较为明显的。

屋盖加建是近现代体育建筑的常见补充方式，一方面是体育建筑范式演进的结果，另一方面是当代体育的参与、观赛和转播的要求。由于大跨结构屋盖所独有的技术表现力与下方既有看台场地的厚重感有一定的反差，所以常以并置式补充的方式处理新旧建筑关系。

上海江湾体育场游泳场有较大池深的国际标准泳池和 5000 个观众席，曾经是中国及东亚规格最高的游泳池，建成之初的比赛盛况如图 5.30 所示。进入 21 世纪以来，游泳场已不能满足正式游泳比赛的要求，业主希望通过给游泳池加建屋盖，并引入游泳池温水循环系统，成为可全天候使用的全民健身类型的水上运动中心。新加建的屋顶采用独立的结构体系，与老建筑的结构尽量脱离，在视觉和实际层面都形成了上下并置的关系，以求对原始结构仅有最小的扰动（图 5.31、图 5.32）。同时，又控制了结构高度，通过视觉分析和三维模拟，让新加建的屋顶对近地人点视线来说几乎实现了隐藏（图 5.33）。轻盈的钢结构、精致的出水口与古典的游泳池壁和看台形成反差，形成了新旧对比的统一。游泳场看台几乎失去了使用功能，但作为游泳池整体的重要组成部分，它继续被大部分覆盖在新的泳池屋盖之下，曾作为重大游泳比赛场地的看台座位号等历史信息依然清晰可辨。新建屋顶采用复合夹心保温彩钢板屋面系统与多腔复合阳光板系统的组合，天光的通透率高，且可开启四面周围的高侧窗，能够兼顾实现冬季较好的保温效果和自然采光，以及夏季良好的通风与遮阳。

图 5.30 上海江湾体育场游泳场建成之初旧照

图 5.31 上海江湾体育场游泳场屋顶加建示意

图 5.32 上海江湾体育场游泳场改造之后室内照

图 5.33 上海江湾体育场游泳场改造之后室外照

### 5.1.3.3 共生式补充

共生的本意是不同物种间一种相互结合、彼此依附、互利共存的关系。新建部分对既有建筑的共生式补充即新建部分没有特别注重区分度，而是相互融合的关系，整体之间不存在明显的界限，可辨识性低。该模式常应用在单体建筑的保护更新需要考虑环境条件时，共生式的补充可以让建筑更好地融入经历更新的整体环境中。

根据综合价值评价，上海游泳馆的评价等级为中级，隶属度分布呈现高度向右偏态的高尖峰，意见较为统一。上海游泳馆应相应地采用以价值导向的修复与适应性再利用为主的干预策略，修复老化和受损部位，允许不具突出价值部位的创新改造以提升综合价值，干预程度为中~高等水平。在整体片区将更新为徐家汇体育公园的背景下，上海游泳馆保护更新工程的干预程度略高。从更新前旧照（图5.34）和效果图（图5.35）的对比可知，原始设计的内部观众看台、外部楼梯已被拆除，改造为二层的波浪状雨篷；原始外立面的蓝色大面积玻璃幕墙被增添了一层竖向格栅；室内原始的竞技功能也被改造为全民健身为主的水上运动中心（图5.36、图5.37）。这样的立面拆改一是考虑了室内布局的变化，原始的玻璃幕墙和透出的内部看台轮廓已不再存续，而全民健身属性的运动场的增多需要更多的自然采光；二是考虑了整体风格的协调，场地内上海体育馆、上海体育场以及东亚大厦的主立面均为竖向格栅，改造效果虽距建筑原貌有一定差异，但对整体片区的风貌塑造有所助益。

图 5.34　上海游泳馆更新前旧照

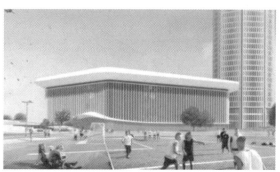

图 5.35　上海游泳馆更新后效果图

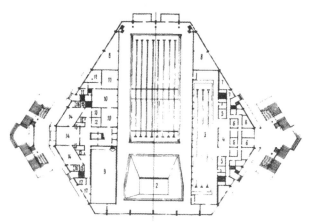

图 5.36　上海游泳馆更新前二层平面图

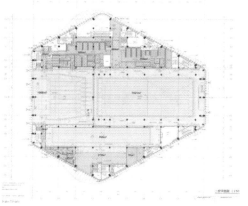

图 5.37　上海游泳馆更新后二层平面图

### 5.1.4　解释性的延伸

建筑保护更新的过程是两种探索，一是对从过去到当下的转变的历史探索，二是对历史过程中所拥有过的各种意义向当下和未来延续、传递、衍生的方法探索。事件赋予既有建筑的种种历史意义，而对体育建筑的历史意义做出延伸性的诠释和表达，是当今保护更新的重点。基于解释性的延伸会更多地应用于原始建筑遭遇了一定程度的破坏及缺损的状况，价值评价所对应的干预允许中等级以上的模式，建筑师基于文献和实物资料，将历史的片段或意义进行当代的延续和演绎。

根据综合价值评价，上海划船俱乐部的评价等级为中级，隶属度分布呈现右偏态的高尖峰，上海划船俱乐部应相应地采用以价值导向的适应性再利用为主，修缮老化和受损部位，允许不具突出价值部位或落后的设计意图的创新改造以提升综合价值，干预程度应采用中～高等水平。上海划船俱乐部于 1903 年建成后，于 20 世纪经历了 3 次主要的拆除和改造工程，原物保存状况堪忧，前后加建的建筑品质也参差不齐。21 世纪初，在同济大学历史保护专家阮仪三教授、常青院士等人的呼吁下，上海划船俱乐部有幸未遭彻底拆除，转而进入外滩的整体历史风貌保护为主的更新进程之中，1910—2010 年的改造更新过程如图 5.38 所示。2006 年、2021 年的两次保护更新工程，塑造了上海划船俱乐部如今的样貌。

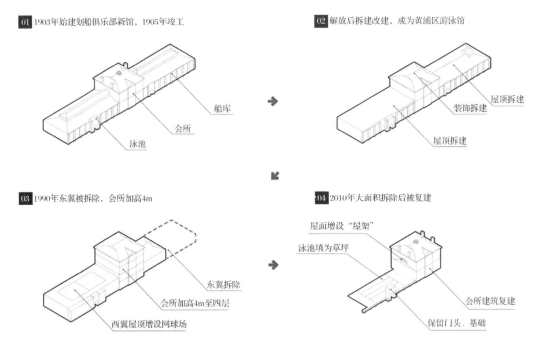

**图 5.38 1905—2010 年上海原划船俱乐部的拆改建过程**

2006 年，上海划船俱乐部的双翼均被拆毁，中间的会所建筑还被刻意加高了一层，而主体结构、空间格局和原始大门及雕饰细节则较为完整地留存下来。当时，常青教授提出两种设计思路：其一是依据原始文献进行复原性修缮的方案，其二是在现存的基础上进行解释性设计的方案，后基本实施了复原方案，而对缺失的两翼则进行一定的解释性设计，并于 2010 年上海世博会开幕前完成。上海划船俱乐部保护更新的总体原则是：恢复原初的历史风貌；保存风格特征元素，展现真实的外观形象，对外立面的残损和破坏给予有限度的修缮和改造；保存最有价值的俱乐部会所室内空间部分；保存原始的建筑材料和施工工艺；对一般价值的室内空间设计用新材料进行再生性功能修复。具体的保护更新方法为：根据原始图纸、档案和影像等文献资料，结合建筑实地测绘，修复现存部分，去除后来加建的不符合原始意图的赘饰，恢复划船俱乐部最初清水红砖墙和绿色瓦屋顶的维多利亚式风格面貌；整顿室内空间，去除了 20 世纪的历次加建，保留了原始的西翼大门，并通过利用分隔的绿地草坪和泳道建立相似性关联，形成解释性意义的延续，限定出西翼的游泳馆空间；复建了东翼的仓储空间，特别是屋顶采光天窗，并用作新的展览空间；增建地下两层，以提高空间利用程度；重建面向苏州河的亲水景观，整合了防汛墙、河岸线与建筑外部空间，通过水岸线的进退变化，配合高差与木质甲板，塑造出历史建筑景观的特色。

2021 年，章明教授在进行苏州河沿岸整体规划时，对划船俱乐部进行文物式的发掘和
再生设计，东西翼的空间再生依然运用解释性的手法。对西翼部分，建筑师利用钢结构框
架在西翼重新搭建出原始屋盖的结构形态，并地景式再生了泳池 50m × 30m 的下沉空间和
马赛克砖饰面，用当代材料重新诠释了最初的功能空间；对东翼部分，建筑师利用了景观
灯柱搭建出灯阵，并保留了 2006 年时期的草坪继续作为生活化的小型景观广场，同样用当
代方式重新诠释了原始船库外休闲平台的功能空间（图 5.39 ~ 图 5.43）。

图 5.39　2010 年保护工程后上海划船俱乐部鸟瞰

图 5.40　2021 年保护工程后上海划船俱乐部鸟瞰

图 5.41　2010 年上海划船俱乐部会所与西门

图 5.42　2021 年保护改造后上海划船俱乐部的西翼

图 5.43　2021 年保护改造后上海划船俱乐部的东翼

# 5.2  基于艺术价值的保护更新策略

纯粹的艺术价值应属于审美体验引发的知觉范畴，这种价值不易衡量，前文参照了图像学及符号学的理论方法，通过分析经典案例应用指涉的方式与频数来衡量建筑的艺术价值。基于艺术价值的保护更新就是根据综合价值评价，衡量原始建筑形式保留的必要性，有限地引入新的形式语言以实现审美体验的提高。具体到每项保护更新实践中，根据可干预度由低至高，笔者将其分为形式语言的延续、形式语言的演绎、形式语言的叠加3种基本策略。

## 5.2.1  形式语言的延续

延续近现代体育建筑的原始形式，显然是对艺术价值最小的干预方式，也是中高及高等级价值建筑的基本要求。而在现实的保护更新工程中，常常会有功能扩容和设备升级的运营需求，因此，在延续原始形式语言的高度限定之中，依然达到改造提升的效果，是本节典型案例的分析重点。

### 5.2.1.1  沿用

根据价值评价，北京国家奥林匹克体育中心体育馆的价值为中高等级，分布呈低度向右偏态的低阔峰，说明专家意见有所分歧。该体育馆应相应地采用复合的干预策略，即价值导向的整体保护为主，分析分歧略大的具体原因，允许进行局部改扩建以实现综合价值提升，干预程度保持零～中等水平。在2008年北京奥运会前的改造提升工程中，该体育馆的形式语言便采用严格控制的策略，不改变原始设计风貌，仅有局部节能材料的替换，且最终同样实现了大幅度扩建功能用房的结果，它是形式语言延续策略的经典案例。

经过原始资料研究和综合价值分析，建筑师确定了在功能扩建的同时，最大化不改变原建筑形式的原则，且原建筑形式的象征性指涉明确，寓意优美，亦无须新添冗余。另一方面，此次改造在功能方面又需要增加多类附属用房，因此产生了矛盾。要化解矛盾，就要对拟新增面积，在外观上不显示出来；对局部新增设施，要保持明显的辨识度，也要在色彩和形式上与原始统一；针对2008年北京奥运会"绿色、科技、人文"的理念，要遵循绿色建筑和环保的体育场馆要求，尽量降低建筑对环境的影响。为了实现不改变原始形式的目标，建筑师选择将国奥体育馆主入口前方和四周大平台下方的空间选定为扩建区域，这样对原始体量的影响最小。原始的架空空间和夯土填实部分都清空并装上围护改为室内功能，用作竞赛管理和服务区。比赛大厅内部墙面的改造，没有附加任何装饰材料，而是通过变换金属穿孔吸声板的安装间隔，让吸声材料本身的布置形成节奏和韵律，起到对空间的装饰效果。南面的入口大厅完全重建。原来观众入口大厅比较狭小，内部有8根混凝土柱，改造时将以前向内的门斗改成外突式，去除大厅内柱子，即使大厅轮廓线没有变化，但实际使用面积比以前大很多。改造后的平面图如图5.44、图5.45，剖面图如5.46。经过多专业配合协作，管线布置简洁，观众大厅的实际环境宽敞明亮。钢梁、风道和灯具进行组合设计，同局部的条形天窗一起，形成了严谨的节奏韵律，扩建工程后如图 5.47 所示。该体育馆在 2008 年北京奥运会时承办了手球预赛和盲人门球等比赛和训练项目，而在此之前，该体育馆早已成为赛后利用的民间承包运营改革试点，奥运会后成为北京市北边重要的全民健身活动中心。

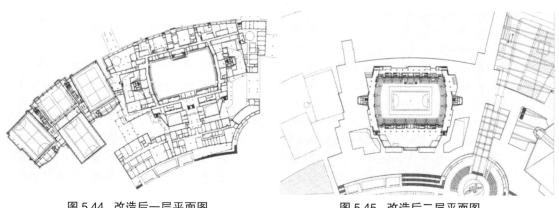

图 5.44  改造后一层平面图　　　　　图 5.45  改造后二层平面图

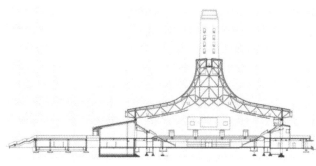

图 5.46  改造后纵剖面图　　　　　图 5.47  改造之后照片

### 5.2.1.2　微调

根据综合价值评价，北京工人体育场为高等级，分布呈中度向右偏态的低阔峰，应相应地采用全方位的保护模式，局部具有突出价值的构件给予原貌保存，允许局部修复。分析个别评定分歧大的具体原因，允许进行个别部位改造以恢复完整性。干预模式应采用零～低等水平。"传统外观、现代场馆"是北京工人体育场 2020—2022 年保护性复建工程官方批复的设计定位，充分体现了上述指导性思路。在立面复原过程中，建筑师不仅重视复建结构的安全稳固，而且重视复建形式的美观精确。"传统外观"意味着规划、建筑不变，以及留在人们心中的城市记忆不变，这是对历史和传统的致敬。北京工人体育场保留传统风貌涉及规划和主体建筑两个层面，可分为场地疏朗、立面界面回溯、顶面界面消隐三个主要方面。

#### 1.场地疏朗

艺术价值的内涵中，场地整体环境风貌是其中的重要一环。最近的保护性复建中首先从规划视角恢复了北京工人体育场 1959 年建成之初的场地风貌，恢复了北京工人体育场作为大众体育文化生活空间的场地定位，重现 1959 年疏朗的场地形态。本次工程清理了西南角的酒吧等小型商业设施，改造后地上仅有工人体育场这一主体建筑及占地面积约 130000m² 的城市公园，30000m² 人工水体，以及公园内的环形健身跑道，并在体育场屋顶设置 800m 的城市景观环廊。这意味着北京工人体育场将回归建成之初疏朗的总平面设计，在还原出一个足够大的赛时的室外疏散场地的同时，也为市民提供了赛后可利用的全民健身属性的室外运动空间，还为重塑工体的区域标志地位提供了充分的场地条件。场地疏朗前后的效果对比如图 5.48 和图 5.49 所示。

图 5.48　北京工人体育场保护复建前旧照　　　　图 5.49　北京工人体育场保护复建后效果

### 2. 立面界面回溯

在单体立面层面，复建的北京工人体育场外立面建筑及结构构件、看台等部位采用彩色清水混凝土工艺，建成后将成为中国彩色清水混凝土应用规模最大的单体建筑。同时，对立面的构成及比例进行微调，以回溯 1959 年的初始形式。回溯和微调过程中，还做到了"三个保持"：

保持主体建筑椭圆形造型基本不变。外轮廓与原始工人体育场造型保持一致，且与立面比例保持协调，同时也会满足当下内部环形通道的要求。

保持立面形式和高宽比例基本不变。复建的北京工人体育场立面保持了与原始设计一致的比例，但为了让新建罩棚在体育场 60m 周边范围内人视点不可见，增加 2m 的建筑檐口高度，也因此单元尺度均小幅扩大，单元展开宽度由原始的 8.2m 扩展至 8.37m，窗框的分割比例则与原始略有不同，立面变化如图 5.50 所示，立面高宽比例的微调如图 5.51 所示。

保留特色元素基本不变。北京工人体育场建成之初的重要特色元素如旗杆、大门门柱、雕塑等被充分考虑复原与复位，全部特色语言的要求为应用原有构件、原有质感、原有样式，最终再现工人体育场朴实、庄重、典雅的艺术风格。为了保护北门"男女工人雕像"等工体周边原始的 9 组表现工人与运动主题的雕塑（图 5.52），项目团队对它们进行保护性迁移，"男女工人雕像"等都将复位至原始位置（图 5.53）。北京工人体育场最初在屋檐下的立面有雕花装饰浮雕，由于年久风化，强度不足。工程团队在施工中全手工操作，拆下并留底了几十组完整窗花。施工单位也找回了 1959 年的原始装饰模具。此后，工程团队综合各种实物信息，应用 3D 激光扫描，对原始的雕塑、窗花等装饰构件进行完整记录，构建数字信息模型。在此基础上，又通过 3D 打印将建筑的图形模型转化成三维打印路径，打印出原始窗花的实物，最终复原了檐下立面的特色装饰浮雕。

现状立面　　　　　原立面（1959年）　　　　改造复建后立面

图 5.50　北京工人体育场立面的变化与复原示意

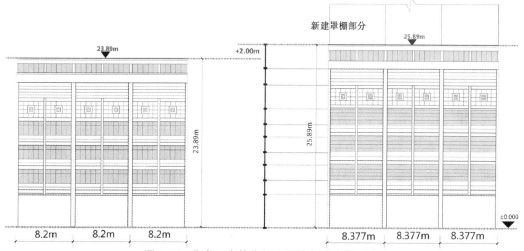

图 5.51　北京工人体育场立面比例的微调示意

图 5.52　北京工人体育场周边特　　　图 5.53　北京工人体育场周边特色雕塑的复位
　　　　　色雕塑原貌

### 3. 顶面界面消隐

在单体的顶界面层面，罩棚设计是本次保护性复建工程重点的新建部分。当代的专业足球场要求必须有罩棚，且应覆盖全部观众座席。2022年亚洲杯比赛后，工人体育场恢复用作北京国安足球队主场地，因此新增罩棚是专业足球场的客观要求。新建罩棚的法向支撑主肋条与复建后立面及檐口的单元分隔柱的间距保持一致，使新旧秩序建立了紧密关联。另外出于对原始形象保护的要求，新增罩棚的高度被严格控制，罩棚被要求在距离体育场60m的范围内不可见。因此，在复建工程中适度增加主体建筑的檐口高度，形成对新增罩棚及支撑构件的视线遮挡，使这样可以实现使用者在场地内对建筑物的整体观感与原初保持一致，与周边区域环境相协调，如图 5.54 和图 5.55 所示。

图 5.54　北京工人体育场新建罩棚施工照片

图 5.55　北京工人体育场保护复建后效果图

## 5.2.2　形式语言的演绎

对近现代体育建筑的原始形式进行现代性的演绎，是建立新旧形式语言关联的有效策略，是在部分缺损、强度不足或必须改扩建时保护艺术价值的干预方式，也是中及中高等级价值建筑的常用方法。该策略的应用难点在于其演绎的方向和程度，即如何与旧建筑形式建立关联以及新建筑形式的异化程度。

作为中等价值评级的近现代体育建筑，上海划船俱乐部的干预度可以较高。现实中也由于其保存状况一般，东西翼的原始实物均有缺损，因此 2021 年保护更新工程中的形式设计采用通透的策略，现代性地演绎出原始的结构和体量，2006 年划船俱乐部总平面图和2021 年总平面图如图 5.56 和图 5.57 所示。应用虚构架的目的，一方面是希望从苏州河的视角看新天安堂和外滩源历史建筑群可以更加完整，另一方面是希望不会遮掩真实的历史遗存，且与实体的会所建筑及原始大门形成明显的对比和可辨识度，而整体建筑也能够和谐地融入整体的外滩原建筑群之中。本次工程对中心会所建筑不做进一步的改动，而是以当代的材料和手法转译划船俱乐部东翼船库、中部会所和西翼游泳池的原始空间格局。

图 5.56　2006 年划船俱乐部总平面图

图 5.57　2021 年划船俱乐部总平面图

1. 体育空间的现代演绎

经过初步挖掘，草坪下为原有划船俱乐部泳池，泳池结构与马赛克铺装基本完好（图5.58）。设计将游泳池空间恢复，作为滨河的下沉公共空间使用。在去除植被与堆土，拆除池中三道后增墙体后，游泳池呈现出原有状态：长约 33m，宽约 13m，由一个浅池戏水池和一个拥有四条泳道的深池共同构成的典型游泳池。深池和浅池之间有高墙阻隔，因此局部打通深浅池隔断墙，贯通两侧泳池。顺应着公共动线，设置三组钢结构公共台阶；游泳池四周布置钢栏杆，游泳池最深处设置排水管道和集水井，保证安全与排水效果；在马赛克处理上，用清水清理泳池内壁、池底、台阶的马赛克。用颜色相近的马赛克瓷片进行修补，对马赛克的圆弧收口处，采用浅色水磨石现浇打磨修补。修复的游泳池与钢棚架协调融合，共同呈现了一个多场景的叙事性的开放公共空间，最终效果如图5.59。

### 2. 结构形式的现代演绎

在建筑的西侧，以建筑立面的屋架痕迹与遗存门头的位置为基础，使用钢结构搭建了一个抽象化的结构框架，重构了原游泳池建筑的结构逻辑。原建筑的屋架为木制，采用钢结构可以在相同的跨度下更加轻巧纤细，并且以钢结构"格构柱"和"复合钢梁"相互穿插的形式，依照场地遗留痕迹以及历史图纸推断柱网尺寸，重新"编织还原"了原建筑的构架形态，结构细部如图5.60~图5.62所示。纤细的钢结构以及结构构件中的缝隙，更增强"通透性"。在钢结构之间张拉钢索，形成一个完型却通透的整体，增加棚架的体量感的同时也为结合柱脚种植的爬藤植物提供了攀爬的可能，为棚架叠加生态性，若将其引入，将呈现带有绿意的虚透性的形式，同时能够更明显地感受到时间感。灯光与结构也充分耦合，小巧的射灯有韵律地布置于钢结构之间，形成间接照明，凸显了结构交接处的结构美学，在夜晚形成幽静的灯光环境和照明体验。在建筑的东侧，以与西侧相似的结构模式，预制八组钢结构灯架，组成了灯阵广场，暗示出原船库空间，与西侧的游泳池棚架形成了相似却程度不同的追溯方式——由于建筑东侧距离外滩更近，改造干预的程度相对更加小，以更加放松的状态暗示原有的建筑形态并保留更大的功能可能性。

图 5.58 文物发掘时发现的原游泳池　　图 5.59 改造后的游泳池空间　　图 5.60 改造后的游泳
　　　　结构　　　　　　　　　　　　　　　　　　　　　　　　　　　　　　池结构细部

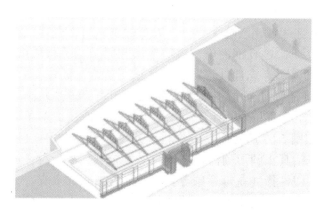
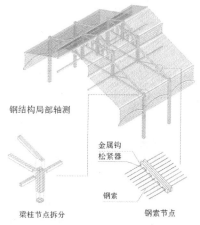

图 5.61 划船俱乐部西翼结构形式示意　　图 5.62 划船俱乐部西翼结构细部构成

### 5.2.3 形式语言的叠加

对干预程度较宽容的近现代体育建筑来说，将新的形式语言叠加在既有建筑之上，是能够重塑形象、激发区域活力的有效方式。该策略的应用难点在于新的形式设计与叠加的方式，即设计何种新的形式来与老建筑进行叠加，新形式运用何种形式语言的指涉方式，以及采用并置、外包、内含、共生等方式中的具体何种方式进行叠加是适当的。

#### 5.2.3.1 嵌套叠加

根据综合价值评价，成都城北体育馆为中等级，隶属度分布呈高度向右偏态的高尖峰，应相应地采用明确的更新策略，以价值导向的适应性再利用为主，修缮老化和受损部位，允许不具突出价值部位或落后的设计意图的创新改造以提升综合价值，干预程度应采用中~高等水平。结合成都城北体育馆成为国际一流场馆、城市北部地标，进而激发地区活力这一总体目标，工程团队采用植入新围护表皮、重塑形象的策略。20 世纪 90 年代，体育馆改为电器商业市场，失去了大部分体育功能。作为 2022 年世界大学生运动会武术项目比赛用馆，以及唯一位于成都市内环中心的体育馆，成都城北体育馆于 2016 年开始全面改建，去除了电器市场的冗余功能，并按照国际单项竞赛级标准进行改造，恢复其作为成都第一座综合体育馆的原始功能和历史定位，改造前后如图 5.63 和图 5.64 所示。

图 5.63 成都城北体育馆改造前鸟瞰      图 5.64 成都城北体育馆改造后鸟瞰

在保护原始建筑及其结构的基础上，工程团队对建筑周边场地和一层功能用房进行改扩建，增建了媒体、转播、评论等功能性区域，改造了车行、人行的出入口，合理化组织了多种人员流线及场地安保措施。外立面通过轻钢网格、玻璃幕墙和膜结构的材质搭配，呈现明快的橙红色，配以极具张力的飞碟形标志性外形，以及"钻石切割"的棱面效果，让人联想到成都文化标志太阳神鸟的主题色，立面改造前后如图 5.65 和图 5.66 所示。场馆内部原本的四层楼被全部打通，结构自上而下构成一组完整的看台，看台座席的颜色同样呼应了文化标志的红色与黄色主题，如图 5.67 所示。从艺术价值角度来看，由前文已知，成都城北体育馆原始设计的突出特征包括其正圆形的体育场地与外部轮廓、契合看台逐渐收窄的一层空间和通过切割状饰面来相似性指涉花蕾意象等。因此，新植入的表皮一方面延续了原始设计相似性指涉的手法，用切割样菱纹表皮指涉凤凰意象，也让人联系到原始设计的切割状饰面，同时也凸显原来正圆形平面的特征；另一方面也很好地配合了一层功能用房及二层室外平台的扩建，保持上下部体量的协调，不至于因下部扩建部分显得过大而破坏原始形式的视觉均衡。鲜艳颜色的新表皮加建也是让原始建筑吸引人流、成为地标的最经济、直观、有效的方法之一，同时又满足了可逆性和可辨识性的原则，因此本例的叠加策略应用是得当的。

图 5.65 成都城北体育馆改造前旧照　　　　　　图 5.66 成都城北体育馆改造后现照

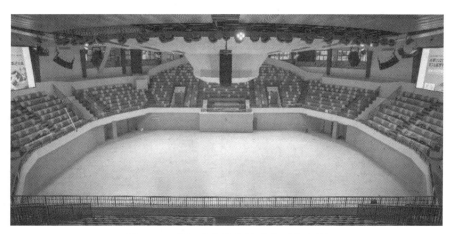

图 5.67 成都城北体育馆改造后室内照

### 5.2.3.2 融合叠加

为了满足甲级综合体育场的配置标准，北京国家奥林匹克体育中心体育场于 2006 年进行全面的保护更新工程，相较建成之初被赋予了新的形式语言特征。因体育场需要从 18000 座席扩容至 40000 座席，且需要将原始顶棚改为可覆盖绝大多数座席的顶棚，因此原始看台的上半部分结构被局部精确切割，嫁接新的型钢拉索组合结构，下半部分结构被局部用包裹法加固。另外，体育场还拆除了原始南北高架桥，在保留一排柱子的基础上，新建了混凝土结构的南北看台。拆除了原东西看台上半部分结构及罩棚、所有房间除主体结构以外的隔墙及管线设施，在对原有基础、梁、柱采取结构加固的基础上，新建了东西二层和五层看台以及三、四层包厢，建筑高度也从原先的 22m 增至 43m。这一系列的扩容改造也不可避免地改变了原始的建筑形式。从改造前后对比中可知，新增的钢索组合结构重塑了体育场外立面，因此建筑师又进一步加建了外立面钢结构表皮。另外，在建筑四角各加建了一座螺旋坡道交通观景台。该坡道在功能上能够作为辅助性的疏散交通设施，坡道顶面上还增设了非晶硅光伏板，提高体育场的新能源利用率，在形式上最终形成了改造后的融合叠加形式。

从艺术价值的角度来看，本例的更新方式是值得反思的，未能控制价值评级相对应的改造强度，从而造成艺术价值的争议。金属杆件竖向排列所构成的立面风格与原始形式设计没有合理关联，与周边的体育馆、英东游泳馆等建筑也没有建立关联性。同时，螺旋交通观景台的特殊形式成为整组建筑中的"异质"，也没有与体育场主体的新立面形成很好的交接。最终的艺术效果呈现的是，一方面原始立面的完全遮掩，另一方面新建立面的秩序欠佳（图5.68、图5.69）。考虑到综合价值评定，更合理的做法应是让原有建筑立面部分保留（如南北局部看台）且可被看到及识别，而新建的形式更宜元素清晰、秩序纯粹，新旧部分有所区隔。

相比之下，螺旋交通观景台这种特殊形式，应用于体育场改造最为恰当的案例是米兰梅阿查球场（Stadio Giuseppe Meazza，更多人称其旧名圣西罗球场）于1989年的保护更新工程。梅阿查球场最初建成于1926年，为最简单的英国盒式足球场，后经历了三次更新过程，主要为扩容和设备提升，而从形式变化的角度看分别是增加外部斜坡平台、增加外立面斜条纹状立面、增加11座螺旋交通观景塔和巨型红色钢结构屋顶，如图5.70~图5.74。螺旋交通观景塔的形式语言很好地呼应了1956年第二次改造时的立面风格，且四根中心塔还有承托新建屋顶的结构用途，是相对更加合理的形式叠加应用。

图 5.68 改造后立面效果（一）

图 5.69 改造后立面效果（二）

图 5.70 梅阿查球场 1935 年改造

图 5.71 梅阿查球场 1956 年改造

图 5.72 梅阿查球场 1989 年改造

图 5.73 梅阿查球场室外现照

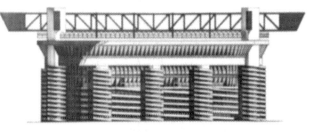
图 5.74 梅阿查球场现状立面

# 5.3　基于科学价值的保护更新策略

科学价值是建筑作为人类创造性与科技成果本身或创造过程中的实证价值，涵盖了从整体规划到细部设计，从结构选型到施工工艺，以及各种满足功能要求的工艺技术等。科学价值特别强调对当代技术的参考意义，如果对当下完全没有参考性，某项工艺技术则只能归结到历史价值的范畴中。因此基于科学价值的保护更新，就是根据综合价值评价来确定原始建筑蕴含科学价值的具体工艺技术是否具备可干预条件，进而分析如果选择主动替换和升级后，与原始工艺技术的时代先进性是否具有继承发扬的关系。例如首都体育馆于建成之初就具备独树一帜的球／冰场转换工艺及先进的制冰技术，随着时代的发展进步，首都体育馆一直沿用并发扬着可转换球场的主要技术特色，而重点在具体制冰技术等方面与时俱进，不断更新，从科学价值的角度看，这是中等及以上干预模式中的优秀更新策略。根据可干预度由低至高，笔者将其分为以下四种策略。

## 5.3.1　建筑工艺的保留与凸显

对有较高等级科学价值的工艺技术进行保留与凸显，是对体育建筑最直接有效的保护策略。这并非简单地置于原位、保持现状，还需要在日常维护的基础上成为鲜明且突出的体育特色，并与使用者产生关联。凸显的手法包括通过周边构件更新，而形成新旧对比关系；通过周边构件简化，而形成繁简对比关系；通过迁建至场所节点，形成区域标志等。

1. 结构及其材料

根据综合价值评价，武汉大学宋卿体育馆为中等级，隶属度分布呈现高度向右偏态的高尖峰，应相应地采用以价值导向的适应性再利用为主的策略，尊重原初设计，允许进行局部改扩建以实现综合价值提升，干预程度应保持在中低～中高水平。武汉大学宋卿体育馆采用钢与混凝土组合结构，支承三铰拱的柱为铆接 H 型钢外包混凝土，柱内没有配筋，混凝土仅起造型及防火作用；一层球场楼面为混凝土框架，楼板为木结构；屋顶为跨度 22m 的铆接 H 型钢三铰拱桁架，三铰拱上弦设置外包混凝土的工字钢檩条。经过分析，三铰拱形钢结构屋顶结构及整体形式具备很高的科学价值，是工程保护重点。因此，在对体育馆的屋顶结构实施防锈蚀、防破坏两项主要保护性修缮措施前，工程团队早早确立了不过度干预整体屋顶特别是三铰拱结构的原则，在各个阶段均考虑结构的原始形式及其可见性，尽量做到不明显改变原貌，不遮挡原物，便于展示。

（1）兼顾原物展示的结构保护性加固。

基于上述原则，武汉大学宋卿体育馆屋顶结构的防锈蚀方式采用涂刷三层防锈材料法，保证原貌的可见；屋架钢结构的加固修复采用增设支撑支点加固，混凝土立柱结构的加固修复采用干式外包钢加固法，保证加固是可逆操作且可以辨识，如图 5.75。武汉大学宋卿体育馆屋顶的钢结构构件应用了薄型钢结构防火涂料，除锈后先涂刷环氧富锌的底层漆，根据涂料特性选择中层漆，面层漆采用调和漆，在防腐蚀防火的同时保证通透的视觉观感。增设支撑和支点加固是在整个三铰拱钢屋架上增设支撑或者支点进行结构加固，在体育馆屋架结构和山墙之间设置连接杆件，这样可以增加三铰拱屋架整体的空间刚度，以及增加抗震性能。外包钢加固是在三铰钢拱结构脆弱部位四周包以型钢，以提高强度。由于不能损坏原始结构，因此采用外包钢加固，加固型钢和原有钢材之间留存一定的空隙，空隙就是防止因不同钢材之间的热胀系数不同而产生应力损坏。从方法看，保持结构的暴露与真实成为选择的重要标准。

图 5.75 武汉大学宋卿体育馆三铰拱结构屋架加固节点示意

（2）建立建筑信息模型优化保护效果。

为保证保护修缮的实施效果，保护团队还对体育馆进行精准测绘，并完成了 BIM 建模，如图 5.76 和图 5.77。应用 BIM 技术目的在于记录原貌，并在实际操作前模拟更新部件是否会对原始部件产生较大影响，以及模拟计算建筑是否满足消防性能要求、结构性能要求和进行碰撞检查。在后期管理中，基于 BIM 模型的安全管理系统可进行结构监测，并把数据收集存储到模型中，也可结合安全管理系统，形成具有维护计划提醒、异常情况预警、辅助决策等特定功能模块，实现后期的智能化管理运营技术。

图 5.76 武汉大学宋卿体育馆前期测绘　　　　图 5.77 武汉大学宋卿体育馆 BIM 模型

### 2. 细部及其工艺

上海跑马场跑马总会大楼是中等级综合价值的典型案例，应对其包含突出历史特征的部位采用低～中等水平的干预模式，且大楼自身的保存状态较好，因此保护团队对它饱含时代历史特征的室内外细部构造、原始施工技术所对应的水刷石及装饰线脚等细部材料采用抢救为主、应保尽保的策略。作为 20 世纪海派建筑风格的代表，跑马总会大楼门、窗、楼梯、地坪、墙面、天花、家具、壁炉、阳台、柱式、雕饰、五金配件的设计及细部已被收集分析，精心修缮。此处，笔者分析最具有代表性的四组细部的修缮与展示。

（1）天花的修缮与展示。在 2018 年的保护修缮工程中，建筑师决定去除跑马总会大楼后期加建的吊顶，由此原红厅的红漆柚木天花和原白厅的石膏雕饰天花得以重见天日，并得到精心修缮。针对缺损的石膏天花线脚，修缮采用挖补替换法，整体凿除损坏部位后按照原样翻模制作新的线脚，最后填补到修缮部位，具体流程见表5.2。

（2）楼地面的修缮与展示。跑马总会大楼的原始地坪部分采用马赛克铺装，修缮时先切割凿除损坏的马赛克，将基层浮灰清理干净，在表面浇水湿润后抹灰。对表面很光滑的基层进行"毛化处理"，即将表面尘土、污垢清理干净，浇水湿润，用1:1水泥细砂浆，喷洒或用毛刷将砂浆甩到光滑基面上。用毛刷蘸水，将其表面灰尘擦干净，用白水泥浆将马赛克填满，然后擦洗干净；跑马总会大楼的原始地坪部分还采用人字拼式木地板铺装，针对木地板局部的磨损或松动，修缮采用不同材料进行嵌补处理；跑马总会大楼的原始地坪部分还采用水磨石铺装。水磨石是将碎石、玻璃、石英石等骨料拌入水泥粘接料制成混凝制品后经表面研磨、抛光的制品。妥善修缮的前提是了解它的成分及其配比，分析原水磨石地坪的水泥、水泥强度等级及石子粒径范围，选择与原材质相同的水泥和粒径接近的石子。切割缺损、起壳部位至基层，调配同原比例的水泥及石子进行填补。修缮后采用机械磨光，达到交接界面平整；用草酸清洗表面后，采用专门调色修补，缩小修补处颜色差异程度。最后清洁面层，均匀涂刷保护剂，具体修缮工艺过程见表5.2。

表5.2 上海跑马场跑马总会大楼天花与楼地面细部的修缮工艺

| 细部及其工艺 | 修缮工艺过程 | 修缮成果展示 |
| --- | --- | --- |
| 原白厅的石膏天花 | 1. 凿除破损的花饰和线条，凿断面需平整。<br>2. 在现场对原物天花进行脱模。<br>3. 现场安装花饰：安装时，在花饰线条背面涂抹石膏浆，用木螺丝旋紧。螺丝孔用白水泥拌油填嵌，再用石膏浆粘贴于毛糙的平面。<br>4. 安装完成后对平顶整体打磨，批嵌腻子。<br>5. 涂刷涂料 | |
| 楼梯厅的马赛克 | 1. 按照原样定制修补马赛克小样。<br>2. 凿除损坏的马赛克。<br>3. 基层处理。<br>4. 湿润基底。<br>5. 抹底层、中层砂浆找平。<br>6. 预排分格弹线。<br>7. 贴砖、调缝、擦缝、清洗 | |
| 人字拼式木地板 | 1. 2~3mm的小缝隙采用原子灰补缝。修缮前需要根据修缮位置的周边颜色加入颜料调色，然后将调好色的原子灰填缝。<br>2. 3~5mm的大缝隙采用成品木屑补缝。修缮前需要根据修缮位置的周边颜色选择木屑颜色，填缝时一边填入木屑一边滴入专用胶水，填满且木屑溶化固定后用小刨子刨平，后用砂皮打磨。<br>3. 上述填补完成后，整体打磨抛光，并上蜡保护 | |
| 水磨石 | 1. 按照原样分析水磨石材颗粒的配方及配比。<br>2. 粉刷，填补缺损。<br>3. 开磨，平整界面。<br>4. 调色修补，缩小色差程度。<br>5. 涂刷保护剂 | |

资料来源：笔者整理，图片均拍摄于2020年12月上海建筑遗产保护修缮展。

（3）门窗的细部展示。跑马总会大楼的主要门窗，部分采用法国"拉克利"水晶玻璃装饰的门作为空间分隔。"拉克利"玻璃的特殊性在于它的颜色和透光性。由于烧制的过程中融入锑、砷、钴等元素，成品通常呈现不规则半透明状，在光照下可以呈现特殊变幻的光影效果。跑马总会大楼主展厅的分隔均采用彩色"拉克利"玻璃工艺大门，让内部空间呈现出多彩的光影感，如图5.78所示。

（4）交通空间的细部展示。为了呼应跑马运动的赛马主题，建筑内部装饰的大量细节都采用"马"元素。最明显的是钟楼侧门厅，大楼梯采用水磨石地面及黑色铸铁栏杆，栏杆有植物状花纹及中部马头饰面，呈新艺术运动风格（图5.79、图5.80）。多组马头顺序排列，配合木雕扶手，构成大楼梯栏杆。马头铸铁工艺栏杆为跑马总会大楼内部增加特色鲜明的运动主题和古典氛围。

图5.78 拉克利玻璃大门　　图5.79 马头铸铁工艺栏杆　　图5.80 马头铸铁构件

## 5.3.2 体育工艺的保留与凸显

### 1. 体育空间

根据综合价值评价，浙江人民体育馆为中等级，隶属度分布呈现高度向右偏态的低阔峰，应相应采用复合的干预策略，即修复与适应性再利用为主，修复老化和受损部位，允许不具突出价值部位的创新改造以提升综合价值，干预模式应采用中~高等水平。浙江人民体育馆的突出科学价值在于观众座席的视线质量优秀率高，屋顶结构选型、运动空间和观众看台形态等体育空间要素组织精巧，是我国体育运动场地设计走向成熟的代表作品。在被指定为杭州亚运会拳击馆后，工程团队对浙江人民体育馆的运动场地采取了保护为主的改造提升策略。在核心的体育空间中，建筑师完整保留了原始的屋顶结构、东西大厅主柱、运动场地形制、看台升起板、扶手等，确保改造后依然保有弧形悬索屋面、以CBA级别篮球场地为主的多功能运动场地和高质量视线品质的突出特征。

（1）比赛厅屋顶。保留了原始56根承重索和50根稳定索的索网结构，下方又新增了11根副拉索来提高承载力，以强化整体的结构稳定性。替换了原始已朽坏的木质屋面板，新屋面板采用铝镁锰合金屋面板，增设防水保温层，仍采用原始的屋面曲率；其他屋面系统的修缮还包括索夹更换、圈梁加固、旧索防腐、吊顶马道更新、新增灯具音响设备、升降国旗拉索等（图5.81~图5.85）。从最终的室内空间效果来看，除小面积云朵吊顶之外，其余的屋面系统均真实地暴露，通过原始及更新结构形成了比赛厅的空间美感。

（2）观众看台。观众看台的升起和视距完全保留，但对看台的原始框架结构使用外包钢法进行保护性加固，座位数量从之前5420座减少至约4300座，从而进一步提升观众观赛的舒适度。

（3）运动场地。依然保留篮球场地为基础的中等尺度多功能平面，对赛事功能用房及室内外配套设施，竞赛所需的运动地板、灯光照明、音响、观众座椅等主要设施设备进行更新，如图5.86所示。

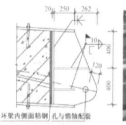

图5.81　金属屋面更新　　　　图5.82　新旧拉索间的索夹　　　　图5.83　圈梁拉索间的连接点

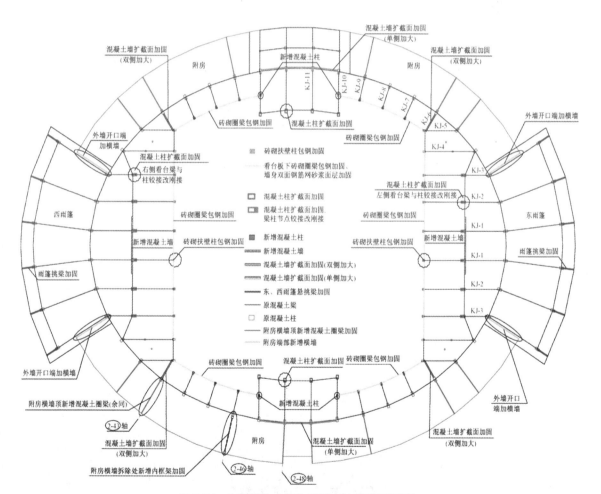

图5.84　上部结构主要加固改造内容平面示意

图 5.85　浙江人民体育馆南立面现照　图 5.86　保留的篮球为基础的多功能场地形制

### 2. 设施设备

（1）附属设备。作为原虹口公园遗存的体育场所（图 5.87、图 5.88），虹口游泳池保留了它最初的水循环处理系统机房。初建时英国人建造的机器采用类似沙滤水原理的水处理方式，机房里的阀门、马达也是历史原物，代表当时最先进的水过滤技术。另外，池边的跳台、三向滑梯和大门也被完整地保留下来，作为历史工艺实物而不再使用（图 5.89）。它是中国唯一针对水上运动建筑的水循环处理系统进行完整保护的建筑实例。

图 5.87　虹口游泳池跳台原始旧照　图 5.88　虹口游泳池跳台顶棚旧照　图 5.89　虹口游泳池跳台现照

（2）体育设施。根据综合价值评价，广州二沙头训练场为中等级，隶属度分布呈现向右偏态的高尖峰，应相应采用明确的干预策略，即修复与适应性再利用为主，尊重原初设计，修缮老化和受损部位，干预模式应采用中～高等水平。广州二沙头训练场的跳水台建成于 1957 年，迁移前位于广东省体育运动技术学校 30 号楼水球馆东侧，是二沙建筑群最早建成的体育设施，跳水台依照匈牙利跳台模式修建，四层高弧形造型设计，完整地包含 1m、3m 板和 3m、5m、7.5m、10m 台，由苏联援建成为当时世界最先进的跳台之一（图 5.90、图 5.91）。依照广州市历史建筑不改变现状的保护原则，跳水台整体实施了迁移保护，由原位迁至南侧滨江广场原体操馆的位置（图 5.92），且作为江面可见的新的历史标志物，是中国近现代体育建筑中唯一实施了迁移保护的体育工艺遗存实例。

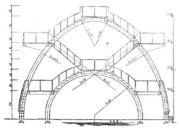

图 5.90　跳水台立面　　　　图 5.91　跳水台旧照　　　　图 5.92　跳水台迁建后照片

原跳水台的迁建保护不仅是对其个体的保护措施，也是二沙岛西岸片区更新的重要环节，二沙岛希望改造出一条连通的环岛滨江景观步道。在二沙头训练场现址内，针对影响滨江步道的训练基地内南北两侧建筑，经过价值分析与评估，对其中不具代表性的建筑进行拆改，如旧羽毛球馆、旧举重训练馆、旧宿舍等建筑已被拆除，而二沙会堂、育英堂和旧体操馆将于不久后拆除。根据评估，训练基地的不可移动文化遗产线索共 5 处，其中历史建筑线索 2 处，包括二沙头训练场跳水台、二沙头训练场运动员雕塑群，予以保护；传统风貌建筑线索 3 处，分别为二沙岛篮球馆、宿舍楼及原乒乓球馆，予以保留，但因室内净高不足，篮球馆改造为小球运动馆；1 处古树名木，予以保留。同时，紧邻训练场西端的颐养园是 20 世纪 20 年代兴建的疗养建筑，是广州市级文保单位，也是二沙头岛的开发原点。片区更新采用将训练场和颐养园进行整体保护的策略，不仅修缮颐养园还原其岭南园林特色的历史风貌，还在其中设立二沙头体育历史博物馆与体育名人堂，传承二沙岛的体育主题等，让西侧的环岛滨江景观步道的历史风貌和体育文化交融连通，迁建示意和功能流线分析见图 5.93。

图 5.93 跳水台区位及迁建分析

### 5.3.3 建筑工艺的改造与提升

对中高等及以下科学价值的工艺技术，如果它们出现功能性能不足的问题，且它们没有承载重要历史意义，不影响整体历史风貌，那么进行改造与提升是行之有效的保护策略。这也非简单换上最新、最好的替代品，还需要适度体现工艺特色的传承，保持新介入材料的外观一致性和内在可识别性，提升的同时不破坏整体历史风貌。对低等级科学价值的工艺技术，如不影响整体历史风貌，为满足更好的功能性能，可以移除原物或替换为与旧工艺差异较大的工艺技术。不同于古典建筑遗产，近现代建筑所采用的主要材料相对坚固，成色相对稳定，历时性老化也不会让原物和新材料产生很大的外貌区分。因此，近现代体育建筑的新介入建筑工艺可以选用高性能混凝土、新型不锈钢材、聚合物、碳纤维等先进材料。

根据综合价值评价，上海体育场为中高等级，隶属度分布呈现低度向右偏态的低阔峰，应相应采用复合的干预模式，以价值导向的整体保护为主，尊重原初设计，允许局部修复。分析分歧较大的具体原因，允许进行局部改扩建以实现综合价值提升，干预程度应采用零～中等水平。上海体育场的屋盖结构是全膜面覆盖，钢结构最大悬挑桁架长度为 73.5m，是当时世界跨度最大的膜结构建筑（图 5.94）。近来，因被指定为亚洲杯足球比赛场，为满足国际足球运动组织的专业竞赛要求，需对屋盖结构进行改造与提升。

（1）屋顶结构。为兼顾改造效果和中等干预度的要求，上海体育场的屋盖结构最终采用加大覆盖范围为主的改造方式，效果如图 5.95。在原始屋盖钢结构悬臂的基础上，应用轻质柔性体系，实现跨度再增加 16.5m 的跨度延伸，以覆盖前排改造后增加的前排看台区域。新的屋盖结构体系为在原结构底部增加轮辐式索网体系，上覆刚性杆件，屋面覆盖材料选用 ETFE（乙烯 - 四氟乙烯）材料，与原始膜材料相同但透光性更好。另外，在新增环形钢屋顶结构的下方增设 LED（发光二极管）环屏，同时南北两边更新两块大型方屏，大大提升观赛体验和临场氛围，改造剖透视和示意如图 5.96、图 5.97 所示。

图 5.94 上海体育场改造前的屋盖旧照

图 5.95 上海体育场改造后的屋盖效果

图 5.96 上海体育场改造后剖透视

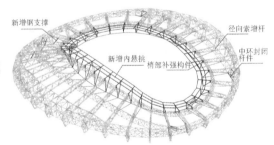

图 5.97 上海体育场屋顶结构改造示意

（2）看台结构。为了兼顾提升观众观赛品质和中等干预度的要求，上海体育场的看台结构最终采用增设临时看台和下沉场地的方式，以达到不需要拆除原始固定看台也能扩容提升的效果。一方面，将原综合田径场地取消外圈跑道，中心足球场地下挖 1.7m，从而将二、三层看台的 *C* 值由原先的 60cm 提升至 90cm，实现从综合田径场地观赛转换到专业足球场观赛的视线标准。另一方面，在原始一层看台内侧新增了 17 排钢结构框架永久看台，抬高约 1.6m，并在新增永久看台前端继续增设 16 排钢结构临时看台，从而让前排观众与足球场地边缘距离大幅缩短。同时拆除南侧的老旧比赛屏幕，恢复为看台区。最终，在经过未改变主体看台结构的改造后，看台首排距球场边线最远处 22.2m，距球场端线最远处 32.5m。改造看台的平面和剖面示意如图 5.98、图 5.99 所示。

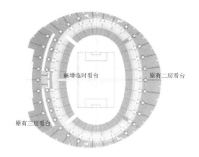

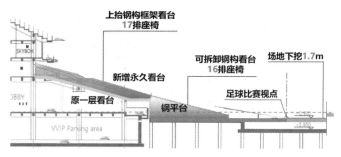

图 5.98　上海体育场观众看台改造平面示意　　　图 5.99　上海体育场观众看台改造剖面示意

### 5.3.4　体育工艺的替换与提升

#### 1. 体育空间

根据综合价值评价，上海体育馆为中等级，隶属度分布呈现低度向右偏态的低阔峰，应相应地实施综合的价值保护、修复与提升，允许适应性再利用，在不改动基本格局与突出特征的前提下，找寻最佳利用方式。分析评定分歧较大的原因，进行局部改扩建以实现综合价值提升，干预程度在低～中高水平。上海体育馆的突出特征之一是它成熟的观众厅设计，看台视线设计优良，布局高效。在 1999 年和 2004 年的两次改造中，均对观众座席布局进行观演功能利用的尝试，特别是 1999 年改造为上海大舞台，是中国第一次进行观演复合空间探索的体育馆。由此可知，通过替换与提升观众座席布局和多功能场地试验，先进的体育空间的突出特征依然得到尊重和发扬，进一步成为体育馆多功能利用改造的先行示范。体育空间的多功能利用并没有放弃体育功能，更多的是对场馆赛后利用的考虑。

（1）观众看台。上海体育馆建成之初可容纳 18000 名观众观赛，对标当时国内最先进的首都体育馆，成为我国规模最大的体育馆。但在上海体育设施逐渐丰富的 20 世纪 90 年代，赛后活动较少且空座率较高，于是促成 1999 年的多功能利用改造。在当时的改造中，将北面共 6000 座的观众固定看台拆除，改建为大舞台，形成三面看台、一面舞台的类观演厅空间模式。同时在中心场地添置仅有微小起坡的 1000 座观众活动看台，改造服务用房，增加演出活动服务功能。在 2004 年的改造中，为满足 NBA 季前赛及世界乒乓球锦标赛的要求，首先以满足运动员、观众、记者的要求为出发点。具体来说，观众看台的舒适度得以提升，并增加贵宾包厢、记者席及现代化的通信设施，改造运动员休息室和训练场地，并提升体育空间的照明均匀度。上海体育馆看台及场地的改造示意如图 5.100 所示。2022年的改造中，观众看台则再次大幅更新，全面布置为 NBA 级别职业篮球比赛看台。

（2）运动场地。在 1999 年上海体育馆的改造中，原来的一部分看台等被改造为演艺舞台，增加演艺功能。同时运动场地转换是结合机械设备进行的，改造尺度小，费用低，适用于对舞台规模需求不大的演出娱乐活动。2004 年的改造中腾出了中心场地，并在达到职业篮球比赛要求的基础上保留了大舞台，而将其变为可变式功能。当举办专业体育比赛时，大舞台上方可搭建起 NBA 级别的豪华贵宾席和集成先进设备的记者席，这种搭建的席位为可移动式，比赛结束后可以重新变回大舞台。2022 年上海体育馆的改造中，运动场地被改造提升为满足 NBA 赛事要求的职业篮球场地，建成之初的满天星吊顶被拆除，增加运动场地的空间净高，并增置了 NBA 标准的斗形屏。改造前后的运动场地效果如图 5.101~图 5.103 所示，最新改造后平面如图 5.104 所示。

| 1975年建成平面 | 1999年改造平面 | 2004年改造平面 |

图 5.100　上海体育馆 1999—2004 年体育空间平面改造示意

图 5.101　上海体育馆 1999 年改造前场地旧照

图 5.102　上海体育馆 1999 年改造后舞台旧照

图 5.103　上海体育馆 2022 改造后 NBA 赛效果

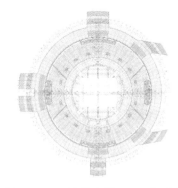

图 5.104　上海体育馆 2022 年改造后平面

**2. 设施设备**

根据综合价值评价，南洋公学体育馆为中等级，分布呈现中度向右偏态的低阔峰，应相应采用组合策略，即价值导向的适应性再利用与修复为主，修缮老化和受损部位，允许不具突出价值部位的创新改造以提升综合价值，干预模式应采用中~高等水平。南洋公学体育馆的突出特征在于以基督教青年会所场地为蓝本的中心场地，以及早期的大跨结构。因此，其近来的设施设备更新也充分考虑了更换部分与具突出价值部分的关系。

（1）照明设备。南洋公学体育馆的游泳馆应用当时先进的建筑与体育工艺，水磨石墙面，马赛克池底地砖，木结构屋架，并配备池水加热设备和卫浴设施。后来因挖防空洞导致底部漏水，游泳馆停止使用，原游泳馆如图 5.105 所示。20 世纪 90 年代游泳馆被改建为乒乓球馆（图 5.106）。在使用过程中，乒乓球馆的木质屋架已经受到较大腐蚀（图 5.107、图 5.108），现木材已被修复，节点进行加固，如图 5.109 所示。原有照明不能够满足均匀、明亮的运动要求，原有立式空调无法充分循环，地板也不符合乒乓球运动的防滑要求，因此设计师决定改进升级馆内设施设备。经实地测量，原有场馆的平均照度在约 300 lx。设计师将乒乓球室的照度提升至国际赛事标准的平均照度 800~900 lx，且在四个角部加装补光使之更加均匀。防眩光罩的使用，也减少了运动眩光的不适。空调系统结合座椅做一体式设计，改善了空气流通。地板也改用 PVC 专业运动地板，防止运动受伤。乒乓球室照明设施的照度前后对比如图 5.110 所示。

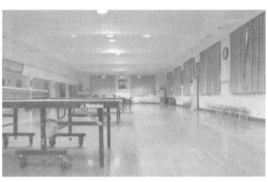

图 5.105　游泳馆旧照　　　　　　　　　　　图 5.106　游泳馆改乒乓球室后旧照

图 5.107　去掉吊顶与地板后的乒乓球室的原状

图 5.108　乒乓球室屋架的原状　　　　　　　图 5.109　乒乓球室屋架的现状

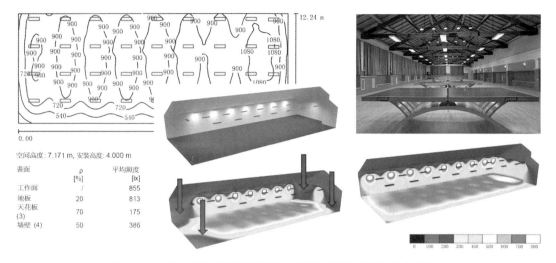

空间高度: 7.171 m, 安装高度: 4.000 m

| 表面 | ρ [%] | 平均照度 [lx] |
|---|---|---|
| 工作面 | / | 855 |
| 地板 | 20 | 813 |
| 天花板 (3) | 70 | 175 |
| 墙壁 (4) | 50 | 386 |

图 5.110　乒乓球室照明设施的照度前后对比及改造后室内现状

（2）通风设备。在使用过程中，南洋公学体育馆的核心场地篮球场同样有较大的工艺性能问题，集中体现在运动地板材质较差，顶界面采光有较显著眩光，室内无空调系统，且因不均匀荷载导致地面结构层不平，室内高差已达 10cm。针对地面问题，勘察后决定拆除重建了楼板，既能排除安全隐患，又能升级高标准运动地板；针对顶界面采光的眩光问题，加建了电动遮阳系统；针对室内空调问题，设计师先是加装了空调系统，然而空调风管对原有屋架的观感形成较大破坏（图 5.111），且暖通计算时发现顶部送风需要巨大功率，因此后来决定拆除了加建的空调，而选择加强被动式设计实现通风，最终的空间效果干净，屋顶结构和采光天窗清晰可见，如图 5.112、图 5.113 所示。

图 5.111　篮球室改造过程室内　　图 5.112　篮球室改造后室内　　图 5.113　篮球室改造后篮板

　　作为综合价值高等级的典型案例，北京工人体育场一直是最新体育工艺的国内先行者，这既是建成之初的突出特征，也是大型赛事承办的客观要求。

　　（3）赛事设备。北京工人体育场在 1990 年亚运会及 2008 年奥运会之前曾进行过两次大的改建，其电子记分牌、火炬台及灯光均达到国际先进水平并承担着足球及其他比赛项目的任务。至今，它仍是许多全国及国际大型体育赛事的举办地。它在最近的保护性复建中改造为最新碗状看台设计，结合新的电视转播技术，音响声学技术和体育专项技术，场内设施更显专业化和人性化，观赛环境更舒适，带给观众最好的观赛体验。北京工人体育场最早采用的是煤渣跑道，1979 年改造中最早从日本引进塑胶跑道，成为国内最早使用塑胶跑道的大型体育场。塑胶跑道不仅造型美观，可以适应全天候的体育比赛要求，而且还可以减少运动员的运动损伤。最近的保护性复建工程则彻底取消了跑道，改造为专业足球场地。

（4）场地工艺。保护性复建过程中，北京工人体育场中心场地放弃了过去天然草的构造做法，和世界杯、欧洲五大联赛专业足球场的草坪进行对标，采用300mm厚根系混合层、100mm厚中间层、150mm厚砾石层的锚固草系统，并同步配置了包含草坪加固、自动喷灌、地下低温供暖、地下真空通风排水、草坪生长光等一系列高科技维护设备。尽管相比之前的天然草更便于保养，但是锚固草构造仍需细心维护，其中关键的技术难点是光照。足球场草坪的生长质量取决于地区纬度、光照气候条件和屋盖结构及其开口形态的影响。为确保作为足球队主场和城市文化中心的高强度利用，北京工人体育场还额外引入了高压钠灯系统专门为草坪补光照明，以确保草坪全年的优良生长状态。保护性复建后的北京工人体育场内场如图5.114所示。

图 5.114 保护性复建后的北京工人体育场内场

根据综合价值评价，黑龙江速滑馆为中等级，分布呈现高度向右偏态的高尖峰，应相应采用明确的更新策略，价值导向的适应性再利用与修复为主，修缮老化和受损部位，允许不具突出价值部位的创新性改造以提升综合价值，干预程度维持在中～高水平。作为亚洲最大的速滑馆，黑龙江速滑馆最初于1995年在原露天速滑场的基础上扩建，最初的观众座位数量被设计较少，且室内自然光环境较差，若干不足是当时项目工期、造价以及国内速滑赛事的发展水平而造成的。在第十一届冬季运动会前，黑龙江省速滑馆进行全面的改造升级，更新了各类主要人流功能用房、冰水车库等辅助房间。

场地工艺：为了迎接高标准的冬季运动赛事，黑龙江速滑馆遵照国际赛事标准进行改造更新，对标著名冬奥会场馆——加拿大卡尔加里速滑馆。场地冰面层进行升级，现已达到卡尔加里速滑馆的冰面厚度35mm；同时为了提升冰面的平整度、冰面的滑度，速滑馆还增设了净化水设备，进一步提供冰的质量。屋盖加装了18m×223m的大面积无影玻璃制采光天窗，通过利用自然光的漫反射大幅改善了室内照明，白天训练比赛可无须人工照明，节约了大量能源，这种创新性改造也让它成为全世界第一座应用无影玻璃采光天窗的速滑馆。同时，屋面板改用咬合衔接，不设铆钉解决漏水问题，还增加保温棉层厚度，馆内温度有较大提升，实现了平时运营过程中良好的节能和保温效果。室内无影天窗的采光效果如图5.115所示。

图 5.115　黑龙江速滑馆室内场地现照

　　看台工艺：改造后的观众座位数量由 2000 个提升至 4200 个，并被涂装红、黄、绿加以醒目区分。冰场护栏板墙的材料改用铝合金框架和 PVC 板，加强了抗撞击能力。冰场护栏外的通道，也由过去的大理石换成专业塑胶跑道。考虑到速滑馆场地和观众的物理环境需求差异，精密地设计了空调通风的角度控制，既能除湿保温，又不影响冰面的质量。最终实现场地内低温，而看台区室温仍可以达到 20℃，保证观众的观赛舒适度。

# 5.4　基于社会价值的保护更新策略

　　社会价值形成于经历一段时间后的建筑与其社会环境的相互作用，历史建筑不仅一定程度地反映社会环境的形态，也对社会及城市发展产生着重要影响，因此社会价值对提高社会认同感与凝聚力具有重要意义。中国近现代体育建筑的社会价值分为区域认同感和集体归属感。在区域认同感方面，体育建筑主要发挥其整体形象对片区建设的象征意义，以及其整体功能对片区更新的触媒效应；在集体归属感方面，体育建筑主要发挥其公共属性对社区生活的聚集作用，以及集体记忆对社区居民的情感承载。基于社会价值的保护更新，就是根据综合价值评价，以提升建筑的象征意义、触媒效应、聚集属性和情感承载为目标，寻求社会价值提升和干预程度之间的平衡。具体至每项保护更新实践中，干预度相对较低的策略为场地与城市环境的衔接、关联居民生活的功能聚合，干预度相对较高的策略为场所对城市环境的触媒、满足居民需求的体验提升。

## 5.4.1　场地与城市环境的衔接

　　当近现代体育建筑的规模和辐射力相对有限时，提升区域性社会价值的方式主要是通过整体场地和城市公共环境或区域公共功能的衔接，从而让体育建筑以开放的姿态和更多市民产生联系，典型案例包括上海跑马场跑马总会大楼、浙江人民体育馆（现杭州体育馆）等。

### 5.4.1.1　开放空间衔接城市环境

　　在城市中心快速演变的过程中，特殊的价值构成让上海跑马场跑马总会大楼经历了多次功能变迁和适应性改造。20世纪90年代，原本是一组的东楼和西楼曾被分为两组使用，当时立面阳台上挂起了空调外机，建筑之间的庭院还增加停车棚、人防出入口以及设备间等。南京西路和黄陂路的拐角处还一度出现搭建，中心庭院逐渐内部化。近年的保护修缮工程中，建筑师拆除了庭院的外围墙与转角处的二层搭建建筑，使城市主干路与庭院连通，将基地北侧沿南京路边界全部打开后用低矮绿篱等做通透开敞式处理，并在其内侧沿街的大片绿地中布置上海历史博物馆的馆碑。同时，建筑师打通了先前封闭的西楼一层敞廊（原马厩区），并设置为场地通向城市干道的次出入口，中心庭院开放性大大提升（图5.116）。同时，为了进一步利用开阔的城市中心景观，东楼五层露台被改造成屋顶花园（图5.117）。封闭的空间被重新打开，视线变得通透。东楼、西楼和中心庭院所构成的整体环境，以与城市环境衔接而形成的开放特性，共同将跑马总会大楼改造提升为一座高品质的上海城市中心客厅。2013年改造后的总平面及一层平面如图5.118、图5.119所示。

图 5.116　改造后的大楼中心庭院

图 5.117　改造后的大楼屋顶景观

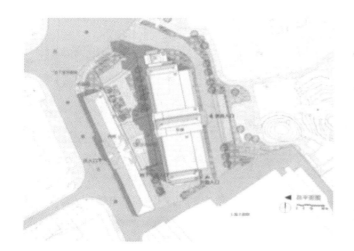

图 5.118　改造后的大楼总平面

图 5.119　改造后的大楼一层平面

### 5.4.1.2　场地功能衔接城市环境

作为中等级价值的典型案例，浙江人民体育馆的价值的分歧较明显，因此在2022年亚运建筑改造过程中，主体建筑的结构和形式则以复原和修缮为主，提升使用功能和观众体验的改造部分集中在比赛厅室内部分、原训练馆建筑和外部空间，改造后的内部场地功能和城市环境的联系更加紧密。

**1. 主体建筑强化区域地标地位**

浙江人民体育馆的主体建筑的结构和马鞍形态得到保留。最初的浮雕和石材工艺则最大程度地进行复原，主柱修复运用水刷石工艺，马鞍形屋盖结构的圈梁运用斩假石工艺，修复工匠们对总长232.5m的起伏圈梁用手工做法重现了特有的质感。为了进一步强化其在体育场路及杭州市中心的历史体育地标地位，主体建筑中还增加中国体育博物馆杭州分馆的展览功能。

**2. 附属建筑增加城市功能**

在主体建筑的北侧，原来与主馆相连的篮球训练馆被拆除重建，新建训练馆的规模得到拓展，增设有兴奋剂检测室、媒体发布会厅等。外立面采用玻璃幕墙和暖色线条相结合，当代的设计语言和主体建筑的风格产生较为明显的区分，屋顶还铺设450m² 的光伏发电板。另外在场地东北侧，新建了建筑面积为3178m² 的赛事配套功能用房，主要包括志愿者之家、新闻媒体区、技术支持区和展列室等，以满足亚运会的功能扩建要求。杭州体育馆还新建了约8000m² 的地下车库，共有180个停车位可供比赛观众停车使用。场地也增设了29个停车位供赛事车辆使用。亚运会赛事结束后，体育馆场地将开放停车位供周边市民使用，以缓解高密度市中心的停车问题，改造后的场地效果如图5.120所示。

**3. 场地景观塑造历史体育公园**

为了将室外场地塑造为有历史沉淀感的体育公园，并且能够让体育场路的市民感受到历史景观，本次保护更新期间迁移保留了与体育馆同样年代的桂树、雪松、香樟、广玉兰等景观植物，广场内的四座冠军铜像也完整保留，体育馆正立面的巨型马赛克壁画也得到修复。在此基础上，增加当代体育文化雕塑和自然景观，整体品质得到很大提高（图5.121）。浙江人民体育馆改造前后的总平面对比如图5.122所示，功能示意如图5.123所示。

图5.120 改造后的浙江人民体育馆鸟瞰　　图5.121 改造后的浙江人民体育馆场地景观

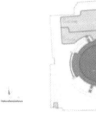
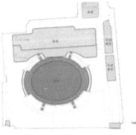

图5.122 浙江人民体育馆改造前后总平面对比　　图5.123 浙江人民体育馆改造后功能示意

## 5.4.2　场所对城市环境的触媒

当代城市空间营造与当代体育运动方式的不断进步,对城市重要体育建筑产生了更大的需求。当近现代体育建筑的规模和辐射力较大时,提升区域性社会价值的方式主要是通过与城市多尺度环境景观、城市核心功能的全面联结来实现的,此时的近现代体育建筑更多地成为一种标志性节点,成为区域的象征,典型案例包括上海江湾体育场、重庆大田湾体育设施群(重庆人民体育场、重庆体育馆、重庆跳伞塔)等。

### 5.4.2.1　体育场所与城市核心功能的联结

作为中高级的典型案例,上海江湾体育场应采用以保护为主的干预策略。除建筑本体保护之外,江湾体育场也是中华民国时期上海新城中心开发计划——"大上海计划"的重要组成部分和历史见证;如今,江湾体育场则是上海城市副中心五角场地区的地标性建筑,一直以来对周边的城市区域产生着明显的触媒效应。2006年的全面改造工程则更是将江湾体育场与周边的城市商业、文化、办公等核心功能建立了全面联结,进一步增强体育场所的社会价值。

1. 原始设计意图中的城市性

从主体育场单体角度来看,建筑师董大西先生在设计之初就考虑了看台下部空间的可利用性,布置了较为宽敞和灵活的商业空间,以便结合城市区域的需求,如董先生曾在文章中阐述了预留空间再利用的潜力:"按照现定计划,看台下地面,仅利用其半,以省造价,其余一半,则留备他日需用时加建店房之用。"上海江湾体育中心体育馆、游泳池及其他新增的体育设施,可以满足区域内全民健身类体育活动的多层次需求。在改造过程中,在保证既有的体育比赛与训练功能的基础上,减少了大型竞技类体育的相关配套功能,增加全民健身型体育功能,并配套加入体育博物馆、体育培训、体育商业的新内容,而新增内容都装在看台下方约12000m²的环线空间内。新植入的商业店面并未改变体育场原始的连续拱廊的空间样貌,通过将商业人流引入看台下方空间,令整座体育场的历史风貌被更多地感知到。新加建的部分被控制在适度范围内、将商业店面适当外移,21m的进深被认为是适宜的。在看台大楼梯入口处做喇叭口处理,有利于看台上人流的快速疏散;在大楼梯入口两侧,保留了原初的清水红砖片墙,从而使连续玻璃橱窗与清水红砖墙并置出现,增加看台下环线的历史与现代交替的体验感。新植入商业采用的玻璃橱窗,在比例、材质、色彩、构造都和拱廊结构保持一致的逻辑关系,相互和谐又富于对比,如图5.124、图5.125所示。2021年,上海江湾体育场中心场地的外围跑道进行整修提升,全天免费开放给市民活动,进一步提升看台下方空间的利用率,如图5.126、图5.127所示。

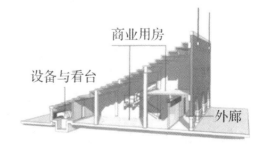

图5.124　上海江湾体育场看台下方空间改造前后对比　图5.125　上海江湾体育场看台下方空间改造后示意

图 5.126 上海江湾体育场升级后的入口　　图 5.127 上海江湾体育场升级后的外围跑道

从体育设施群来看，上海江湾体育场原本是"大上海计划"的组成部分，尽管在规划之初，江湾体育场并非属于原计划的核心建筑群，因计划实施的命途多舛，江湾体育场如今已成为"大上海计划"历史建筑中规模最大且功能延续下来的代表建筑。与江湾体育场一同留存下来的"大上海计划"遗产还有原上海市政府大楼（现上海体育学院绿瓦大楼）、原上海市立博物馆（现长海医院影像楼）、原上海市立图书馆（现杨浦区图书馆）、原上海市立医院（现长海医院 21 号楼）、国立音专（现公安部上海消防研究所）、原中国航空协会飞机楼（现第二军医大学校史馆）等建筑，以及当时的部分道路网和道路名称，这些共同组成了现今的江湾历史文化风貌区（图 5.128、图 5.129）。相较于其他建筑遗产的区位、规模、功能和开放程度，江湾体育场是最适合成为江湾历史文化风貌区标志的建筑。因此在保护更新的过程中，上海江湾体育场、杨浦区图书馆、长海医院等建筑内部，均增设了历史文化展示引导，且在 2020 年杨浦区图书馆保护修缮完工后，规划师建立了以国和路、政立路、清源环路、虬江滨河绿地共同组成的展览环线。

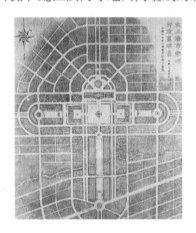
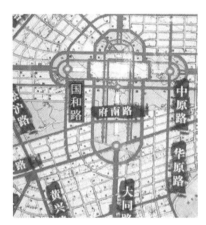

图 5.128 大上海计划规划　　图 5.129 大上海计划路网及留存的道路名称

2. 当今与城市核心功能的联结

（1）标志性节点的规划定位。在最新的上海杨浦区总体规划中，上海江湾体育场是"江湾 - 五角场"城市副中心的标志性节点（图 5.130），也是五角场公共文化服务风貌区的中心建筑景观（图 5.131），还处于公共文化服务设施保护控制和历史文化遗产保护控制的双重控制线范围内（图 5.132）。由此可见，江湾体育场承担着文化、商业、交通等城市核心功能的规划定位。

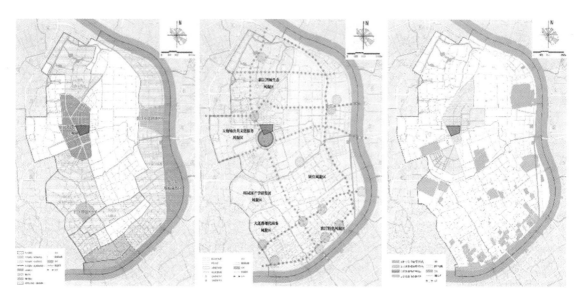

图 5.130 杨浦区特定政策区规 　　图 5.131 杨浦区城市设计结构中 　　图 5.132 杨浦区文化保护控制
　划中的江湾体育场 　　　　作为中心节点的江湾体育场 　　　　中的江湾体育场

　　具体至片区尺度的城市设计中，上海江湾体育场如今是"大创智"创新示范区的中心建筑（图 5.133）"创智天地"的标志和重要组成。"创智天地"是始于 2003 年 SOM 事务所设计的创新产业聚集区，功能囊括研究、商业、体育、办公等创意产业，至今依靠大学、企业以及江湾体育场的聚集效应，已发展为富有活力的创意产业社区（图 5.134）。主体育场的前广场被设计成为创智中心的焦点，该广场是众多休闲与极限体育赛事、文化与时尚活动等的举办地，配合层叠下降的景观改造，以及最新的夜景灯光改造（图 5.135），成为上海北部的城市客厅。下沉广场两边围合成的建筑以各种透明或镂空的现代材料的拼贴为特色，与历史建筑形成了新旧对比，这种设计非但不会减弱上海江湾体育场的地位，还强化了体育场的厚重和雄伟的历史感。上海江湾体育场的中轴线在城市设计中得以延伸，延伸出的西侧道路——大学路，将复旦大学、创智 SOHO、创智天地广场和上海江湾体育场相连，成为一条以步行为主的多功能商业纽带，把江湾体育场与创新产业区紧密联结（图 5.136）。

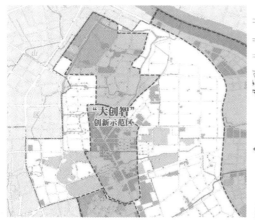

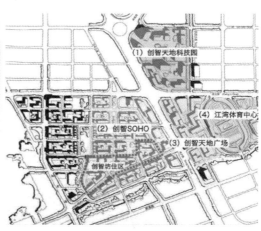

图 5.133 "大创智"创新产业区规划 　　　图 5.134 创智天地城市设计的功能示意

图 5.135 景观改造后的上海江湾体育场前广场

图 5.136 上海江湾体育场与创智天地广场

（2）功能的聚合和串联。上海江湾体育场是创智天地的标志和组成，在这种对标"硅谷和大学城"的混合模式中，体育场成为城市全民健身运动综合体，成为整个创智片区的端点。从群体功能方面来看，通过保护修缮工程，主体育场建设成集体育运动、体育博物馆与体育休闲商业于一体的综合中心，体育馆建设成为以篮球、羽毛球、武术等运动俱乐部为主的综合性体育馆，游泳池通过脱离的屋盖加建，已成为恒温水上运动场地。从空间品质方面来看，对建筑原有空间再利用完成原功能的拓展和提升，注入文物建筑新生命力。"寓新予旧"的设计，清晰地交代了新与老的逻辑关系，以获得新老形式和材料间碰撞出现的独特审美效果，为都市时尚休闲活动提供更好品质的使用空间。从城市功能来看，以江湾体育场为核心的创智天地的主要使用人群是知识型工作者。知识型工作者们在办公区、商业区或休闲区的活动主要局限在小尺度、密路网的功能空间（图 5.137），上海江湾体育场则是大尺度的疏朗广场，与创智 SOHO、大学路等区域形成了功能需求上的互补关系，而非竞争关系。从象征意义来看，上海江湾体育场将会成为另一种新生活方式的标志，又一个引人注目的城市复兴的范例，对上海的城市发展也将发挥积极的作用。

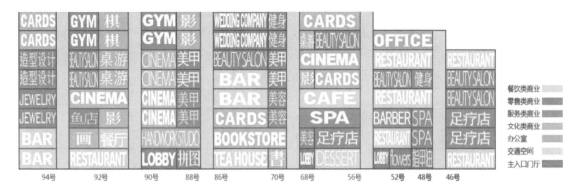

图 5.137 大学路的小尺度高密度功能业态示意

（3）空间的连续与链接。上海江湾体育场南门前广场的更新采用层层下沉的手法，主要下沉广场的标高比淞沪路路面还低 5m，这样的下沉设计让广场更加内向型，隔绝了城市主干道的干扰，增加两侧创智天地商业的利用率。下沉广场还可以平直地进入淞沪路下方的交通空间，进而可以方便地进入地铁站，或者通过到达对面的大学路。交通空间中还有聚集大量的餐饮零售商业，即太平洋森活天地，方便人们通过时的快速消费。上海江湾体育场前广场和创智天地的剖面关系如图 5.138 所示。

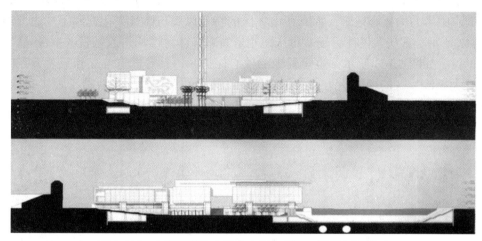

图 5.138 上海江湾体育场南广场和创智天地的剖面关系

　　城市链接空间是指具有城市公共走廊作用的建筑内部空间。依据 TOD 理论，该类空间常出现在以公共交通枢纽为中心、步行 5 ~ 10min 的距离内（400 ~ 800m），并以结合大型公共空间或商业空间的形式出现，且时常延伸至地下与轨交枢纽衔接。整体片区改造工程后，上海江湾体育场接入的地下空间就是典型的城市链接空间，由南到北依次连通五角场地铁站、五角场广场、万达广场和百联综合体的地下层、太平洋森活天地共五部分，北端出地面后和大学路起点相衔接，地下空间的连续步行空间体系帮助实现了地上交通的人车分流，也进一步提升上海江湾体育场的区域影响辐射范围，如图 5.139 所示。

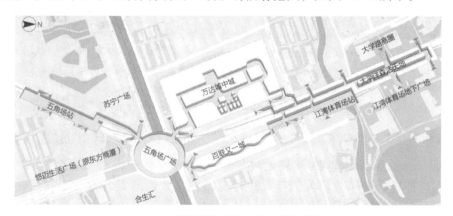

图 5.139 上海江湾体育场地下交通的链接空间

### 5.4.2.2 体育场所与城市景观的联结

　　重庆跳伞塔、重庆人民体育场、重庆体育馆是三个近现代体育建筑典型案例。三个案例的建成年代相近，都集中于 20 世纪 40—50 年代；相互距离相近，都位于大田湾地区；价值评价结果相近，均为中级价值等级。因此，实施城市区域的整体性保护是合理、有效的策略。根据具体评价结果，重庆人民体育场应采用综合策略，即兼顾保护与提升，允许一定程度的适应性再利用；重庆体育馆和重庆跳伞塔则在保证实物样貌的前提下，以改造提升为主。三座案例的相继建成也让大田湾地区成为城市中心的体育特色功能区，周边还有众多历史文化资源,如图5.140、图5.141所示。2019年10月开始的重庆大田湾体育设施群的保护更新工程,已被纳入"大田湾—文化宫—大礼堂特色风貌区"规划。该风貌区位于重庆渝中半岛的核心地带,拥有西南大区的特色风貌与体育文化资源,周边交通便利,如图5.142所示。重庆人民体育场、重庆跳伞塔、重庆体育馆均是该风貌区中最高级别的文物保护单位,如图5.143所示,也是其中的核心保护区,具有标志象征和显著节点的作用。为了提升大田湾片区的功能活力,大田湾体育设施群在最近的保护改造工程中采取与城市文化资源和环境景观全面联结的方式,大大提升整体片区的社会价值。

图 5.140　重庆大田湾体育设施群鸟瞰效果

图 5.141　重庆大田湾体育设施群鸟瞰图

图 5.142　重庆大田湾片区的区位分析

图 5.143　重庆大田湾片区的文保单位示意

1. "点"——区域标志性节点的塑造

重庆人民体育场的风貌修复和节点重塑是整体片区价值提升的关键,社会影响力大,触媒效应明显。从单体来看,依据原始设计意图,修复原本中国古典复兴式的建筑实物,是大田湾体育场保护与利用工程的主要目标。重庆人民体育场的结构材料、建筑工艺以及特征元素均被调研、评估与修复。在此基础上,体育场的更新与再利用主要体现在重建的中心场地标准足球场和400m跑道,同时清理了体育场周边的原始附属用房,依托重庆特色的自然地势,改建为全民健身类体育公园、篮球场、网球场、排球场和门球场等。配套商业设施和附属用房则位于覆土层下方隐藏起来,尽量不干扰主体育场作为标志节点的体量与形象(图5.144)。从区域来看,从重庆人民体育场延伸出来的劳动大道轴线就是整个体育文化风貌区的主轴线,体育场是整个风貌区的起点和最大的标志物。此次保护更新工程扩大了体育场西门前广场的尺度，采用对称的景观布局和拾级而上的轴线路径，以此提高标志性，如图 5.145 所示。

图 5.144 修缮后的体育场看台下附属用房　　图 5.145 整体区域的标志节点与轴线

另一个重要的标志性节点是重庆跳伞塔。塔状建筑物是雷姆·库哈斯（Rem Koolhaas）眼中现代城市中的最"高效"的标志性节点，"高效"意指用最小的面积实现最大的标志性。因此，重庆跳伞塔更新也是增强区域社会价值的高效途径。2019 年保护更新工程之前，重庆跳伞塔本体保护状况一般，原始功能丧失，跳伞架被拆除还导致形象完整性遭到破坏。同时跳伞塔周边较为杂乱，无开朗的空间设计。最近的保护更新过程中，拆除了南侧低层建筑，并在西侧新建抗战陈列馆，以加强跳伞塔的标志性地位；设计了南北向轴线为场地的主入口，结合绿化与人行广场铺装，加强片区联系，强化节点定位。更新后总平面如图 5.146 所示，更新前旧照如图 5.147 所示、更新后效果如图 5.148 所示。

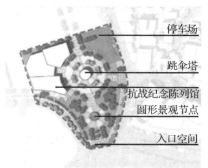

图 5.146 跳伞塔更新后总平面　　图 5.146 跳伞塔更新前旧照　　图 5.148 跳伞塔更新后效果

2. "线"——体育特色路径的更新

重庆人民体育场、重庆体育场、重庆市体育局等在内的大田湾历史风貌区的主要公共建筑风格为"西南大区"风格，即带有西南地域特色的古典复兴。为了更好地发挥区域的触媒作用，设计师选取了一条路径，改造了沿途建筑界面，使之成为大田湾的特色风貌步行带，将体育场、全民健身中心、跳伞塔和体育馆串联起来，沿途的建筑风貌要以西南大区时期的历史建筑风貌为主，增设景观设计、步行铺装、引导标识及雕塑小品等。特色步道及周边基本风格控制详如图 5.149 所示。

| "西南大区"建筑风格 | | | |
|---|---|---|---|
| 建筑要素 | 控制要点 | 代表建筑 | |
| 屋顶 | 1.屋顶基本为歇山顶；2.少量采用双坡顶、拱顶、平顶等 | 市体育局办公楼 | 风貌保护区内"西南大区"风貌建筑主要分布在两片核心保护区内，包括大田湾体育设施群建筑、劳动人民文化宫等，宜根据"西南大区"建筑风貌进行不同程度的控制和整治 |
| 墙身 | 1.墙身强调竖向划分；2.墙体局部常采用简单线脚装饰 | | |
| 结构 | 以砖木结构和钢混大跨度建筑结构为主 | | |
| 材料及色彩 | 1.外墙材料多用大面积玻璃装饰；2.高级的材料为石材贴面，大多数为砼表面粉刷，少数为面砖；3.颜色较浅，色彩以灰、白为主，装饰较少窗多为浅蓝色或透明玻璃 | | |
| 门窗及装饰 | 1.开窗简洁规则，强调竖向线条，门以隔扇门为主；2.檐部:常采用雕刻、斗拱等进行装饰；3.墙身:窗间墙及窗台栏板上常有简单雕饰图案；4.柱:柱头常有精美的图案雕饰，两柱之间靠上部位有类似雀替形式的雕刻 | 大田湾体育馆 | |
| 小结 | 1.空间结构:遵循"大分散、小集中、梅花点状"和"向西发展"的思路，形成适度规模的分散片区；2."西南大区"风貌特征:"西南大区"传统风貌建筑类型以大型公共建筑为主，建筑风格强调折衷主义风格，重檐、歇山攒顶、拱顶和平顶，建筑装饰通常采用中式栏杆、斗拱和花格窗等，并结合西式拱卷、柱头等装饰构件 | | |

图 5.149　大田湾体育场—体育馆—跳伞塔的特色步道及周边基本风格控制

### 3."面"——"体育+"产业布局

大田湾体育设施群的保护更新以历史体育功能为出发点，复兴体育氛围与市民活动空间，同时增加体育活动、体育培训、体育主题文化游览与商业等功能，总平面如图 5.150，流线如图 5.151。而结合东部文化区的整体区域则采用大量步行广场区域，并且划定三条主要流线，第一条是以劳动大道为主的西南大区建筑流线，凸显众多重要历史建筑的宏伟形象，作为东西主要轴线（图 5.152）；第二条是历史文化建筑流线，连通了宋庆龄故居、中共代表团驻地旧址等陪都时期历史建筑；第三条是山城地貌景观流线，串联了众多依山势而建的建筑群，作为南北次要轴线（图 5.153）。

图 5.150　大田湾片区保护更新后总平面　　　　图 5.151　大田湾片区体育文化游览路线

图 5.152 大田湾中心广场和贺龙雕塑

图 5.153 大田湾西南大区历史主题步道

## 5.4.3 关联居民生活的功能聚合

近现代体育建筑主要发挥其公共属性对社区生活的聚集作用，以及集体记忆对社区居民的情感承载。社会价值中聚集效应的提升，依赖于聚合更多的关联居民生活的实用功能。当近现代体育建筑的规模和辐射力相对有限时，提升群体性社会价值的方式主要是通过对既有空间的高效利用，改扩建空间的高密度利用等方式，增加与居民生活关联性强的功能。对干预度较宽容的近现代体育建筑，能够聚集多项功能的近现代体育建筑通常在更新过程中相对降低了作为其专业竞赛场馆的定位，转而强化作为标志性节点和区域象征的定位，更加贴近普通的体育参与者，典型案例包括天津人民体育馆、上海国际体操中心（上海长宁体育馆）等。

近现代体育建筑的功能更新和聚合应妥善考虑以下几个方面：

（1）体育比赛场地、配套用房的尺度、数量和规模无法满足当今相关赛事标准，交通、疏散、停车、人防等空间无法满足当今相关建筑规定；

（2）场地多功能利用能力不足，多样的全民健身活动难以满足；

（3）用地紧张，缺少停车位，缺少足够的室外场地或场地，人车流线交叉，较为杂乱；

（4）城市区域需要体育建筑承担更广泛的社会生活功能，如文体活动、商业运营、节庆活动和重大集会等。

### 5.4.3.1 既有空间的高效利用

天津人民体育馆是在不破坏建筑实物的前提下，最大化进行全民健身功能改造与再利用的典型案例。根据价值评价结果，天津人民体育馆为中等级，隶属度分布呈现向右偏态的高尖峰，应相应采用明确的干预策略，即修复与适应性再利用为主，尊重原初设计，修缮老化和受损部位，干预模式应采用中~高等水平。在建设之初，天津人民体育馆曾有过两次重大的妥协性修改：一是施工过程中被要求扩大观众席规模，但看台结构已部分完成，因此将尚未浇筑的后排看台排距由 800mm 缩短为 660mm，使观众席数量由 4200 个增至 5300 个；二是主体马上完工之时，建筑界开展"反复古、反浪费"运动，因此被迫将烧制好的琉璃构件全部取消，改为中西合璧的建筑形式，并将四个角部的连廊改为功能性房间，削减了全部的建筑内部装修设计。作为中华人民共和国成立后天津市最早的大型公共建筑，天津人民体育馆始终是天津市最重要的体育场所。在运营之后，它又经历过六次主要的保护更新，前五次包括 1956 年中心场地高度加高、1964 年建筑声学优化、1973 年屋盖失火重建和电子设备升级、1987 年观众座席优化，以及 2005 年中心场地扩大、观众座席排距优化、增加无障碍设施等全面的更新，

2005 年更新后如图 5.154 和图 5.155 所示。由于原始结构的限制，即使中心场地的尺度已扩展到 25m×41.5m，也仍然无法满足当代高标准球类赛事，以及手球、体操等运动的场地尺寸要求。观众席改造后达到排距 850mm、每座宽 500mm，也是现行规范中有背软椅的下限。为了继续发挥老建筑服务社会的能力，2019 年保护更新过程中，天津人民体育馆的形式与功能布局得到严格的尊重，改变的重点为外部及内部空间的高效利用。

图 5.154　天津人民体育馆 2005 年更新后中心场地　　图 5.155　天津人民体育馆 2005 年更新后观众厅

为了提高外部空间利用率，满足居民的体育生活需求，天津市人民体育馆对场地、设施、环境实施全面更新，打造地标性体育公园，场地利用分析如图 5.156。首先，为了响应"排球之城，体育之都"建设，正立面前的广场增设了较大型的排球 / 五人制足球的多功能场地，并环绕排 / 足球场地和原体育馆的一圈布置了新的室外田径跑道。其次，在前广场的左右两侧更新了室外篮球场地的地面及灯光等设施，更新了东侧篮球场旁边的网球场，并在西侧篮球场旁边贴近场地边缘的空地处增设了带状健身公园，其中既布置了近年新兴的室外蹦床场地，以满足青少年居民的运动需求，又有休闲健身设施，以满足中老年居民的需求。另外，在场地东侧入口旁边空地新建了小片乒乓球场地，铺设地胶、更换室外球台、架设灯光。最后，更新了整体环境与配套设施，包括建筑正立面的电子计时器（图 5.157）、外广场中的指引牌、挂衣架、树木景观灯等，能够为附近居民提供全时段的运动环境。为了提高内部空间利用率，天津人民体育馆的中心场地平时改造为 6 片羽毛球场地作为日常使用（图 5.158），看台下用房改用为运动俱乐部的办公用房（图 5.159），原先四处脚部的附属功能用房再开发为射击、射箭、跆拳道、乒乓球的场馆等，并开办了射击、射箭、跆拳道、武术、体育舞蹈、体能训练等多项室内体育运动培训（图 5.160 ~图 5.162）。

图 5.156　天津人民体育馆外部空间的场地利用分析

图 5.157　体育馆主入口

图 5.158　体育馆中心场地

图 5.159　体育馆看台下用房

图 5.160　体育馆室外篮球场及
健身公园

图 5.161　体育馆室外排／足球场

图 5.162　体育馆侧翼的跆拳道馆

分析可知，经过 2019 年的保护更新，天津人民体育馆已经基本转变为全民健身属性的综合场馆，并且聚合众多室内外全民健身项目。天津人民体育馆的全民健身转向，与其周边的城市环境也有一定关系。距离天津人民体育馆的 1.5~2.5 km 范围内，共有 2 所大学、2 所中学和 1 所小学及其体育场地（图 5.163），以及著名的天津民园体育场（图 5.164）。天津民园体育场同样是我国重要的近现代体育建筑遗产，现在已完全更新为体育博物馆、戏剧剧场、民园市集等文化商业属性的功能，除了环形跑道，体育运动的功能基本不再保留。基于这种城市环境，天津人民体育馆改造为全民健身中心，不仅可以承载民园体育场的体育功能转移，而且能吸引足够多的青少年学生参与课后运动。最终，城市体育功能的联动也保证了天津人民体育馆转型的成功。

图 5.163　周边的主要体育场地

图 5.164　天津民园体育场内场现照

### 5.4.3.2　改造空间的高密度利用

上海国际体操中心最早建成于 1997 年，是第八届全国运动会的专业体操竞技馆，后于 2017 年启动原址重建计划，预计 2024 年竣工。新馆与原馆的突出特征一脉相承，是中国大型竞技体育建筑探索复合化、层叠式设计的试验案例。项目用地面积小，周边城市开发密度高。由于早期缺乏统一规划，周边的住宅、办公、医院和高架道路的形态各异，产生了一系列的空间品质较为零碎的场地环境。体操中心的椭球形式不仅展示出了复合包容的理念，是面对城市街角场地、比赛空间形式等问题综合思考后的策略。1997年的场馆设计中，前瞻性地提出"以商养馆"的理念，不仅将一层全部设置为商业卖场，二层为主比赛场，还设置165个半地下停车位，这种复合利用的方式在当时国内颇具创新性（图5.165、图5.166）。2018年的场馆方案中，整体体量变大，形式趋近正球体（图5.167），内部空间采用层叠式的场地布置（图5.168、图5.169），空间利用率大幅提升，一层主比赛厅的场地尺度扩大至可满足国际最高体操赛事要求的40m×70m×25.5m，并且有多功能布置设计，如图5.170。二层观众席升起更加平缓，进一步提升看台下房间的利用率，三层的小比赛馆则可作为体育比赛训练、文艺演出、大型会议、新闻发布、社区活动等场所，地下一、二层还设置了体育健身等综合功能，并增加地下三、四层为配套与停车。剖透视分析如图5.171，垂直功能分析如图5.172。

图 5.165　原上海国际体操中心照片

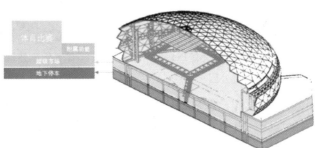

图 5.166　原上海国际体操中心层叠式功能示意

图 5.167　新上海国际体操中心室外效果

图 5.168　新上海国际体操中心大比赛馆效果

图 5.169 新上海国际体操中心小比赛馆效果

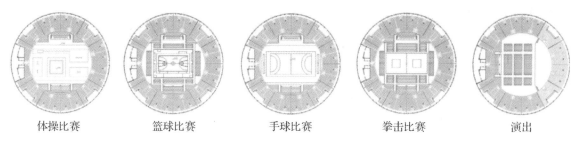

| 体操比赛 | 篮球比赛 | 手球比赛 | 拳击比赛 | 演出 |

图 5.170 新上海国际体操中心比赛厅多功能布置示意

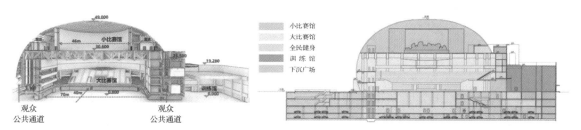

图 5.171 新上海国际体操中心剖透视分析　　　图 5.172 新上海国际体操中心垂直功能分析

## 5.4.4 满足居民需求的体验提升

社会价值中情感承载的提升，依赖于对诸多居民需求加以回应，提升居民使用过程中的感知体验。当今体育建筑的设计和保护更新越来越关注体育活动参与者的感知体验，本质上就是提升体育建筑作为集体记忆容器的能力的行为，进而提升建筑的群体性社会价值。当近现代体育建筑的规模和辐射力相对更广时，满足需求、提升体验的触及面更多，特别是不同人群需求会根据社会生活水平发展而发生变化，应对观赛人群、全民健身人群，甚至紧急避险人群进行全面的需求分析，根据各自的需求变化进行更全面的更新升级，提升建筑的使用体验，以此增进建筑的情感承载属性。

建筑体验是通过对建筑的感性使用，形成认知的过程，从字面来看，包含身体层面的体察和心理层面的检验，也是让使用者对建筑产生情感联结的基础和前提。从环境心理学的角度来看，体验的过程包括外在和内在体验，即感觉和知觉。建筑外在体验借助直接的感觉系统来获取信息，因此提升感觉的体验需要注重空间的形状、色彩、质感等。建筑内在体验借助大脑的信息整合过程来获取信息，因此提升知觉的体验需要注重记忆、联想、个性等，让使用者发生进一步的整合和认知。从知觉现象学来看，倪阳教授结合中国本土人居建筑思想和梅洛庞蒂的哲学思想，围绕自身系统、物我关联、他我关联等知觉身体的结构性范畴，构建知觉现象学的体验模型，并相应建构主客交互、主体间交互的高维时空场所观，详见图 5.173。从设计心理学看，诺曼（Donald Norman）提出情感化设计方法，由低到高包含本能层次、行为层次和反思层次。本能层次指代吸引力、潜意识等，行为层次指代功能、性能、使用效率等，反思层次指代意义、价值、思想影响等。在其他领域，如人格心理学家马斯洛（Abraham Maslow）的需求层次理论中，自我实现的最高层次需求，体现创造、认知、个性、价值实现等要素，多元、独特和个性的空间提升是满足使用者自我实现需求的有效途径；又如经济学家派恩（Joseph Pine）和吉尔摩（James Gilmore）的体验经济中，以个性化需求为核心的体验是让使用者形成情感联结的关键。

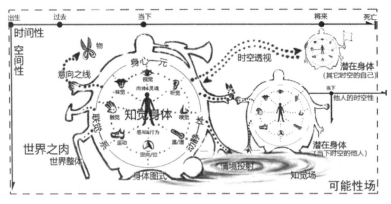

图 5.173 知觉现象学中的体验模型

综上所述，建筑体验提升的要素可分为感觉和知觉两部分，感觉部分包括形状、色彩、灯光、质感等，知觉包括记忆、联想、独特和个性等。体验提升的途径就是强化建筑使用者的感觉到知觉，首先要营造或更新各种感觉和知觉要素，接着就是对使用者的空间体验构建关联性的空间体验。这种体验提升的适用范围既可以有宏观的城市设计、中观的场地结构布局和建筑空间布局，又可以有微观的空间场景营造和线索串联。典型案例包括广州天河体育中心等。

作为第六、第九届全国运动会、广州亚运会及广州足球队的主场地，广州天河体育中心是华南地区最重要的体育设施群。如今，天河体育中心已发展成为以体育功能为核心，以金融商业聚集为特色的城市轴线的中心节点。经历了 1995 年、2010 年、2019 年三次较大规模的保护更新，全民健身属性的体育设施类型不断增加，与快速扩张的新城肌理不断融合，作为城市地标象征和轴线中心节点的地位不断强化。根据价值评价，广州天河体育中心的价值为中高等级，分布呈低度向右偏态的低阔峰，应相应地采用复合的干预策略，即价值导向的整体保护为主，分析分歧略大的具体原因，允许进行局部改扩建以实现综合价值提升，干预程度宜在零～中等水平。近年来，广州天河体育中心的保护更新遵循对原始体育场、体育馆和游泳馆的实物保护，更新重点在于附属设施升级，包含设施设备升级、全民健身功能引入，极大丰富了内外空间体验，成为中心城区居民的综合体育公园，也成为新的广州城市景观。

### 5.4.4.1 城市层面的体验提升

宏观的城市肌理更新经历了若干阶段，建筑形态的继承和发展是塑造地块肌理特征、空间体验秩序构建的第一个过程。广州天河体育中心在建成之后，城市肌理的保护更新起点就是环绕体育中心的大型公共建筑和街道空间形态、色彩和质感。

天河体育中心建设之初的道路规划布局规整，能看出对称轴线的雏形。其中的三大建筑设计现代且简洁，极具雕塑感，立面构成有大面积的虚实对比，一场两馆的品字形布局也在很大程度上确立城市片区的标志性现代主义风貌。在建成之后的几十年城市更新过程中，周边的公共建筑依旧延续的这种形式设计手法，并在今天形成天河体育中心周边城市独特的空间感受。

建设之初，天河体育中心的市政道路规划便采用对称布局，并能够看出城市轴线雏形。最初的街道笔直、宽阔，城市公共建筑较为零散，三大体育建筑塑造了宏伟和秩序的空间感受，色彩以大面积纯色调为主，光影关系依靠体块的错动产生，质感较为粗犷，景观配景相对较少，荫蔽空间较少，空间的物理舒适度较一般，心理感受偏向宏伟、秩序、空旷、力量美。1985 年天河体育中心的综合体验分析见表 5.3。

表 5.3　1985 年天河体育中心规划建设时期的城市层面体验分析

| 类型 | 对象 | 内容 | 图纸与照片 |
|---|---|---|---|
| 新建及改扩建 | 市政规划 | 天河路、天河北路、体育西路、体育东路环绕地块，体育中心与客运站形成轴线 | |
| | 天河体育建筑 | 体育场、体育馆、游泳馆三大建筑，以及新闻中心等附属设施 | |
| 体验提升 | 感觉 | 色彩以纯色调为主，光影关系依靠体块错动产生，质感较粗犷 | |
| | 知觉 | 宏伟、秩序、空旷、力量美 | |
| | 布局 | 品字形布局确立轴线，并统领与串联各种感知觉因素 | |

资料来源：笔者自制，部分图片来源于参考文献 [153]。

1985—1995 年，天河体育中心地区被确定为新城中心，1993 年广州政府与托马斯公司推出珠江新城规划，强化天河中心的轴线，并规划建设绿地公园，随后围绕体育中心的地块开始出现金融、商业及行政等功能建筑。在这十年间的城市肌理更新中，容积率普遍不高，土地利用率偏低，建筑进深和面宽较小，不足 70m。建筑形态大多呼应了体育中心的几何构成手法，常用形体切削和穿插，立面色彩除了白色调外，出现大面积红色，辅以窗墙体系下的蓝色钻玻璃和外立面白色面砖。光影关系主要依靠体块的切削产生，质感较为粗犷，景观配景较为单一，荫蔽空间较小，空间的物理舒适度较一般，心理感受偏向宏伟、秩序、宽敞、建筑几何美。1985—1995 年天河体育中心的综合体验提升见表 5.4。

表 5.4　1985—1995 年天河体育中心发展初期的城市层面体验分析

| 类型 | 对象 | 内容 | 图纸与照片 |
|---|---|---|---|
| 新建及改扩建 | 规划建设地块 | 广州城市总体规划进一步确定了广州"双中心＋组团"结构，天河城市中心区地位明确 | |
| | 天河大厦 | 1987 年建成，地块面积 19848m², 容积率 1.5 | |
| | 购书中心 | 1994 年建成，地块面积 4739m², 容积率 4.9 | |
| | 景星酒店 | 1994 年建成，地块面积 12554m², 容积率 3.9 | |
| 体验提升 | 感觉 | 色彩以白、红为主，辅以蓝色钴玻璃；光影关系依靠体块切削产生；质感较粗犷 | |
| | 知觉 | 宏伟、秩序、宽敞、建筑几何美 | |
| | 布局 | 天河中心的轴线得到强化和延伸，规划建设北部绿地公园，统领与串联各种感知觉因素 | |

资料来源：笔者自制，部分图片来源于参考文献 [153]。

1996—2000 年，天河体育中心的城市肌理向高密度和标志性迅速变化。1995 年，天河体育中心面向市民免费开放，全年来此参加全民健身活动的有 300 万人次。天河轴线的另一重要地标中信广场，让天河体育中心地块的空间感受得到大幅提升。中信广场在建成之初是华南地区第一高楼，达 391 米，是广州的城市地标建筑，也是天河体育中心轴线北端的建筑，填补了 1983 年市政规划时的北部节点空白，也在视觉和肌理上衔接了天河体育中心和广州东站，新城轴线北端已初步成形。这一时期的办公土地开发的容积率有大幅提高，商业零售建筑的容积率也有所增加，形成了丰富的城市形态。经过这一时期的城市建设，天河体育中心的城市形态被大幅改变，但依然延续和尊重了天河体育中心最初的轴线和中心。以中信广场为代表的超高层办公楼强化了轴线，建筑形态延续了对称和方正的几何构成，裙房对地块的利用率明显提高。立面色彩打破了白色和红色的街道主题色，大面积玻璃幕墙的蓝色、金色等，让区域的颜色多样，也带来了玻璃幕墙特有的反射和光影关系。空间质感逐渐精细，景观配景逐渐丰富，空间的物理舒适度较好，心理感受偏向高大、秩序、高密度、当代、建筑几何美。1996—2000 年天河体育中心的综合体验提升见表 5.5。

表 5.5　1996—2000 年天河体育中心的城市层面体验分析

| 类型 | 对象 | 内容 | 图纸与照片 |
|---|---|---|---|
| 新建及改扩建 | 规划建设地块 | 天河体育中心地区商业由点状向面状跨越，开始向高端商业、商务中心发展 | |
| | 中信广场 | 1997 年建成，地块面积 22871m²，容积率 13.9 | |
| | 大都会广场 | 1996 年建成，地块面积 9050m²，容积率 9.6 | |
| 体验提升 | 感觉 | 色彩由蓝、灰、金色幕墙决定；光影关系依靠塔楼形体投射；质感较精细 | |
| | 知觉 | 宏伟、秩序、宽敞、建筑几何美 | |
| | 布局 | 轴线北端的中信广场和绿地公园落成，南端花城广场初见雏形，城市漫游路径形成，更加连续、便捷、令人印象深刻 | |

资料来源：笔者自制，部分图片来源于参考文献 [153]。

2000—2011 年，天河体育中心的城市空间进入更高强度且更加精细化的开发更新阶段，高密度、流动性、信息化等当代城市空间特征越发明显，其间最重大的体育事件是 2010 年广州亚运会。天河体育中心轴线南端的海心沙岛是广州亚运会举办开闭幕式的场地，而亚运主场馆依然是天河体育中心。广州亚运周期对海心沙岛及对岸广州塔等建设，以及将天河体育中心和海心沙亚运公园、二沙岛体育公园相连通，让天河体育中心轴线的南端基本完成。

2011 年至今，亚运公园作为体育遗产得以保护和改造，北端的天河体育中心作为广州足球队的主场，核心体育功能逐渐转变为足球竞赛运动和全民健身活动，天河体育场见证了广州足球队夺得亚洲杯的辉煌。随着天河区域密度陡增，地面车行流线已难以满足场馆日常运营和周边商业的需求，因此开发了体育中心东部的地下空间，构建立体交通体系，使天河体育中心区域不同功能能够有机地连接。经过这一时期的城市建设，天河体育中心周边的城市形态继续精细化发展，延续和尊重了天河体育中心最初的轴线和中心。轴线南端的海心沙亚运公园，主体亚运遗产得以完整保护，原有建筑设施和新建设施全部向市民开放，为市民服务的原则。亚运会及足球联赛的举办让天河体育中心的国际化水平不断提高，公共建筑设计的形态更加自由，景观绿化更加完善。立面色彩不再有大面积纯色调，而是构成感更强，质感细腻，色调多样，光影关系丰富。城市空间景观也出现构筑物景观、景观化设施、标识和多样化植物等。从天河到海心沙再到二沙岛的完整路径，串联起广州体育历史的发展见证，令人能充分感受到体育氛围。整体区域的空间感受精细，物理舒适度良好，心理感受偏向高耸、人气、秩序感、人性化、表现化。2010 年至今天河体育中心的城市层面体验提升见表 5.6。

表 5.6　2010 年至今天河体育中心的城市层面体验分析

| 类型 | 对象 | 内容 | 图纸与照片 |
|---|---|---|---|
| 新建及改扩建 | 规划建设地块 | 天河体育中心与北端的广州东站、中信广场，南端的花城广场、海心沙公园，共同组成新城中心 | |
| | 维多利广场 | 2003 年建成，地块面积 10605m$^2$，容积率 12.2 | |
| | 财富广场 | 2003 年建成，地块面积 9050m$^2$，容积率 9.6 | |
| | 海心沙岛亚运公园 | 2010 年建成，亚运舞台、看台、设施、中心大道得以保留 | |
| 体验提升 | 感觉 | 色彩多样，构成感强，质感细腻，光影丰富，出现体育主题的构筑物景观、景观化设施、景观化标识和多样化植物等 | |
| | 知觉 | 高耸、人气、秩序感、人性化、表现化、体育文化氛围 | |
| | 布局 | 天河体育中心轴线完全形成，各类感知因素被有序地布置在路径上。从天河到海心沙再到二沙岛的完整路径，串联起广州体育历史的发展见证，令人能充分感受到体育氛围 | |

资料来源：笔者自制，部分图片来源于参考文献 [153]。

### 5.4.4.2　场地层面的体验提升

中观的场地空间更新是一个逐渐丰富的过程，在原始建筑的基础上补充完善建筑与景观是增强场地感知觉体验的直观方式，场地空间的更新起点是体育中心场地的公共体育设施和道路景观的建设。1987 年建成之初，天河体育中心场地较为空旷，随后逐渐改扩建一系列全民健身类体育设施（表 5.7），极大扩展了场地的功能属性，丰富使用者的功能选择和空间趣味，以天体环路色彩鲜艳的跑道为核心向四周扩展，并逐渐形成我国全民健身类型场地最齐全的综合体育运动公园。1987 年、2000 年和 2020 年的场地层面变化如图 5.174~5.177 所示。

表 5.7 天河体育中心建成后扩建的主要体育设施

| 设施名称 | 建成时间 | 规模 | 内容 |
|---|---|---|---|
| 网球场 | 1989 年 | 5000m² | 6 片塑胶场地、6 片水泥场地，后来不断更新 |
| 旱冰场 | 1990 年 | 3600m² | 按照国际速滑比赛设置的 150m 竞速的标准旱冰场 |
| 棒球场 | 1990 年 | 14400m² | 一片标准比赛场地 |
| 门球场 | 1990 年 | 2000m² | 4 片 25m×20m 球场 |
| 高尔夫球场 | 1994 年 | — | — |
| 保龄球馆 | 1996 年 | 6300m² | 比赛级别的标准保龄球场地 |
| 环场塑胶跑道 | 1997 年 | 975m 长，6m 宽 | 国内第一条室外专业全民健身跑道 |
| 健身中心 | 1998 年 | 1400m² | — |
| 儿童健身乐园 | 1999 年 | 600m² | — |
| 卡丁车馆 | 1999 年 | 2969m² | — |
| 篮球俱乐部 | 2002 年 | — | 24 片室外篮球场地 |
| 天河东足球场 | 2002 年 | — | — |
| 综合室外健身 | 2017 年 | — | 改扩建综合健身区，包含了 72 套健身设施、52 张乒乓球台、6 片羽毛球场、1 片儿童活动区及林荫棋牌区。更新环场塑胶跑道；建设服务驿站，提供智慧跑步、科学健身服务 |
| 高尔夫俱乐部 | 2020 年 | — | 4 个模拟打位，2 个专业高尔夫练习网 |
| 击剑中心 | 2020 年 | 1700m² | 17 条国际比赛标准剑道 |

资料来源：笔者自制，参考天河体育中心建设、管理启示录及体育设施建设交流会资料集。

图 5.174 1987 年天河体育中心鸟瞰

图 5.175 2000 年天河体育中心鸟瞰

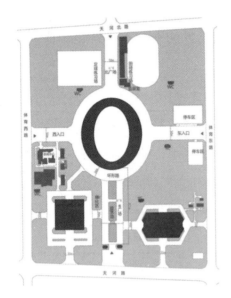 

图 5.176　1987 年天河体育中心场地平面　　图 5.177　2020 年天河体育中心场地平面

### 1. 感知觉因素

在场地的更新过程中，色彩、照明的丰富度在不断增强，景观公园的整合和串联令空间舒适度和品质得到很大提升。

色彩设计是提升感知体验直观高效的方式，天河体育场的环场跑道选用鲜明的红、蓝两色，彰显场地活力。对鸟瞰视角的体育中心，天河体育场的观众座椅更新为高密度聚乙烯材料，色彩和造型以鲜明的广州市花为灵感，通过红、紫、粉、白的 50000 余张座椅，共同组成绽放的红木棉花图案。整体图案是广州市花，既与广州城市的主色调相一致，也和广州足球俱乐部的队徽和球衣色调相契合，充分展示出球队主场的风采，如图 5.178。

夜景照明更新也是提升感知体验的重要因素。为了强化中轴线的延展性，照明改造首先将副场灯光换为 LED 灯，实现更大的照度和节能效果，可以更好地满足全民健身运动需求，其次重要节点的照明设计关注三大主体建筑和中轴路径的表现：体育场照明为金黄色，沿罩棚的边缘放置光束灯，凸显其中心地位；体育馆照明为深黄色，透过棱镜和彩色玻璃的折射和反射，屋面形成散射光，契合其雕塑般切削状造型；游泳馆照明为蓝色，沿女儿墙布置投光灯，契合其水上功能和造型。主轴线照明以星河为主题，通过两侧灯柱的点光源强化室外泛光照明的功能性和观赏性，如图 5.179。

景观设计更新也是提升感知体验的重要因素。原初的中轴线南广场两侧以大片草坪为主，地形略有起伏，设置了三组大型水池，整体景观观感较为空旷和疏朗。在更新过程中，原始的基本格局得到保存，但实施了一系列细化设计。环绕中心体育场的绿化景观较为分散，经过多年利用还变得视觉元素杂乱。结合赛后的全民健身功能，这四片分散小型景观空间被整合和改造为适合健身运动的休闲绿化广场，如图 5.180。在尽量不迁移原始树木的前提下，公园重新调整引入了其他植被类型。体育休闲绿化广场以草坪为主，其中有碎石铺装步道和圆形塑胶运动场地及小型休闲运动设施。

图 5.178 天河体育场更新后的红蓝环道和木棉图案观众席　　图 5.179 天河体育中心更新后的夜景照明设计

图 5.180　天河体育中心更新后的休闲体育公园

2. 关联布局

作为广州市新城轴线的地标建筑，天河体育中心的南、北广场进行重点更新，调整和增建了若干景观节点。原始设计的总体布局端正简洁，南广场以草地为主，并设有三座喷泉。两侧开敞通透的敞廊能够为观众提供舒适的休息空间。为了体现城市客厅的定位，南广场的地上部分被改造为能够满足万人集会的大型公共休闲广场，当前作为时尚天河广场，进行展览、演出使用。南广场的中心设有 140m×25m 的带状喷泉，组合成丰富的水景效果，强化了南北轴线关系。广场两侧的微地形绿地景观被改造为八组规整的树阵公园，行列之间留出若干道路，形成南广场与两侧体育场馆的交通联系。树阵公园的树池为座椅式设计，提供了大面积林荫休息空间。北广场也是体育中心轴线的一部分，中心水池和两侧树阵公园的设计与南广场手法相同，产生延续关系。结合天河街区的慢跑体系，天河体育场外围更新了 975m 长的红蓝双色跑道，跑步者根据自身情况选择路线。环场跑道也连通四角的全民健身公园，健身器材、乒乓球台和羽毛球场等设施沿健身路径布置，形成特色的运动景观。

# 5.5　基于一般性价值的保护更新

使用价值和经济价值组成的一般性价值不属于历史建筑的价值分析范畴，但它们会影响历史建筑的可持续存续能力，进而影响保护更新策略制定。目前，体育建筑使用价值和经济价值提升的研究成果较多，而本书重点分析在一般性价值面临较大问题，已影响到历史特征性价值的存续时，体育建筑保护更新的策略选择。

近现代体育建筑的使用价值包括体育空间使用状态、附属空间使用状态以及置换改造潜力。运营管理者与评估专家既要检测体育空间的老化程度，又要对照当今比赛及训练要求评估本场馆的满足程度，还要判断空间进行置换改造的可行性。使用价值面临较大挑战，主要是指安全性无法保证，或临时接到高级别赛事或特殊活动的情况，不得不进行改造更新的情况。

近现代体育建筑的经济价值主要体现在直接经济贡献，即通过体育建筑及其周边区域的综合开发和运营，带动商业、旅游、文化、土地等各方面的经济增长，为建筑保护更新与可持续发展提供资金，从而形成正向反馈。经济价值面临挑战，意味着支出大于营收，也就要从"节源""开流"两个角度加以更新改造。

### 5.5.1　结构安全要求

结构安全性保护更新是基于体育建筑使用价值的一种基本策略。中国近现代体育建筑的承重结构及其材料的应用范围广泛，既包括早期的木结构、砌体结构和夯土结构，又包括后期的钢筋混凝土结构、钢结构、膜结构及各种组合结构等。各自结构的老化、病害与损伤特征不尽相同，涉及的修复技术也不相同，表 5.8 为主要结构类型与代表案例。按加固位置来看，结构加固会出现在围护结构、屋盖结构、看台结构等部位。

表 5.8　中国近现代体育建筑的主要结构类型与代表案例

| 结构类型 | 定义 | 代表案例 |
|---|---|---|
| 木结构 | 以木材为主要结构材料，常用作小跨度屋盖等构件 | 西商跑马场俱乐部、上海划船俱乐部、南洋公学体育馆等 |
| 砌体结构 | 以砖石为主要砌体材料，灰浆为黏结材料，常用作墙体等构件 | 天津青年会东马路会所等 |
| 夯土结构 | 以夯土、土坯等为主要结构材料，可用作观众看台下方承重基座等 | 南京中央体育场、重庆人民体育场等 |
| 钢筋混凝土结构 | 以钢筋混凝土为主要结构材料，常用作框架体系的梁柱构件 | 天津回力球场等 |
| 钢结构 | 以钢为主要结构材料，构成了桁架、网架等各类大跨度选型，常用作大跨度屋盖等构件 | 北京工人体育馆、武汉大学宋卿体育馆、南京五台山体育馆等 |
| 膜结构 | 以 PVC（早期）、ETFE 和 PTFE（聚四氟乙烯）为主要结构材料，常与钢结构共同构成轻型大跨度屋盖等构件 | 上海体育场（组合结构）、虹口足球场（组合结构）等 |

资料来源：笔者自制。

#### 5.5.1.1　围护结构

体育建筑围护结构的病害威胁与其他类型的近现代建筑相似，除去人为破坏这一不可预测的原因，近现代建筑围护结构的安全性病害主要有以下几点：1）作为原始面层的涂料、砂浆、真石漆等覆层自然风化；2）原始饰面的老化脱落；3）立面门窗的交接部位因不同材质的热胀冷缩程度差异导致变形。出现这些围护结构的安全性问题时，材料更新是必要的过程，但面对具有突出价值的近现代体育建筑，应考虑到原始实物的原真性，越高级别的建筑越要保证干预方式的真实、可逆、可识别原则。

经历了近百年的使用，上海交通大学体育馆的围护结构出现许多安全性问题，在2016年的修缮工程中，设计师对建筑进行建筑测绘和病理诊断，应用激光扫描、红外热成像等当代技术，发现和记录了以下多处特色做法和相应破坏。在修缮和更新过程中，首先使用清洗、打毛的物理方法，对墙面做喷雾沙清洗，进一步发现后期增加的白色涂料让原始水刷石外墙面不透气，墙面出现裂缝，且自然风化作用导致它的面层呈酥碱化，因此对其进行勾缝和拼色处理，并在清水砖面层涂增强剂和憎水剂。替换了立面上变形的门窗材料，并油饰为原始颜色。具体的围护结构的安全性修缮部位如图5.181所示。

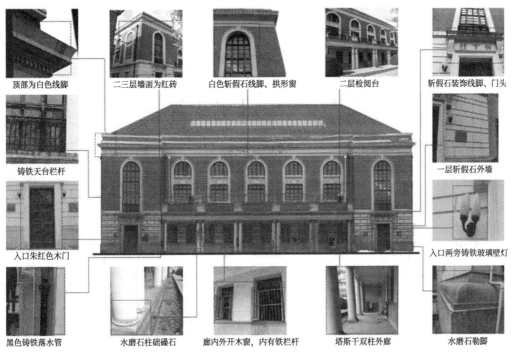

图 5.181 上海交通大学体育馆围护结构的安全性修缮部位

### 5.5.1.2 屋盖结构

体育建筑的屋盖结构一般采用相对轻质的大跨度结构，承受自然环境的损耗强度相对更高。对体育建筑中的水上运动场馆而言，还要承受化学锈蚀的压力。在水上运动功能的比赛厅上方，随着热空气上升到屋盖的水汽能产生结露现象，泳池池水在普通消毒过程中挥发的氯离子也会被带到屋盖表面并发生化学作用，会对屋顶的钢结构产生腐蚀，导致这一部分更易老化，危害结构的安全性。前文略有提及的浙江人民体育馆、武汉大学宋卿体育馆的结构安全改造均属于体育馆屋盖结构加固的范畴，此处将聚焦更复杂、更具代表性的游泳馆屋盖结构改造加固策略。

在北京奥运会前夕的场馆维护、更新和改扩建过程中，国家奥林匹克体育中心游泳馆的屋面系统存在老化破损，导致其保温性能下降、厅堂的音响效果差甚至漏水等问题。英东游泳馆的屋面板更新为铝镁锰合金屋面，能够强化其防水、保温、减震、隔声等性能，减小结露的可能性。为降低屋盖结构受到化学腐蚀的风险，英东游泳馆的室内部分增加铝吊顶板，窗户改为中空断桥铝合金材料，杜绝了锈蚀隐患，池水消毒工艺也改为臭氧消毒，并采用自动控制技术，能够根据泳池人数来控制臭氧释放量，保证运动员和观众的安全。英东游泳馆的屋盖结构设计的另一大特色是屋脊天窗（图5.182），屋脊处增设两排电动开启天窗，能够满足奥运赛后专业训练和全民健身活动的自然采光和通风需求。同时设置遮阳帘布，保证在赛时的光源要求。屋脊天窗采用可开启式，有利于游泳馆内热湿空气的排出，天窗采用带保温夹层的阳光板、设置了引流槽，防止室内外温差较大产生结露。

　　北京体育馆建成以来，主要承担着体育总局训练局的训练任务，但在训练环境上逐渐不能满足国家队训练要求。北京体育馆游泳馆屋盖结构的改造更新采用大跨度木结构。胶合木结构具有质量轻、耐腐蚀、可重复利用、低碳环保等特点，非常适用于游泳馆这种湿度大、防腐要求高的场所。屋顶为交叉拱肋的钢木结构形式，交错连接的木梁与金属屋面吊顶可以有机结合（图5.183）。屋顶形式还创造了丰富的光影关系和室内空间层次，温暖的色调也减小大跨空间的距离感。环保、耐腐、形式新颖的大跨度木结构，示范性地解决了游泳馆屋顶结构的安全性问题。

图5.182　北京国家奥林匹克体育中心游泳馆屋盖改造　　图5.183　北京体育馆游泳馆屋盖改造

### 5.5.1.3　支撑结构

　　我国近现代体育建筑经典案例的看台结构多采用钢筋混凝土结构，在使用一段时间后会发生混凝土碳化、钢筋锈蚀等问题，致使混凝土疏松、开裂或脱落，让承载能力降低甚至完全失能，且修复难度大。临时看台多采用钢结构，钢结构可能因为渗漏导致锈蚀，其他并不会严重危及结构安全。作为直接承载大规模观众的主要构件，看台等支撑结构的健康监测是十分必要的环节。建成于20世纪80年代以前的众多典型案例，结构安全设计考虑有限，因此需要重点关注支撑结构的安全隐患。

　　作为高等级典型案例，北京工人体育场的保护更新团队做出拆除重建的决策，其主要出发点就是其看台结构及围护结构的安全性问题。工人体育场结构材料的强度相对较低，外围框架柱的基础在干预前仍然是木桩加毛石砌筑的，整体性较差，进行干预前的鉴定单元综合安全性为$D_{eu}$评级。根据北京市《房屋结构综合安全性鉴定标准》（DB11/637—2015）的相关规定，$D_{eu}$评级是安全性评级中的最低水平，代表着工人体育场的看台结构安全性严重不符合《建筑抗震鉴定标准》（GB50023—2009）及相关规范的安全性要求，在后续使用年限内会严重影响结构整体安全性能或严重影响整体抗震性能。工人体育场的两次结构改造剖面示意如图 5.184、图 5.185。

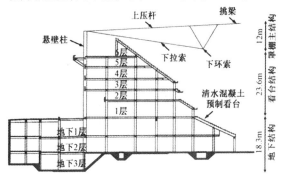

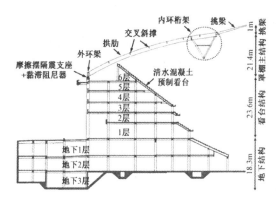

图 5.184 工人体育场初次结构改造剖面示意　　图 5.185 工人体育场二次结构改造剖面示意

当把安全性视作保障历史建筑特征性价值的前提时，遵循原材料、原工艺进行拆除重建的方式成为工人体育场无奈而合理的选择。重建后的结构不仅满足了 8 度抗震设防标准、高结构安全性能、看台布局改造等一系列要求，而且改变了原始设计中伸缩缝过多（原始设计沿环径向设置了 24 道伸缩缝）、看台面层防护措施不足等问题。

作为工人体育场的配套场馆，北京工人体育馆的看台结构采用钢筋混凝土框架结构，屋盖为轮辐式双层悬索结构，跨度 94m，顶层直径 110m，檐高 27m。建设标准参考苏联《混凝土与钢筋混凝土结构设计标准及技术规范》，呈现出"强梁弱柱"的特征，没有考虑抗震计算和抗震措施。在 2007 年结构加固改造之前，工人体育馆的结构布置存在薄弱环节，以及构件箍筋不足、梁柱主筋不足、结构构造出现损伤、框架梁柱的截面尺寸不符合现行规范要求（图 5.186、图 5.187）。为保证举办北京奥运会拳击比赛及残奥会盲人柔道比赛的安全性，工人体育馆依照现行的 7 度设防标准进行整体加固，具体措施为：在不改变历史外观的条件下，对支撑柱进行加固，加大柱子截面，柱子截面边长各增加 100mm；对支撑梁板进行加固，厚度增加 30mm，使用"高强钢绞线 - 聚合物砂浆"外夹层加固法。该方法是我国体育建筑结构改造中的首次应用；对已经出现破坏的交接点斜裂问题，进行格构式钢结构进行加固，并在裂缝处加结构胶，对所对应的看台下梁和柱进行加大截面的处理，各边增加 200mm，如图 5.188 所示。改造后工人体育馆的梁板承载能力提高 10t，充分解决了支撑结构的安全性问题。

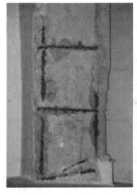
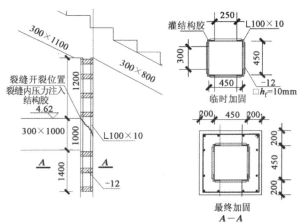

图 5.186 工人体育馆钢　图 5.187 工人体育馆　　图 5.188 工人体育馆斜裂交接点改造
筋混凝土柱锈蚀示意　　梁柱节点破坏

### 5.5.2 赛事安全要求

赛事安全性保护更新是基于体育建筑使用价值的一种基本策略。体育建筑比赛大厅内看台上观众人数庞大，密度较高，场地上比赛运动员的对抗性和竞争性较强，让观赛者时刻产生紧张、激动或兴奋的临场感受，相较其他大型公共建筑类型更容易发生群聚安事故，且更可能造成严重后果。因此，强化既有体育建筑的使用及运营安全的改造过程是十分必要的，合理的看台设计和疏散布局、常规程序化的安全管理、日常监测新技术的应用都可以有效降低安全事故的发生概率。

在体育建筑安全领域的标志性事件是 1990 年希尔斯堡体育场灾难调查报告（Hillsborough Stadium Disaster Inquiry Report）的发布，由英国法官泰勒监督，故也称为"泰勒报告（Taylor Report）"。1989 年 4 月 15 日，英格兰谢菲尔德希尔斯堡足球场比赛时，因球场内拥挤不堪，警察控制不力，导致 95 名球迷当场死亡、1000 余人受伤。之后英国明确要求所有大型体育场都应更新成全座席模式，而不是部分或全部为站席。其他还包括对体育场馆内防撞墙、围栏、旋转门等安全设施意见。英国足球安全事故发生后，掀起了一轮全世界范围的既有体育建筑站席及其他安全设施的改造更新过程。

目前，国际足联（FIFA）、欧足联（UEFA）等国际赛事管理部门均推出对所辖赛事场馆使用安全的硬性规定，逐渐达成体育建筑安全设施设计的共识。国际足联对场地的安全目标明确规定，新建或者经过现代化改造的体育场馆要有相对独立的观众区和场地区，不要仅仅通过设置安全围栏的方式分隔。我国《体育建筑设计规范》（JGJ 31—2003) 第 4.2.6 条也有相似的规定，即体育比赛场地和观众看台之间应有分隔和防护，避免观众对比赛场地的干扰。德甲的导则手册则进一步提高了观众看台和场地之间的安全防护要求，如内场区域须防止观众冲进场地，对运动员和裁判员造成伤害，并且观众席不允许设置任何可移动用来投掷的物体等。另外，在至少能容纳 10000 名观众的体育建筑内，场地和观众看台之间应安装高度在 2.20m 及以上的安全围栏。综合来看，保障场地使用安全的措施主要包括安保管理、职员布置、场馆安全容量控制、场馆安保流程设置、观众行为管理、紧急事故服务等，其中涉及体育建筑更新方式的具体策略有首排标高抬升，设置安全围栏，设置安全沟，设置加宽服务环沟兼作安全沟。

首排标高抬升是最理想的场地安全做法，如图 5.189、图 5.190 所示。一般规定栏杆上沿距离场地标高为 2.5m，去掉栏杆本身 0.9m 高度，可知首排地坪标高为 1.6m，首排座席高度为 2.05m。若看台改造应用此策略，应注意对观众看台整体升起高度的影响，首排视点越高，看台的观众席布置也须相应变陡。

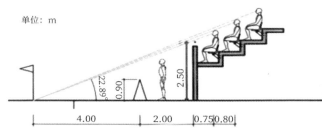

图 5.189 观众看台首排抬高做法示意      图 5.190 观众看台首排抬高

设置安全围栏是辅助型的场地安全做法，如图 5.191、图 5.192 所示。安全围栏一般由金属结构或者安全玻璃组成，高度至少达到 2.20m，且须防攀爬。金属网结构网孔尺寸应该阻止攀爬着力。这种改造方法多见于仍保留有站席的国外场馆，我国近现代体育建筑在进行安全设施改造时不宜单独使用这种方法，因为目前已无设有站席的既有场馆。

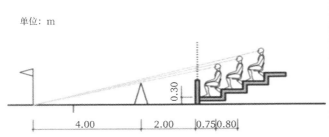

单位：m

图 5.191　观众看台首排前设置围栏做法示意　　　　图 5.192　观众看台首排前设置围栏

设置安全沟是对场地设计较为宽敞的体育建筑内可以应用的安全做法，如图 5.193、图 5.194 所示。足球、篮球等主流运动的国际赛事标准并未统一，事实上随着运动的发展而有过多次微调。目前，FIFA 规定举行国际性赛事的足球场地尺寸是一个范围，长度介于 100~110m（110~120 码），宽度介于 64~75m（70~80 码），FIBA 规定的篮球场长宽尺寸是固定值，但罚球区和三分线的尺寸微调始于 2010 年，由此可见既有体育建筑的场地尺寸以及场地边线外尺寸均存在些许差异。场地边线外留出的空间若设置安全沟，应有足够的宽度和深度，供场地内交通使用，同时布置连桥，供紧急情况使用。多数情况下，安全沟的设计会与场馆排水沟相结合，实现高效利用，如乌拉圭的世纪球场（Estadio Centenario）。安全沟的宽度、距看台围栏高度、距场地地面高度一般应不小于 1.80m、2.50m、0.95m。天津泰达足球场的场地周围便有一圈宽 1.4m、深 1.8m 的安全沟。

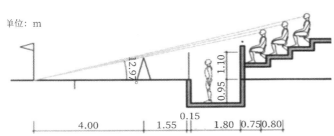

单位：m

图 5.193　观众看台首排前设置安全沟做法示意　　　图 5.194　观众看台首排前设置安全沟

在比赛期间，服务环路多数用来服务运动员和媒体（摄影记者）。没有比赛的时间，服务环路通常放置草皮的养护设备及作为交通使用，赛事临时筹备和拆除工作的车辆要通过这条主要的场内交通到达各处。紧急情况下，大型救援车辆要能够进入这里并要能够环内场行驶。通常在有演出活动搭建舞台时，服务环路要能够停放装卸车辆。因此服务环路的尺寸至少为 2m 高、3m 宽，横截面坡度不能超过 5%，要根据每个场馆的具体情况分析。两种服务环路做法如图 5.195、图 5.196 所示。

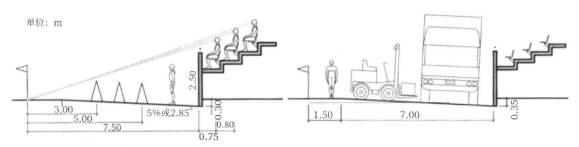

单位: m

**图 5.195 观众看台前结合服务环路做法（一）**　　　**图 5.196 观众看台前结合服务环线路法（二）**

　　除上述较为针对性的安全设施设计策略，还有一类较为特殊的安全设施设计，就是在场地转换或分割的过程中所自然形成的安全隔离方式。在综合田径场向专业足球场的改造方式中，一种常见的方式是将原始的综合田径场地进行顺应看台斜角的下挖，从而得到更低标高、更小面积的专业足球场地。国外典型案例如曼彻斯特城市体育场（City of Manchester Stadium）的设计和改造，如图 5.197 所示。如果原始综合体育场的设计之初仅考虑用作综合体育场，而后期又想改建为专业足球场，那么往往还会在场地下沉的基础上，将看台前排加出一段固定或临时看台，让观众席和场地距离缩短，同时如果后排视线角度或视距不满足足球场规范，还要相应改造后排看台。2020 年启动的我国经典案例上海体育场足球场场地改造，也是综合应用场地下挖和看台前移的改造思路。从图 5.198 可以明显看出，场地下挖和前排搭建临时看台后，看台前排和场地地坪标高再次形成 2.95m 以上的高差，这类改造过程自然形成环场高差，进而形成类似于第一种方式的安全边界。

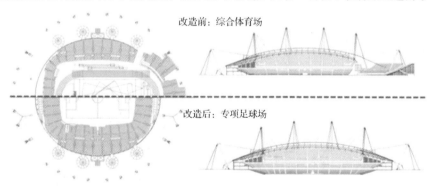

改造前：综合体育场

改造后：专项足球场

**图 5.197 曼彻斯特城市体育场场地改造示意**

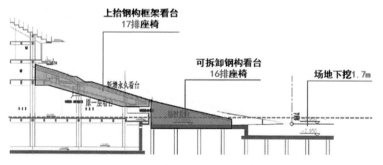

上抬钢构框架看台
17排座椅

可拆卸钢构看台
16排座椅

场地下挖1.7m

**图 5.198 上海体育场场地改造示意**

### 5.5.3  平灾转换要求

平灾转换式的更新是体育建筑发挥城市服务潜力的一项基本要求，在近年社会发展中的重要性更加凸显。2019 年 12 月，新型冠状病毒感染疫情暴发，全国大中城市大多面临医疗资源紧张，阳性感染者的大型公共隔离场所数量奇缺，以城市体育场馆为主的大型公共建筑被紧急征用并启动平灾转换，改造为防疫相关的方舱医院、隔离点或接种点。例如武汉洪山体育馆于 2020 年初最早改造为方舱医院，南京五台山体育馆改造为疫苗接种点和观察点，上海江湾体育场改造为阳性感染者隔离点等。2020 年 10 月，《国务院办公厅关于加强全民健身场地设施建设 发展群众体育的意见》发布，明确指出"统筹体育和公共卫生、应急避难（险）设施建设，推广公共体育场馆平战两用改造，有效发挥公共体育场馆的社会功能"。平时的体育建筑是体育运动场所，面对突发疫情、自然灾害等情况，灾时的体育建筑能够快速添置应急用、标准化、模块化的设施设备，改造为灾时应急场所。为此，国家体育总局组织正在编制《公共体育场馆平战两用改造设计指南》，希望明确体育建筑平灾转换改造应有的环节。体育场馆的平灾转换改造一般包括场地和看台的调整、看台下用房的重新整合、体量的局部加减、隔离区通风环境改造以及外部环境整治等综合性内容。

体育馆的功能包括场地区、看台区和辅助用房，辅助用房包含观众用房、运动员用房、竞赛管理用房、媒体用房、场馆运营用房、技术设备用房和安保用房。非疫情时期，场地区是体育比赛、演出、展览等大型活动的核心功能区，疫情时应能够快速改造为隔离病床区（污染区）和护理工作区（半污染区）；看台区平时为观众提供观赛的观众席，疫情时被闲置。辅助用房中，运动员用房的休息室、更衣室、淋浴室可直接被医护人员使用，兴奋剂检查室或检录厅位于比赛场地与运动员用房的交界处，可在此处搭建卫生通过区；场馆运营用房的办公室、会议室等可直接转换为医护办公区；场馆运营用房的库房、安保用房的观察室等可转换为后勤保障区。因此，辅助用房中的运动员用房、场馆运营用房和安保用房疫情时可转换为医护生活区（清洁区）、医护办公区（清洁区）和后勤保障区（清洁区）。

非疫情时期，辅助用房的运动员用房由运动员使用，场馆运营用房和安保用房由工作人员使用。观众用房在功能分区上属于辅助用房，但与观众入口联系紧密。改建为方舱医院后，观众用房可转换为患者的患者收治区（污染区）或出院处理区（半污染区）。竞赛管理用房、媒体用房和技术用房等，内部可能存有贵重器材设备，在改建中不宜被征用。

体育馆室内外布局联系紧密。疫情时，医护和后勤人员需使用体育馆的部分辅助用房，因此原运动员及工作人员入口转换为医护及后勤入口，与之相连的室外场地为清洁区。患者的活动范围位于原场地区和原观众用房内，改建后观众及贵宾入口转换为患者入口，其外侧室外场地为污染区，方舱车和医疗帐篷放置在该区域内。场地清洁和污染区之间为半污染区，患者出院处理区和后勤保障区的污物暂存设施可设置在该区域内。平灾转换的具体功能布置对比见图 5.199 和图 5.200。

非疫情时的体育馆中共有五股流线：观众流线、贵宾流线、媒体流线、运动员流线和工作人员流线。观众流线由体育馆的室外台阶或室内楼梯引流到看台区的中间标高处，其他流线则可从室外直接进入建筑地面层的各用房内。疫情时，看台区、媒体用房不被改造，观众流线和媒体流线被取消。原运动员流线转换为医护流线，原工作人员流线转换为后勤人员与物资流线。原贵宾入口转换为患者入口，患者经患者收治区进入隔离病床区，治愈后经出院处理区离开方舱医院，平灾转换的具体流线对比见图 5.201 和图 5.202。

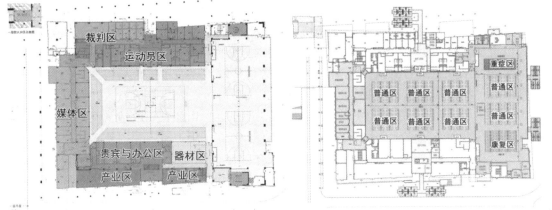

图 5.199　体育建筑原始的功能分区设计　　　图 5.200　体育建筑改造为方舱医院的功能分区设计

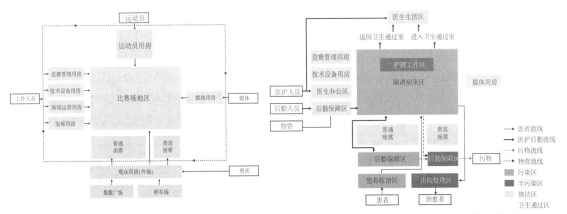

图 5.201　体育建筑原始的功能流线设计　　　图 5.202　体育建筑改造为方舱医院的流线设计

竞技类体育馆的场地面积大，通风条件良好，设施设备条件优良。按照改造标准要求，综合利用现有场地、看台及附属功能房等设施，完成工作组筹建、功能区规划、流线设计、应急演练等工作。南京五台山体育馆于 2022 年被临时改造为疫苗接种点，并分隔出健康申报、登记、接种、等候、留观、副反应处置、医疗废弃物暂存、冷链等八大区域，场馆内设有 40 张登记台、40 张接种台，按标准配置消毒、冷藏设备，成为南京市最大的集中接种点，充分发挥五台山体育馆在平灾转换方面的利用潜能，疫情期间的利用如图 5.203 所示。

图 5.203　五台山体育馆临时改造为新冠肺炎疫苗接种点

竞技类体育场的场地面积大，且多数呈封闭围合状，适合疫情期间的隔离与管理工作。上海江湾体育场近年尝试不同方式的全民健身类型商业开发，包括高尔夫训练场、足球训练场、极限运动场、集会活动场等，而实际运营效果一般。近年来，除了内场跑道开放为全民健身步道之外，其余场地多为闲置。上海江湾体育场于 2022 年被临时改造为方舱隔离点，安置了隔离用房 1100 间、床位 1800 张，疫情期间的利用如图 5.204 所示。

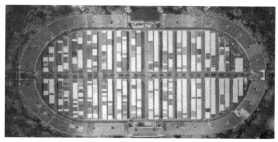

图 5.204 上海江湾体育场临时改造为新冠肺炎方舱隔离点

## 5.5.4 可持续运营要求

可持续运营相关的保护更新可被视为基于体育建筑经济价值的策略。作为大型赛事活动载体的场所，体育建筑运营的成本和收益是最直接影响其存续的因素。清华大学王毅教授曾通过对历史建筑再利用的发展历程研究提出，历史建筑再利用的方式在工业革命之前早已有之，并非建筑保护观念形成之后的产物，城市一直在以增量新建与存量更新并行的路线发展。工业革命之后，城市大量旧建筑被推倒，同时大量新建筑得以建设，城市边界被不断拓展。此类现象的导火索不是灾害，而是经济效益。一般历史建筑虽然具有一定的特征性价值，但如果在政策上没有保护，只能任其衰败，甚至拆毁。现代以来，社会资源和资本流向体育产业，城市兴建了一批体育设施，也带动了大量既有体育建筑的保护更新和再利用，运营模式也在不断革新，社会资本最直接追求的就是体育建筑的可持续运营，如果不能实现且无保护身份，就难免被拆除。

改革开放以前，我国近现代体育建筑实行"统收、统支、统管"的供给服务型管理，是各级体育行政部门直属的事业单位，实行集中统一的行政领导。在经费来源上，由国家统一下拨，承办活动内容由体育部门分配和管理，大型体育建筑长期不开放，功能较为单一，利用率低。1984 年，中共中央印发的《关于进一步发展体育运动的通知》指出"体育场馆要逐步实现企业化和半企业化经营"，自此，近现代体育建筑开始由事业型管理向经营型管理转变。在"以体为主，多种经营"方针的指导下，近现代体育建筑以创收和减轻财政负担为主要目标，积极进行经营管理方面的改革。经过多年发展，大型体育场馆的经营状况明显改善，北京工人体育场、上海体育馆、南京五台山体育馆等经典近现代体育建筑实现"以馆养馆"，其他多数场馆能够在财政补助的前提下实现收支平衡，但大型体育建筑的普遍经营状况仍存在一些困境，需要继续改革。

诸多体育场馆运营困难的一大根源是我国体育建筑的服务属性。绝大多数大型体育建筑都是公益属性，土地资源属于国有，由政府运用财政资金主导规划和建设，最终就是全体纳税人共享的公益服务设施。而相对的是，体育场馆也是一种商品，商品属性明显，很多时候只有把场馆当作商品研究才会发现并解决一些现存问题。大型体育场馆兼具公益性和商品属性的特点，使其运营上增加一些难点，偏重公益性会造成服务质量下降、政府财政压力大等问题，偏重经济性又容易被诟病偏离了社会公共产品的本身属性。在两个有些矛盾的属性要求中，我国体育建筑难免产生运营模式僵化的问题。在建设投资环节，我国体育建筑目前有单位自建、企业代建和 PPP 模式三种主要模式，而既有体育建筑绝大部分是单位自建。体育场馆的建设和馆内设施的购置等都需要相当多的资金，目前绝大比例的资金是自筹或者财政拨款，而社会捐赠或投资以及公益金只占很小比例。在运营投资环节，许多体育场馆仍然存在利用率不高、经营效益不佳的问题，我国一半以上的体育场馆每周平均使用人数少于 500 人次。财政拨款和上级补助对大型体育场馆的经营状况影响很大，在不包括财政拨款和上级补助的情况下，45.5% 的大型体育建筑经营状况为亏损状态，在包括财政拨款和上级补助的情况下，大部分大型体育场馆能够实现收支相抵或盈利，具体经营状况如图 5.205~ 图 5.207 所示。

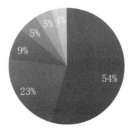

■自主经营 ■租赁 ■承包 □合资经营 ■委托经营 ■其他

**图 5.205  我国近现代体育建筑经营模式统计**

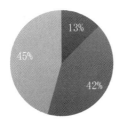

■盈利 ■大致持平 ■亏损

**图 5.206  我国近现代体育建筑经营状况**

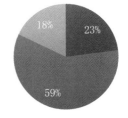

■盈利 ■大致持平 ■亏损

**图 5.207  含财政拨款及上级补助的我国
近现代体育建筑经营状况**

可持续运营意味着场馆应能够通过运营实现正收益，基于可持续运营的更新改造的宗旨就是"降本增效"，即提升运营收入，减小运营支出，从而实现经济效益的提高。根据全生命周期中运营支出的性质，我国体育建筑的运营成本可以分为沉没成本与边际成本、资金成本与机会成本、直接成本和间接成本四种类型。优化运营策略，就是降低人力成本、设施维护成本、营销成本、资金成本的方法。优化设计方法，就是通过更新改造原始不节约的设计降低建设成本和能耗的方法，运营成本的分类及降低成本的策略具体如图 5.208 所示。

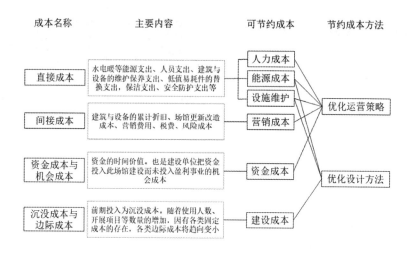

图 5.208　运营成本的分类及降低成本的策略

### 5.5.4.1　降低成本

1. 规模缩减改造

大型体育场馆为承办大型赛事而建，为满足赛时大量观众的需求，大型体育场馆规模较大，但在赛后很难得到充分利用。体育建筑规模过大会导致赛后的日常维护费用支出过多，运营成本过高，不利于大型体育场馆的赛后运营。因此，大型体育场馆在赛后可以考虑适当降低规模，以降低运营成本，提高大型体育场馆的使用率。

从国外大型体育场馆建设的经验来看，可拆卸式场馆和临时设施模式是降低大型体育场馆赛后规模的重要手段。国外在大型体育场馆建设中多采用临时看台等技术来降低大型体育场馆的平赛差距。临时看台一般采用轻型材料和预制构件搭建，便于赛后拆除，降低大型体育场馆规模。最早的经典案例为 1996 年亚特兰大奥运会 8.5 万观众席的主体育场百年奥运体育场（Centennial Olympic Stadium），其北面看台为钢结构的临时看台，赛后予以拆除，并改造为 4.9 万座的亚特兰大棒球场。2012 年伦敦奥运会游泳馆、2022 年卡塔尔世界杯 974 集装箱足球场等也都用了类似理念（图 5.209）。同时，在辅助用房方面，将仅供赛时使用的房间设为临时设施。如 1984 年洛杉矶奥运会为满足大量人流和多场比赛要求而将许多设施设备做临时化处理，如利用室外场地设置租用的大篷车式卫生间，减小了建筑内部的辅助空间，并有效地缩减平赛差距。据统计，2000 年悉尼奥运会临时附属设施的面积占整座体育设施面积的一半以上，赛后予以全部拆除，极大降低该体育建筑的赛后规模和运营成本。

目前，我国已意识到赛后通过改造降低规模对体育建筑赛后运营的重要性，在场馆中逐步增加临时设施比重，还可以考虑在赛后根据市场的需要，结合场馆大跨度空间的特点，在保留专业竞赛和训练功能的前提下，通过改建实现多元化经营。我国最早使用临时及可转换设施设备的近现代体育建筑典型案例是首都体育馆，以及后来的上海体育馆、上海国际体操中心等。首都体育馆在建成之初赛时的临时看台和场地设施等便可以收纳拆除，经多功能改造后，场馆利用率很高，运营状况良好。在 2022 年冬奥会滑冰比赛馆改造中，首都体育馆继续缩减了观众规模，将原本 18000 个的座椅缩减为 15000 个，增加 80 个无障碍座位，单个观众座席的宽度增加到 55cm，减小观众规模的同时提升观赛舒适性（图 5.210）。

图 5.209　卡塔尔世界杯 974 集装箱体育场　　　　图 5.210　首都体育馆座椅改造后现照

### 2. 能源节约改造

体育建筑能源节约改造是对能耗过高的围护体系、设施设备进行技术更新，应用被动节能方法或新能源代替方法，以实现能源节约。20 世纪 80 年代之前，我国体育建筑的建造标准较低，节能设计不足，导致很多近现代体育建筑的代表案例节能效果较差。又由于设备构件老化，平日维护一般甚至闲置弃管，多数体育建筑的室内环境性能一般，影响人们对舒适性的需求，亦无法满足当今绿色建筑评级的要求。在场馆运营和环境双重压力的背景下，节能改造是实现体育建筑可持续运营的一大要求。

体育建筑主要由比赛厅、观众厅和各种功能用房组成，其中比赛厅是体育建筑的空间特征的集中体现。由于比赛厅空间的跨度大，它主要依靠人工照明、机械通风与空调控温，这实则会消耗大量能源，并且不利于使用者的健康。在体育建筑的能源消耗分布中，照明能耗和空调能耗占据总体能耗的 80% 左右，因此，光环境和热湿环境的改造和优化是体育建筑节能改造的核心环节。具有高级别比赛功能的比赛厅基本依赖机械通风和人工照明，完全主动式通风及采光的空间虽然带来相对稳定的室内物理环境，但不仅需要消耗大量能源，而且在赛后使用中会造成浪费。从能源节约改造的理念来看，体育建筑应该在提高室内环境舒适度的基础上尽可能降低能源消耗，采取被动式引入和能源替代等方式。

体育建筑的大空间要做到较好的自然通风减小对空调的依赖，主要利用建筑内外温度的差异产生的压力差，建筑物外的空气从下部的开口进入，然后室内的空气从上面的排气口出去，在这种情况下，上面排气口与下面开口之间的高度差越大，空间内外的温度差越大，通风量也越大。下风口要根据迎合风向、选择风压较大的位置，结合场馆现有的造型或者改造的预期造型，设计易于外部空气导入的形状。上风口结合体育场馆的大跨度结构形式设置天窗，如果可以与采光相结合，则上部的温度由于日照升高，也可以突出烟囱效应。但是可以尽量采用自然通风的体育场馆进行的多是受气流影响不大的竞技项目，例如柔道、摔跤、举重、游泳等。这类场馆的规模相对也比较小，改造后的自然通风效果会更加明显。

对玻璃窗及幕墙等细部更新，尽量采用对红外线能够起到阻隔作用的 Low-E 玻璃，增加玻璃表面辐射换热热阻进而提升保温性能。此外，结合光伏组件与现有屋顶构件的改造方法也逐渐成为今后建筑更新改造的通行做法。当今，人工智能技术和大数据支持下的智慧系统也能监控能源消耗，从而智能调整和控制运营能耗。

2007 年国家奥林匹克体育中心体育馆的改造就充分实践了上述策略：在屋面增设一排

用于自然采光和通风的电动天窗，并设置电动遮光百叶；屋面材质更新为保温隔声效果良好的金属，外墙面增加外保温层，外墙面门窗更换为保温型门窗；屋面上增设光伏集热器列阵，通过利用光能每年节约用电 $1.6 \times 10^5 kW \cdot h$。2022 年首都体育馆的可持续性改造则利用许多先进的节能技术，包括 LED 照明设备更新、新风系统、赛时场地快速转换、智慧能源监控系统等。其中最具特色的是冬奥会历史上第一次大面积应用的二氧化碳跨临界直冷制冰技术，利用二氧化碳作为环保型制冷剂。这种系统制冰均匀，通过冰面下设温度传感器可以实时动态调节制冰机组的输出功率，适用于快速调整冰面温度。在冬奥赛时，采用亚临界运行，赛后夏季可采用跨临界运行。同时设置热回收系统，根据不同的热品质，可用于冰面防冻胀、融冰池融冰、浇冰水预热等。能耗节约改造后平面如图 5.211 所示，效果如图 5.212 所示。

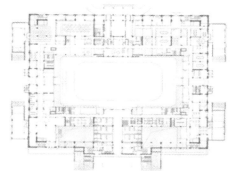

图 5.211　首都体育馆能耗节约改造后平面

图 5.212　首都体育馆能耗节约改造后现照

### 5.5.4.2　效益提升

1. 运营管理改革

引入社会资本和市场化管理，调整当前运营管理是盘活场馆的重要策略。国家奥林匹克体育中心英东游泳馆是霍英东先生捐款 1 亿元港币，为 1990 年亚运会游泳比赛和部分水上项目修建的。英东游泳馆赛后 1990—1993 年间每年就需要数百万元的政府财政补贴满足日常维护和能源消耗，但游泳馆自身的运营收入较低，体育功能及附属设施的经济效益未得到充分发挥。1994 年，北京新奥特公司通过与北京国家奥林匹克体育中心签订租赁英东游泳馆的合同。该公司获得对国有资产的独立经营权和管理权，权利包括对馆内功能项目的开发、固定资产的使用和人事财务的管理等，同时还承担英东游泳馆维修和内源消耗所需的全部费用。这也是我国体育建筑领域发挥场馆经济效益探索道路的第一次重大改革。租赁后，英东游泳馆保持国有资产的产权不变，名称保留"英东游泳馆"，馆内外仍须保持原始设计和主要体育设施，并依然承担国际国内重大体育比赛的责任和面向社会开放的功能。在独立经营英东游泳馆后，该公司将游泳馆开放时间由每天 4h 增加到 12h，还举办了多项全民健身属性的水上运动游艺活动，大大提升群众参与度。北京新奥特公司接手英东游泳馆的第一年就开始扭亏为盈，旺季每日逾 2000 人次使用游泳馆。直到 2007 年英东游泳馆作为北京奥运会水球与现代五项中游泳项目场馆开始改造，租赁期间北京新奥特公司投入的设施改造费用达到 2000 万元，上缴国家财政 3000 余万元，这是我国近现代体育建筑运营市场化早期的典范，为后续其他国有场馆开拓了新的运营管理思路。从本运营管理改革案例可知，国有体育建筑的运营管理主体变更，依然可以保留原有体育功能及其公益属性，同时充分提升体育建筑的经济效益，能为政府带来相对稳定的财政收入，从而实现场馆、政府、运营企业的共赢。

2. 运营模式改革

近现代体育建筑平时运营模式应以举行体育、文艺、会展等大型活动为主，这样可以实现相对可观的经济效益。但现实中，大型活动数量较为有限，每座体育建筑能够得到的平均活动资源不多，仅以大型活动为平时内容依然会产生长时间的闲置。因此，当前符合实情的运营模式策略应为：我国近现代体育建筑宜以举行大型活动为主，兼顾全民健身，充分发掘比赛厅外围的观众大厅、附属训练设施、附属功能用房和其他看台下空间，积极结合全民健身活动对外开放，积极引入智慧化系统，提高建筑整体使用面积的利用率，实现场馆资源的高效利用。

从我国大中城市体育建筑的赛后运营模式现状来看，各种赛事和文艺演出等大型活动较少，平均起来仅占全年可利用时间的10%～20%，不能起到支持大型体育场馆赛后运营的作用。由于活动数量和收入难以大量提升，运营团队对充分改造再利用看台下空间十分重视。固定看台下空间，特别是赛时的观众厅区域，基本为室内空间或灰空间，空间高度很高，看台下结构令空间特点鲜明，能够满足各种运营活动的需要，便于实施多元化经营。特别是对体育场，由于比赛场地是在室外，在多功能化的利用上受到很大的影响。看台下部空间和附属设施多元化经营的收益往往高于场地多功能使用的收益。从运营模式来看，赛后看台下空间的改造再利用可分为商业、展览、酒店、休闲娱乐、餐饮等，具体见图5.213。

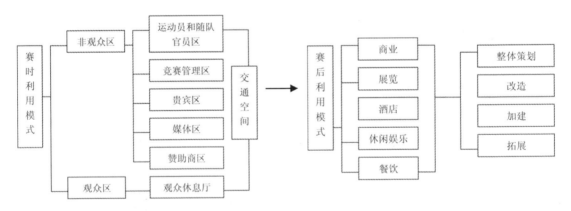

图 5.213　看台下空间改造和再利用模式分析

结合全民健身功能开放的典型案例有上海体育场和虹口足球场等。上海体育场的固定看台下空间在改造为足球场前有攀岩、篮球、轮滑等主要面向少年儿童的全民健身场地，也包含一定的商业零售设施。固定看台下的攀岩馆还举办上海市青少年攀岩锦标赛，如图5.214所示。上海虹口足球场的固定看台下空间及大平台下空间的利用也十分充分。虹口足球场与地铁相接的大平台下空间布置为体育舞蹈培训、健身房和零售商业等，环场大平台下空间布置虹口区体育局、主场球队专卖店、体育器械商店、餐饮等，固定看台下空间的二层布置跆拳道和武术培训、主场球队办公室等，利用率高，赛后运营良好，看台下空间的综合业态如图5.215。

图 5.214　上海体育场看台下空间局部改造为攀岩馆　　图 5.215　上海虹口足球场看台下空间的业态

　　除了引入全民健身类型业态，构建智慧场馆系统也是提高利用率、实现资源高效利用的有效方式，对体育建筑运营模式的改进和提升效果显著。当前，体育建筑的资源及数据仍处于较为零散的状态，信息化的资源整合建设较为缓慢，构建智慧场馆系统可以在保护既有资源的前提下，以数据驱动体育建筑的运营利用效率的更新提升。在传统经济社会，运动硬件设施的丰富度是体育建筑的核心竞争力，而在如今的数字经济社会，智慧化场馆体验将成为最重要的亮点。当然，智慧化系统对体育建筑的改造提升并不仅限于运营管理，还包括赛事活动保障、全民健身服务、训练竞技服务、现场观赛体验、体育文化传播等。

　　积极引入智慧化系统的典型案例有南京五台山体育馆等。以体育馆、体育场为核心的五台山体育中心于疫情前的运营效益连年增长，于 2016 年实现了年均收入超过 1 亿元，这对起步时期及之前建成的近现代体育建筑来说是非常优秀的运营效益。五台山体育中心主要采取三方面的运营模式改革升级：第一，智慧化系统将场地状态、进场预订、运动数据、运动指导、体育商业等信息实现信息化升级，通过软硬件的智慧化结合，全面降低人工和运营成本。自智慧系统上线以来，体育中心每年可节约运营成本约 200 万元，场馆利用率提升 30%。第二，全民健身属性的运动功能全面改为俱乐部运营模式，将硬件设施、赛事资源和社会资本实现线上线下的融合。五台山体育中心场馆冠名权租售（图 5.216），成立女篮俱乐部、羽毛球俱乐部、乒乓球俱乐部、游泳俱乐部和棒垒球俱乐部，并将大众体育培训和俱乐部运营实现线上营销。第三，构建更广泛的运动健康生态，以体育场馆运动为核心，扩展健身指导、运动医学、老年健康、体育文化等综合服务（图 5.217），并打造线上线下结合的五台山体育品牌，实现体育健康大产业的聚集和规模效应。

图 5.216　南京五台山体育馆冠名权租售给中国银联　图 5.217　南京五台山体育馆室外的老年全民健身场地

# 5.6　本章小结

　　本章重点分析基于历史、艺术、科学、社会价值四类特征性价值的中国近现代体育建筑保护更新策略，以及当一般性价值面临挑战时的保护更新方式。主要结论如下：

　　（1）基于历史价值的保护更新就是根据综合价值评价，彰显和表达第一历史和第二历史信息，让历史价值可以作为共同的纪念物加以传承。根据可干预度由低至高，笔者研究划分为原真性的彰显、解释性的修正、解释性的扩充、解释性的延伸四种策略：①原真性的彰显旨在强调维持、恢复与展示建筑本体的原真性，最大程度尊重原物。秉持科学保护思想，通过文献调研、类比研究与实物发掘相结合的科学方法，实现修复和再利用。②解释性的修正旨在通过低干预度的更新方法，基于对历史价值的解释性思考，让建筑能够重现最大化实现原始设计意图的时刻。与原真性彰显不同的是，解释性的修正需要对建筑第二历史的部分遗存进行一定程度的改变。③解释性的补充旨在对建筑进行解释性的补充，以便完善曾经的或现在的语境下更加完整的历史价值。补充的动机既可源于建成之初的实际效果与设计初衷之间的落差，又可来自当下的体育建筑属性与建筑现状之间的差距。④对体育建筑的历史意义做出延伸性的诠释和表达，是当代保护更新的重点。基于解释性的延伸会更多地应用于原始建筑遭遇了一定程度的破坏及缺损的状况，价值评价所对应的干预允许中等级以上的模式，建筑师基于文献和实物资料，将历史的片段或意义进行当代的延续和演绎。

　　（2）基于艺术价值的保护更新就是根据综合价值评价，衡量原始建筑形式保留的必要性，有限地引入新的形式语言以实现审美体验的提高。根据可干预度由低至高，笔者研究划分为形式语言的延续、形式语言的演绎、形式语言的叠加三种基本策略：①延续近现代体育建筑的原始形式，显然是最小的干预方式。在延续原始形式语言的高度限定之中，常通过微调及内部空间改造来满足需求。②对近现代体育建筑的原始形式进行现代性的演绎，是建立新旧形式语言关联的有效策略，是在部分缺损、强度不足或必须改扩建时保护艺术价值的干预方式，需要把握与旧建筑形式建立关联以及新建筑形式的异化程度。③对干预度较宽容的近现代体育建筑来说，将新的形式语言叠加在既有形式之上，是重塑形象、激发区域活力的有效途径，重点在于新旧形式的叠加方式（并置、外包、内含、共生等）和新形式运用的指涉方式。

　　（3）基于科学价值的保护更新就是根据综合价值评价，确定原始建筑承载的工艺技术是否具备可干预条件，若实施主动更替和升级，新工艺与原始工艺技术的时代先进性是否有继承发扬的关系。根据可干预度由低至高，笔者研究划分为工艺的保留与凸显、工艺的改造与提升两种基本策略：①保留与凸显是最直接有效的保护策略，这并非简单地置于原位、保持现状，还应在维护的基础上成为鲜明且突出的体育特色，并与使用者产生关联。凸显的手法包括通过周边构件更新而形成新旧对比关系；通过周边构件简化而形成繁简对比关系；通过迁建至场所节点而形成区域标志等。②对干预度较宽容的工艺技术，如果它们出现功能不足的问题，且它们没有承载重要的历史意义，不影响整体历史风貌，进行改造与提升是行之有效的保护策略。这也非简单地换上最新最好的替代品，还需要在适度体现工艺特色的传承，保持新介入材料的外观一致性和内在可识别性。不同于古典建筑，近现代体育建筑的工艺材料相对坚固，成色相对稳定，历时性老化也不会让原物和新材料产生很大的外貌区分。新介入工艺可以选用新型不锈钢材、聚合物、碳纤维等先进材料。

（4）基于社会价值的保护更新，就是根据综合价值评价，以提升建筑的象征意义、触媒效应、聚集属性和情感承载为目标，寻求社会价值提升和干预程度之间的平衡。低干预度策略为场地与城市环境的衔接、关联居民生活的功能聚合，高干预度策略为场所对城市环境的触媒、满足居民需求的体验提升：①对干预度较严格的近现代体育建筑，提升方式主要通过整体场地和城市公共环境或区域公共功能的衔接，此时的近现代体育建筑更多成为一种标志性节点，成为区域的象征；通过对既有空间的高效利用，改扩建空间的高密度利用等方式，增加与居民生活关联性强的功能。②对干预度较宽容的近现代体育建筑，满足需求、提升体验的触及面会更多，特别是不同人群需求会根据社会生活水平发展而发生变化，应对观赛人群、全民健身人群，甚至紧急避险人群进行全面的需求分析，更新提升各种感觉和知觉要素，构建关联性的空间体验，增进建筑的情感承载属性。

（5）使用价值和经济价值组成的一般性价值不属于历史建筑的价值分析范畴，但它们会影响历史建筑的可持续存续能力，进而影响保护更新策略的制定。当一般性价值面临较大问题时，应及时采取保护更新措施：①使用价值的挑战包括体育空间使用状态、附属空间使用状态以及置换改造潜力。管理者既要检测体育空间的老化程度，又要对照当今比赛及训练要求评估本场馆的满足程度，还要判断空间进行置换改造的可行性。使用价值面临较大挑战，主要是指结构或赛事安全性无法保证，临时或特殊活动要求，不得不进行适当的更新。②经济价值的挑战体现支出大于营收，也应从"节源""开流"两个角度加以更新。通过体育建筑及其周边区域的综合开发和运营，带动商业、文化、土地等方面，为建筑保护更新与可持续发展提供资金，形成运营的良性循环。

# 6  结论与展望

## 6.1  研究结论

本研究围绕价值导向的中国近现代体育建筑保护更新问题，在进行了较为扎实的理论和方法基础研究后，从价值发掘、价值评价、价值提升三个子课题展开系统性研究，得到一系列研究成果及结论，主要结论如下：

1. **理论基础部分**：中国近现代体育建筑保护更新的理论转变、拆改动因和干预原则

（1）相较于经典保护更新理论，近现代体育建筑在内的近现代建筑保护更新正经历着两种转变：一是科学性转向，即人文社科和自然科学逐渐成为建筑保护更新的方法基础，保护更新的决策则由更多的利益相关方共同决定；二是意义性转向，因近现代建筑的设计思想特性，对加以保护的对象由物质属性转向意义传达。这两种理论上的转变要求当今的近现代体育建筑保护更新研究要引入更加科学的方法，并且要重视更广泛的意义性保护。

（2）中国体育建筑大量拆改现象的动因多样。从事件类型角度看，动因可分为内因和外因，内因主要包括老旧修缮、标准提升、设施落后、用途变更、造型陈旧，外因主要包括城市发展、赛事要求、商业开发、环保理念。从建筑价值的角度重新审视会发现，上述事件类型均可归纳为使用价值因素和经济价值因素，这两类价值属于建筑的一般性价值。而对建筑遗产来说，保护更新的动因应是在满足一般性价值可持续的前提下，通过衡量特征性价值，确定综合干预策略。因此从价值角度看，大量拆改现象的本质是很多中国近现代体育建筑的经典案例没有被视为建筑遗产，没有进行特征性价值分析和相应的策略制定。

（3）尊重建筑的重要性、真实性、完整性是保护更新工作的通用原则。中国近现代体育建筑保护更新还应遵循保护优先、合理利用、严格管理的干预原则，维护建筑的历史风貌和特征价值，建立价值导向的科学工作流程。

2. **方法基础部分**：中国近现代体育建筑保护更新的价值类型及其评价方法

（1）本研究的中国近现代体育建筑价值指标共包含历史价值、艺术价值、科学价值、社会价值四种特征性价值，纳入价值评价体系进行评判；也包含使用价值和经济价值两种一般性价值，不纳入评价体系，但需要进行基本的评估，确保建筑满足可存续的条件。

（2）建筑价值评价方法可归纳为研讨登录式和评分评级式两种基本模式。本研究采用评分评级式。该方式包含量化分析，更加接近当今科学保护的理论要求。中国近现代体育建筑价值是一种定量因素和定性因素并存，部分因素难以精确衡量的复杂体系，部分因素

之间还存在关联性。经比较分析，模糊综合评价法（FCE）是最适宜本研究的评价方法，决策实验室分析和层次分析相结合的方法（DEMATEL-AHP）是本研究的权重确定方法，旨在将定性问题较好地转化为量化值，检验模糊变量之间的因果关系，削减因素相互影响导致的重复计算，得到较准确的量化权重值。

3. **价值发掘部分**：中国近现代体育建筑保护更新的诞生背景、发展演进和典型案例

（1）中国传统体育的形成与发展主要表现出民间游戏的竞技化、哲学思想的直观化、礼仪兵法的普及化、水上技术的观赏化四种特征，一些体育项目也形成对应的特色形式和相对固定的专项场地。中国传统体育建筑的特征主要表现在自由的场地规划、复合的功能属性、传统的文化载体三个方面。另外，为了满足复合功能的使用要求，中国古代已出现综合体育场地、全天候球场等某些近现代体育建筑的设计要素。

（2）中国体育建筑的现代化转型受到西方近现代体育建筑的影响。西方体育建筑的现代化转型主要表现为四方面特征：专项体育场地的初步规范化、综合体育场地的初步类型化、现代材料与结构的初步应用、宏伟古典风格向理性现代风格的过渡。19世纪中叶，"西学东渐"成为中国建筑现代化转型的思想萌芽。现代体育运动主要是通过西方殖民租界、教会组织与教会学校三种途径传入，最早一批近现代体育建筑主要处于上海、天津、汉口等开埠城市的租界中心、基督教青年会、教会中学与西式大学之中，并在此诞生中国最早的现代跑马场、网球场、棒球场、健身房、篮球馆、手球馆、游泳馆等类型。

（3）中国体育建筑的现代化和本土化转型经历了租界到华界的扩展、新设计范式的接纳和融合的过程。从19世纪末中国体育建筑的所有权、使用权，到随后的设计者、建造者，再到20世纪初的中国体育建筑的功能、风格、技术等，西方舶来的建筑理念最终内化为中国近现代体育建筑的早期思想。这种转变过程主要体现在设计师、建筑定位、建筑风格和建造技术四个方面。

（4）中国近现代体育建筑演进历程和特征的分析是价值发掘的核心，采用纵向历史研究和案例研究相结合的质性研究。本研究重点分析1850—1999年中国体育建筑的发展演进特征，将其细分为诞生时期（1850—1936年）、动荡时期（1937—1951年）、起步时期（1952—1965年）、艰难曲折时期（1966—1976年）、改革开放前期（1977—1999年）五个阶段。从演进历程中发掘出50个案例作为调研对象。这些典型案例是各时期时代性演变特征的集中载体。本研究部分重点分析案例的时代性突出特征，并会为价值评价和保护更新部分的研究提供实例支撑。具体演进历程特征为：

在诞生时期，西方的入侵深刻影响着社会生活，原有制度、技术、文化开始深刻变革。体育成为深入市民日常生活的重要活动，近现代体育建筑逐渐取代教场、瓦舍等传统场地形式，成为体育及娱乐活动的主要场所，主要代表类型包括租界体育建筑、教会体育建筑、校园体育建筑和本土公共体育建筑。

在动荡时期，建筑行业坠入了十余年的动荡与停滞。一般民用建筑建设项目几近完全停滞，沦陷区的众多既有大型体育建筑也被改作日本侵略者的军事仓库与训练场地。在这极其艰苦的时期，仅有重庆滑翔总会跳伞塔得以设计建成，军民两用也成为这座建筑和这段历史的特殊注脚。

在起步时期，国内外环境严峻复杂，体育建筑发展跟随大时代的变迁，有其独特的时

代设计特征。另外，在少数民族地区，出现结合民族形式及气候条件的地域性设计。

在艰难曲折时期，国民经济衰退，建筑设计部门总体处于停顿中，而大型体育建筑、展览建筑、纪念建筑等建筑类型得以少量建成。为了响应"发展体育运动，增强人民体质"的号召，当时兴建的体育建筑的功能定位为"一专多用"，常用来举行政治集会，整体尺度宏大，艺术表达受限，而创作相对宽松的建筑技术领域则相对取得了明显的发展成就。网架结构和索网结构屋盖的创新，引领了中国空间结构领域的发展。

在改革开放前期，中国步入高速发展的阶段，建筑行业开始市场化改革，呈现出初步繁荣的景象。这一时期建成的体育建筑最显著的进步是设计理念、形式语言与结构技术。建成建筑在规划布局、功能定位、形式风格、体育场地、结构材料等方面都取得了很大的进步。

4. 价值评价部分：中国近现代体育建筑的价值评价体系构建

（1）典型案例特征性信息库：本研究构建50个中国近现代体育建筑典型案例的特征性价值信息库。它不仅能夯实价值评价体系的指标研究，也能够为评价主体提供数据来源，还将对今后中国近现代体育建筑的策划定位、利用情况、价值评价、保护更新、日常管理等全生命周期提供依据。

（2）价值评价体系指标集：通过典型案例调研、突出特征和价值因素关联分析等方法，研究得出中国近现代体育建筑价值指标集。本指标集为多层次结构模式，中国近现代体育建筑价值（目标层）主要分为历史价值、艺术价值、科学价值、社会价值共4项一级指标（准则层），9项二级指标（指标层），24项三级指标（子目标层）。在指标分析过程中，还研究得到中国近现代体育建筑价值的具体特点及影响因素：

中国近现代体育建筑的历史价值具有本体性历史价值高、符号性历史价值低的特征。影响中国近现代体育建筑发展、历史价值高低的历史事件纷繁复杂，可分为重大社会事件、重大体育事件、体育赛事事件三个主要类型。

中国近现代体育建筑的艺术价值，既有知觉层面背后的演变逻辑，又会参考艺术史地位，应结合两方面综合评定。中国近现代体育建筑典型案例大多表现出技艺交融的特征，意在传达给使用者震撼的、崇高的、先锋的审美感受这是影响近现代体育建筑艺术表达的根本因素。

中国近现代体育建筑的结构选型、场地布局、看台形式及体育工艺是体育建筑科学发展历程的实物见证，同时一些科学技术如今依然具备参考性。也因为时代性前沿科技的集成应用，近现代体育建筑是科学价值最突出的建筑类型之一，影响因素包含结构、材料、细部、施工、观赛、比赛工艺六小方面。

中国近现代体育建筑的社会价值可以分为区域认同感与集体归属感。近现代体育建筑主要发挥其整体形象对片区建设的象征意义，以及其整体功能对片区更新的触媒效应；近现代体育建筑发挥其公共属性对社区生活的聚集作用及其集体记忆对社区居民的情感承载。相较于其他类型，中国近现代体育建筑的社会价值普遍较高。

（3）价值评价体系权重集：通过德尔菲法收集数据，通过 DEMATEL-AHP 法确定价值指标的综合权重。由结果可知，本体性历史属性类型（$C_{11}$）、体育空间形式设计（$C_{51}$）、本体性历史的影响范围（$C_{13}$）是中国近现代体育建筑各项价值中权值最大的因素，施工技术（$C_{61}$）、衍生历史事件的发生数量（$C_{24}$）、材料技术的先进水平（$C_{62}$）是影响较小因素，该结果呼应了突出特征分析的统计结果，说明最初的历史意义和设计意图对近现代体育建筑价值有重大影响，相对局部的细节对近现代体育建筑价值有较小影响。

（4）价值评价体系评价集：以模糊综合评价为核心，构建高效可行、具有指导意义的中国近现代体育建筑价值评价方法，提出以量化评价为核心的数学模型，通过计算得到评价隶属度，进而得到评级、峰度和偏度，并能够对应工程实践中的保护原则，具备指导意义。

以50个典型案例中留存至今的38个案例的价值为应用对象，通过模糊综合评价，得出每个案例的综合价值评价。由评价结果可知：高等级案例为北京工人体育场，共1个；中高评级案例包含南京中央体育场等，共9个；中等评级案例包含上海体育馆等，共28个；中低评级与低评级未出现，与样本均为具有历史代表性的重要体育建筑有关。另外，评价隶属度的超值峰度大于0（高狭峰）的案例数量为22个；超值峰度小于0（低阔峰）的案例数量为16个。评价隶属度的偏度大于1（高等右偏）的案例数量为22个；偏度在0.5~1之间（中等右偏）的案例数量为7个；偏度在0~0.5之间（低等右偏）的案例数量为9个。综上，本评价方法简明易行，可以得到较为明确的结果。

评价等级与工程实践中主要策略的干预成反比关系，评级越高，相应策略可允许的干预程度越低。因此，高等评级对应着低干预度为主，即保护修缮为主的保护策略，低等评级对应高干预度为主，即改造更新为主的保护策略，而中等评级则对应中干预度为主，即平衡兼顾的保护策略。

评价峰度与工程实践中需采用的差异策略与主要策略的干预程度差异大小有关，峰度越高，相应策略之间可允许的干预程度差异就会越小，即差异的容许度低。超值峰度大于0，对应低宽容度的保护策略；超值峰度等于0，对应中宽容度的保护策略；超值峰度小于0，对应高宽容度的保护策略。

评价偏度与工程实践中差异策略的数量占比有关。对高级、中高级、中级的经典案例来说，偏度小于0，意味着差异意见多数被赋予了较低评价，进而表示需要较多的差异策略进行价值补偿；偏度在0~0.5之间，表示需要部分的差异策略进行价值补偿；偏度在0.5~1之间，表示需要局部的差异策略进行价值补偿；偏度大于1，表示仅需要个别的差异策略进行价值补偿。

5. 价值提升部分：价值导向的中国近现代体育建筑保护更新

（1）基于历史价值的保护更新就是彰显和表达第一历史和第二历史信息，让历史价值可以作为共同的纪念物加以传承。根据可干预度由低至高，本研究划分为原真性的彰显、解释性的修正、解释性的扩充、解释性的延伸四种策略。

（2）基于艺术价值的保护更新就是衡量原始建筑形式保留的必要性，有限地引入新的形式语言以实现审美体验的提高。根据可干预度由低至高，本研究划分为形式语言的延续、形式语言的演绎、形式语言的叠加三种基本策略。

（3）基于科学价值的保护更新就是确定原始建筑承载的工艺技术是否具备可干预条件，若实施主动更替和升级，新工艺与原始工艺技术的时代先进性是否有继承发扬的关系。根据可干预度由低至高，本研究划分为工艺的保留与凸显、工艺的替换与提升两种基本策略。

（4）基于社会价值的保护更新就是以提升建筑的象征意义、触媒效应、聚集属性和情感承载为目标，寻求社会价值提升和干预程度之间的平衡。低干预度策略为场地与城市环境的衔接、关联居民生活的功能聚合，高干预度策略为场所对城市环境的触媒、满足居民需求的体验提升。

（5）使用价值和经济价值组成的一般性价值不属于历史建筑的价值分析范畴，但它们会影响历史建筑的可持续存续能力，进而影响保护更新策略制定。当一般性价值面临较大问题，应及时采取保护更新措施：使用价值的挑战既可能来自建筑的老化程度，也来自以当今体育活动要求来评估空间的满足程度，以及进行置换改造的可行性。当面临结构或赛事安全性无法保证、临时或特殊活动要求等问题时，应当进行适当的更新。经济价值的挑战体现支出大于营收，也应从"节源""开流"两个角度加以更新。通过体育建筑及其周边区域的综合开发和运营，带动商业、文化、土地等方面，为建筑保护更新与可持续发展提供资金，形成运营的良性循环。

# 6.2　研究展望

体育赛事标准提升、体育建筑自然老化、城市规划发展变化等因素是拆除事件屡见不鲜的直接原因，而近现代体育建筑价值认知的缺失、保护制度的不健全、短期经济利益的驱动等则是优秀体育建筑被拆除的内在原因。要解决目前矛盾，应加强中国近现代体育建筑保护理论研究，完善相关保护政策，建立全程保护观念，从政策到认知，加强中国近现代体育建筑保护。

（1）加强理论研究：近现代体育建筑的价值体系研究不仅关乎其保护决策与保护方式的选择，而且有助于解决大型公共建筑与城市的突出问题。历史价值、艺术价值、科学价值、社会价值、使用价值、经济价值是近现代体育建筑价值的基本要素，运用多指标评价方法，可得出相对合理的评价结果和保护方案。

（2）完善保护政策：面对中国近现代体育建筑保护问题时，遗产保护制度存在着一定局限：从保护管理角度看，我国保护管理体制为遗产指定制，即管理部门指定物质类与非物质类遗产的身份。我国保护制度由文物保护部门与建设部门并行管理，对近现代建筑保护的管理界定模糊，统一的遗产标准不完全适用近现代建筑遗产的选定；从保护控制角度看，"不可移动文物"或"历史建筑"的保护控制措施不足，以法律形式明确的规定较少，近现代体育建筑大多保有原本的使用功能，传统的博物馆式保护并非近现代建筑保护的最佳方式，功能开发方式是业主、管理部门与保护工作者面临的难题。

（3）建立全程保护观念：全程保护旨在通过日常监测与维护，减免物质性破损的潜在可能。针对近现代体育建筑保护，既需要完善应急式保护方案，又应树立全程保护的意识，加强宣传和普及建立。体育建筑的结构、材料、体育工艺等要素都在随着科技发展不停更迭，构件预期寿命在降低，同时大跨度结构、比赛场地、观众看台与体育工艺设施又是体育建筑中最易发生破坏的部位，因此建立全程保护观念是亟须和必要的。

# 参考文献

[1] 国家统计局.中国统计年鉴 2020[M].北京：中国统计出版社，2020.

[2] 中华人民共和国中央人民政府.中共中央关于制定国民经济和社会发展第十四个五年规划和二〇三五年远景目标的建议 [EB/OL].（2020-11-03）[2021-03-01].http：//www.gov.cn/zhengce/2020-11/03/content_5556991.htm.

[3] 中华人民共和国中央人民政府.国务院关于加快发展体育产业 促进体育消费的若干意见 [EB/OL].（2014-10-20）[2021-03-01].http：//www.gov.cn/zhengce/content/2014-10/20/content_9152.htm.

[4] 中华人民共和国中央人民政府.中共中央关于制定国民经济和社会发展第十三个五年规划的建议 [EB/OL].（2015-11-03）[2021-03-01].http：//www.gov.cn/xinwen/2015-11/03/content_2959432.htm.

[5] 阿尔多·罗西.城市建筑学 [M].黄士钧，译.北京：中国建筑工业出版社，2006.

[6] 乔瓦尼·卡尔博纳拉.意大利对建筑遗产修缮的贡献 [J].建筑遗产，2017，4：1-15.

[7] 中华人民共和国建设部.关于加强对城市优秀近现代建筑规划保护工作的指导意见 [EB/OL].（2004-03-06）[2021-03-01].http：//www.mohurd.gov.cn/wjfb/200611/t20061101_156876.html.

[8] 国家体育总局经济司.第六次全国体育场地普查数据公报 [EB/OL].（2014-12-26）[2020-10-30].http：//www.sport.gov.cn/n16/n1077/n1467/n3895927/n4119307/7153937.html.

[9] International Olympic Committee.Olympic Agenda 2020 - Closing Report[EB/OL].（2020-12-11）[2021-02-12].stillmedab.olympic.org/media/Document%20Library/OlympicOrg/IOC/What-We-Do/Olympic-agenda/Olympic-Agenda-2020-Closing-report.

[10] 李沉，苗淼，朱有恒，等.辽代建筑遗产保护研讨暨第五批中国 20 世纪建筑遗产项目公布推介学术活动在辽宁义县奉国寺成功举行 [EB/OL].（2020-10-09）[2021-02-12].http：//www.zgwwxh.com/20201003news.

[11] 夏征农，陈至立.大辞海·建筑水利卷 [M].上海：上海辞书出版社，2012.

[12] 中华人民共和国建设部，国家体育总局.体育建筑设计规范：JGJ 31—2003[S].北京：中国建筑工业出版社，2004.

[13] 中国建筑学会.建筑设计资料集：第 6 分册 体育·医疗·福利 [M].3 版.北京：中国建筑工业出版社，2017.

[14] THE SPORTS ACCORD COUNCIL.Definition of Sport[EB/OL].（2011-10-28）[2020-10-20].https：//web.archive.org/web/20111028112912/http：//www.sportaccord.com/en/members/index.php?idIndex=32&idContent=14881.

[15] 俞香顺."强化体能"是体育的本质与目的：张洪潭教授学术访谈录 [J].体育与科学，2013，34（2）：22-25.

[16] WINCKELMANN J J.History of the art of antiquity[M].Los Angeles : Getty Publications, 2006.

[17] 萨尔瓦多·穆尼奥斯·维尼亚斯. 当代保护理论 [M]. 张鹏，张怡欣，吴霄婧，译. 上海：同济大学出版社，2012.

[18] 陈曦. 建筑遗产保护思想的演变 [M]. 上海：同济大学出版社，2016.

[19] RIEGL A.Der Moderne Denkmalkultus Sein Wesen Und Seine Entstehung[M].Wien : W.Braumüller; 1903.

[20] THE GETTY CONSERVATION INSTITUTE.Assessing the values of cultural heritage : Research report[C].Los Angeles : Getty Conservation Institute, 2002.

[21] 联合国教育、科学及文化组织，保护世界文化与自然遗产政府间委员会，世界遗产中心. 实施《世界遗产公约》操作指南 WHC.15/01[DB/OL].2021-07-31.https : //www.wochmoc.org.cn/.

[22] 国际古迹遗址理事会澳大利亚委员会. 巴拉宪章 [DB/OL].1999-11-26.https : //www.wochmoc.org.cn/.

[23] SHEARD R，POWELL R，BINGHAM-HALL P.The stadium : architecture for the new global culture[M].Balmain, N.S.W. : Pesaro Pub., 2005.

[24] JOHN G SHEARD R VICKERY B.Stadia : A Design and Development Guide[M].4th ed.Amsterdam : Elsevier / Architectural Press, 2007.

[25] 庄惟敏，李兴钢，丁洁民，等. 体育建筑发展的当下思考：从增量到存量 [J]. 当代建筑，2020（6）：6-15.

[26] YARONI E.Evolution of Stadium Design[D].MASSACHUSETTS INSTITUTE OF TECHNOLOGY, 2012.

[27] 史立刚，康健. 场所·触媒·性能：后工业时代英国体育建筑发展研究 [J]. 新建筑，2015（5）：88-93.

[28] SMITH J.An Introduction to the Archaeology and Conservation of Football Stadia[J]. Industrial archaeology review, 2001, 23（1）: 55-66.

[29] 邹德侬，等. 中国现代建筑史 [M]. 北京：中国建筑工业出版社，2010.

[30] 中国体育科学学会，中国建筑学会体育建筑分会. 新中国体育建筑 70 年 [M]. 北京：中国建筑工业出版社，2019.

[31] 马国馨. 体育建筑一甲子 [J]. 城市建筑，2010（11）：6-10.

[32] 胡振宇. 新中国体育建筑发展历程初探 [J]. 南方建筑，2006（4）：26-29.

[33] 连旭. 大跨体育建筑有效地域文本研究 [D]. 哈尔滨：哈尔滨工业大学，2010.

[34] 喻汝青. 中国近现代体育建筑的发展演变研究（1840—1990）[D]. 上海：同济大学，2018.

[35] 侯叶. 中国近现代以来体育建筑发展研究 [D]. 广州：华南理工大学，2019.

[36] 张天洁，李泽.20 世纪上半期全国运动会场馆述略 [J]. 建筑学报，2008（7）：96-101.

[37] 刘洋. 上海市娱乐体育建筑发展研究 [D]. 上海：同济大学，2006.

[38] 周小林，李传奇，周文生. 近代上海体育建筑的兴起与可持续发展研究 [J]. 体育文化导刊，2017（6）：172-176.

[39] JUKKA JOKILEHTO.A History of Architectural Conservation[M].Boston : Butterworth-

Heinemann，1999.

[40] 朱光亚，等.建筑遗产保护学 [M].南京：东南大学出版社，2019.

[41] 单霁翔.20 世纪遗产保护的实践与探索 [J].城市规划，2008（6）：11-32，43.

[42] 蒋楠，王建国.近现代建筑遗产保护与再利用综合评价 [M].南京：东南大学出版社，2016.

[43] 张松.20 世纪遗产与晚近建筑的保护 [J].建筑学报，2008（12）：6-9.

[44] 汤丁峰.优秀近现代建筑认定标准研究 [D].广州：华南理工大学，2012.

[45] 蒋楠，王建国.基于全程评价的近现代建筑遗产登录制度探索 [J].新建筑，2017（6）：98-102.

[46] 黄琪.上海近代工业建筑保护和再利用 [D].上海：同济大学，2008.

[47] BERNARD M.Feilden.Conservation of Historic Buildings[M]，Architectural Press，1994.

[48] NIJKAMP P.Quantity and Quality Evaluation Indicators for Our Cultural-Architectural Heritage[D].VU University Amsterdam Faculty of Economics，Business Administration and Econometrics，1989.

[49] EBERHARDT S，POSPISIL M.E-P Heritage Value Assessment Method Proposed Methodology for Assessing Heritage Value of Load-Bearing Structures [J].International Journal of Architectural Heritage，2021：1-21.

[50] MORENO M，PRIETO A J，ORTIZ R，et al.Preventive Conservation and Restoration Monitoring of Heritage Buildings Based on Fuzzy Logic [J].International Journal of Architectural Heritage，2022：1-18.

[51] VARDOPOULOS I.Critical sustainable development factors in the adaptive reuse of urban industrial buildings.A fuzzy DEMATEL approach [J].Sustainable Cities and Society，2019，50.

[52] İPEKOĞLU B.An architectural evaluation method for conservation of traditional dwellings[J]. Building and Environment，2006，41（3）：386-394.

[53] 刘孟涵.北京 20 世纪近现代建筑遗产健康诊断评价体系及保护策略研究 [D].北京：北京工业大学，2016.

[54] 宋刚，杨昌鸣.近现代建筑遗产价值评估体系再研究 [J].建筑学报，2013（S2）：198-201.

[55] 闫觅，青木信夫，徐苏斌.基于价值评价方法对天津碱厂进行工业遗产的分级保护 [J].工业建筑，2015，45（5）：34-37.

[56] 丁倩，尚涛，刘天桢.历史建筑价值评估的汇总模型 [J].华中建筑，2012，30（12）：131-133.

[57] PFLEEGOR A G，SEIFRIED C S，SOEBBING B P.The moral obligation to preserve heritage through sport and recreation facilities [J].Sport Management Review，2021，16（3）：378-87.

[58] ROBLES，L-G.A methodological approach toward conservation.Conservation and Management of Architectural Sites[J]，2010，12，146-169.

[59] KIURI M，TELLER J.Olympic Stadiums and Cultural Heritage：On the Nature and Status of Heritage Values in Large Sport Facilities [J].The International Journal of the History of

Sport，2015，32（5）：684-707.

[60] LEVENTAL O.Built heritage or lost nostalgia：Israeli fans and the conservation of sports venues [J].Israel Affairs，2020，26（4）：573-88.

[61] THE ODORE H M PRUDON. 现代建筑保护 [M]. 永昕群，崔屏，译. 北京：电子工业出版社，2015.

[62] KUIPERS M，DE JONGE W.Designing from Heritage：Strategies for Conservation and Conversion[Z].Delft：Rondeltappe，2017.

[63] DAVIS J.Avoiding white elephants? The planning and design of London's 2012 Olympic and Paralympic venues，2002-2018[J].PLANNING PERSPECTIVES，2020，35（5）：827-848.

[64] JULIET DAVIS，ANDY THORNLEY.Urban regeneration for the London 2012 Olympics：Issues of land acquisition and legacy[J].City，Culture and Society，2010，1（2）：89-98.

[65] 喻汝青，钱锋. 上海近代体育建筑发展脉络及保护改造 [J]. 新建筑，2018（3）：112-117.

[66] 刘洋. 体育建筑的改扩建研究 [D]. 上海：同济大学，2011.

[67] 陈凌. 上海江湾体育场文物建筑保护与修缮工程 [J]. 时代建筑，2006（2）：76-81.

[68] 刘芳，田庆平，何本贵. 清华大学西体育馆的保护修缮技术 [J]. 工业建筑，2011，41（12）：130-136.

[69] 陈海峰，梁凯庆."原真性"的"原"与"真"之辩证关系探讨：以原国立中山大学旧体育馆保护修缮为例 [J]. 华中建筑，2018，36（2）：26-29.

[70] 陆诗亮，于博，郭旗. 增量走向存量？：新常态下体育场建筑更新改造趋势研究 [J]. 建筑与文化，2016（6）：187-189.

[71] 钱锋，赵诗佳. 上海体育建筑改造的几点思考 [J]. 城市建筑，2015（25）：17-20.

[72] WATT，D.Building pathology：principles and practice[M].2nd ed. Oxford：Blackwell Publishing，2017.

[73] 淳庆. 典型建筑遗产保护技术 [M]. 南京：东南大学出版社，2015.

[74] 张帆. 近代历史建筑保护修复技术与评价研究 [D]. 天津：天津大学，2010.

[75] 成帅. 近代历史性建筑维护与维修的技术支撑 [D]. 天津：天津大学，2010.

[76] 张爱莉. 基于价值评估的建筑遗产室内装修适宜性修复技术研究 [D]. 北京：北京工业大学，2016.

[77] THOMPSON P D，TOLLOCZKO J J A，CLARKE J N.Stadia，arenas and grandstands：design，construction and operation：proceedings of the First International Conference "Stadia 2000" [M].London：E & FN Spon，1998.

[78] PASCOE J，CULLEY P.Sports facilities and technologies[M].New York：Routledge，2009.

[79] 顾平. 上海体育建筑保护修缮节能技术 [J]. 住宅与房地产，2017（12）：79，117.

[80] 史铁花，唐曹明，肖青. 体育场馆抗震加固及改造方法的研究 [J]. 建筑科学，2005，21（3）：29-33.

[81] 邢赫. 全民健身背景下的大众体育场馆可持续性设计研究 [D]. 天津：天津大学，2017.

[82] 刘洋. 体育建筑的节能改造 [J]. 建筑节能，2011，39（5）：65-67.

[83] 孙一民，黄祖坚，易照墨. 体育建筑使用后评估：广州亚运柔道、摔跤馆使用后评估研究 [J]. 时代建筑，2019（4）：56-61.

[84] 杨尧，黄龙体育中心使用后评价研究：以杭州城北体育公园为例 [J]. 建筑与文化，2016（3）：210-212.

[85] 徐伟伟. 体育公园使用后评估研究初探 [D]. 杭州：浙江大学，2016.

[86] 中国人民革命军事委员会. 中国人民解放军布告 [Z].1949-04-25.

[87] CLAVIR M.Preserving What Is Valued：Museums Conservation and First Nations[M]. Vancouver：UBC Press; 2002.

[88] RUSKIN J.The Seven Lamps of Architecture[M].London：Electric Book，1998.

[89] FROMENT，DIANA.The Code of Ethics for Museum[C].Paris：ICOM in association with the J.Paul Getty Trust，1984.

[90] COSGROVE DE.Geography and Vision：Seeing Imagining and Representing the World[M]. London New York：I.B.Tauris，2008.

[91] PERSSON，INGMAR."INTRODUCTION：SUBJECTIVISM AND OBJECTIVISM"，The Retreat of Reason：A dilemma in the philosophy of life[M].Oxford，2005.

[92] 奥斯曼，弗朗索瓦茨·舒艾，文森特 - 圣玛丽·戈蒂耶. 奥斯曼，巴黎的守护者 [M]. 陈晓琳，译. 北京：商务印书馆，2020.

[93] 刘易斯·芒福德. 城市发展史：起源、演变和前景 [M]. 宋俊岭，倪文彦，译. 北京：中国建筑工业出版社，2005.

[94] HUMPHREY，JOHN H.Roman Circuses：Arenas for Chariot Racing[M].California：University of California Press，1986.

[95] 中国国家文物局. 国际文化遗产保护文件选编 [M]. 北京：文物出版社，2007.

[96] 国际古迹遗址理事会中国国家委员会. 中国文物古迹保护准则（2015 版）[M]. 北京：文物出版社，2015.

[97] 张复合，中国近代建筑研究与保护（二）[M]. 北京：清华大学出版社，2001.

[98] O. 普鲁金. 建筑与历史环境 [M]. 韩林飞，译. 北京：社会科学文献出版社，1997.

[99] 陆地. 建筑遗产保护、修复与康复性再生导论 [M]. 武汉：武汉大学出版社，2019.

[100] LIPE，WILLIAM D.Value and Meaning in Cultural Resources[M]/CLEERE，HENRY. Approaches to the Archaeological Heritage，Cambridge.England：Cambridge University Press，1984.

[101] DALKEY N，HELMER O.An experimental application of the Delphi method to the use of experts[J].Manage Science，1963，9：458–467.

[102] JOSHI A，KALE S，CHANDEL S，et al.Likert scale：Explored and explained[J].British journal of applied science & technology，2015，7（4）：396.

[103] R W SAATY.The analytic hierarchy process：what it is and how it is used[J].Mathematical Modelling，1987，9（3/4/5）：161-176.

[104] GABUS A，FONTELA E.Perceptions of the world problematique：results of a pilot survey[M].Gen×eve：Battelle，1975.

[105] ZADEH L A.Fuzzy sets [M].New York and London：Academic Press，1965.

[106] SILVA A，DE BRITO J，GASPAR P L.Methodologies for Service Life Prediction of Buildings With a Focus on Faccade Claddings [M].Cham：Springer International

Publishing，2016.

[107] 汪培庄 . 模糊集合论及其应用 [M]. 上海：上海科学技术出版社，1983.

[108] 中华人民共和国住房和城乡建设部办公厅 . 关于进一步加强历史文化街区和历史建筑保护工作的通知 [EB/OL].（2021.01.18）[2022.02.10].http ://www.scio.gov.cn/xwfbh/xwbfbh/wqfbh/44687/46752/xgzc46758/Document/1712011/1712011.htm.

[109] GAMMON S，RAMSHAW G，WATERTON，E.Examining the Olympics：Heritage，Identity and Performance[J].International Journal of Heritage Studies，2013，19（2）：120.

[110] 杜鹏 . 建筑符号的意义层次分节 [J]. 新建筑，2003（1）：73-75.

[111] 理查德•韦斯顿 . 材料、形式和建筑 [M]. 北京：中国水利水电出版社，2005.

[112] 刘伟 . 体育建筑的材料运用研究 [D]. 上海：同济大学，2013.

[113] 陈镌，莫天伟 . 建筑细部设计 [M]. 上海：同济大学出版社，2002.

[114] 上海市地方志办公室 . 上海测绘志 [DB/OL].（2003-02-25）[2022-01-20]. http ://61.129.65.112/dfz_web/DFZ/Info?idnode=58074&tableName=userobject1a&id=45790.

[115] 王复旦 . 运动场建筑法 [M]. 上海：勤奋书局，1931.

[116] TARTAN.Tartan History[EB/OL].（2007-01-01）[2019-10-20].http ://www.tartan-aps.com/history.php.

[117] HALBWACHS M COSER LA.On Collective Memory[M].Chicago：University of Chicago Press，1992.

[118] Assmann J. Das Kulturelle Gedächtnis: Schrift Erinnerung Und Politische Identität in Frühen Hochkulturen[M]. Munich: Verlag C.H. Beck, 2017.

[119] SENGUPTA I，SCHULZE H.Memory History and Colonialism：Engaging with Pierre Nora in Colonial and Postcolonial Contexts[M].London：German Historical Institute London，2009.

[120] Gemma Abercrombie, Repositories of Memory, in Sustaining Memory: Sporting Heritage[J]. Conservation Bulletin, 2012, 68(2): 2-3.

[121] KAY D.Weeks.Secretary of the Interior's Standards for the Treatment of Historic Properties with Guidelines for Preserviing，Rehabilitating，Restoring，and Reconstructing Historic Buildings[EB/OL].（1995-12-01）[2022-01-24].http ://core.tdar.org/document/338011/secretary of the interiors standards for treatment of historic properties with guide lines for preserving rehabilitating restoring and reconstructing.

[122] 常青 . 建筑遗产的生存策略：保护与利用设计实验 [M]. 上海：同济大学出版社，2003.

[123] 陈志华 . 威尼斯宪章 . 保护文物建筑及历史地段的国际宪章 [J]. 世界建筑，1986，3：13-14.

[124] 冷天 . 历史的当下：遗产保护实践下近代史研究反思 [J]. 建筑师，2020（1）：134-140.

[125] 乔治•麦克林 . 传统与超越 [M] 甘春松，杨风岗，译 . 北京：华夏出版社，1999，12.

[126] 熊明 . 工体、首体设计师回顾两处地标性建筑建造经过及设计构思 [EB/OL].（2008-01-16）[2020-09-01].https ://www.tsinghua.org.cn/info/1014/8799.htm.

[127] 韩江，黄莹，张涛，等 . 国家奥体中心综合体育馆改扩建 [J]. 建筑创作，2009（5）：60-63.

[128] 同济大学建筑设计研究院（集团）有限公司原作设计工作室 . 上海划船俱乐部及周边公共

空间更新 [J]. 建筑实践，2021（10）：106-111.

[129] 王绪男，郭璐炜，章明 . 通透的 "完型"：历史回溯性和景观一体化设计的上海划船俱乐部泳池棚架、灯阵广场及周边公共空间设计 [J]. 建筑实践，2021（10）：112-119.

[130] 覃阳，刘立杰，高鹏飞，等 . 国家奥林匹克体育中心体育场改扩建工程结构设计 [J]. 建筑结构，2008（1）：37-42.

[131] 张向东，肖胜利，夏琪，等 . 武汉大学近现代文物保护建筑修缮加固技术 [J]. 施工技术，2012，41（21）：82-84.

[132] 吴杰 . 武汉大学近代历史建筑营造及修复技术研究 [D]. 武汉：武汉理工大学，2012.

[133] 童乔慧，徐盼 . 基于 BIM 的历史建筑保护：以武汉大学宋卿体育馆为例 [J]. 华中建筑，2022，40（2）：48-52.

[134] 杨学林，周平槐，李晓良，等 . 杭州亚运会拳击场馆杭州体育馆屋盖单层索网结构提升改造分析与设计 [J]. 建筑结构，2022，52（15）：98-104.

[135] 胡暐昱 . 优秀历史建筑改扩建研究：以上海美术馆大楼改扩建工程为例：2013 年既有建筑功能提升工程技术交流会 [C]. 中国上海，2013.

[136] 刘敏，张克，朱佳桦，等 . 基于 SD 法的地下城市链接空间后评估研究：以上海五角场为例 [J]. 新建筑，2019（6）：15-20.

[137] 雷姆 • 库哈斯 . 癫狂的纽约：给曼哈顿补写的宣言 [M]. 唐克扬，译 . 北京：生活 • 读书 • 新知三联书店，2015.

[138] 闫怡然，李和平 . 传统风貌区的价值评价与规划策略：以重庆大田湾传统风貌区为例 [J]. 规划师，2018，34（2）：73-80.

[139] 张家臣，张连生 . 适应城市发展，不断升华老建筑价值 [C]/ 天津市人民体育馆改造 . 中国建筑学会 2005 年体育建筑分会年会，2005.

[140] 倪阳，方舟 . 从身入世的体验：知觉现象学的建筑性思考 [J]. 华中建筑，2022，40（3）：6-11.

[141] 唐纳德 •A. 诺曼 . 设计心理学 [M]. 何笑梅，欧秋杏，译 . 北京：中信出版集团股份有限公司，2015.

[142] MASLOW A.Motivation and personality[M].New York：Harper&Brothers，1954.

[143] 约瑟夫 • 派恩二世，詹姆斯 • 吉尔摩 . 体验经济 [M]. 夏业良，鲁炜，译 .2 版 . 北京：机械工业出版社，2008.

[144] 张颖异 . 广州市天河体育中心地区的城市形态研究 [D]. 广州：华南理工大学，2011.

[145] 北京市住房和城乡建设委员会 . 房屋结构综合安全性鉴定标准 [Z]. http：//zjw.beijing.gov.cn/Portals/0/files/kjyczjsc.

[146] 盛平，张龑华，甄伟，等 . 北京工人体育场结构改造设计方案及关键技术 [J]. 建筑结构，2021，51（19）：1-6.

[147] 盛平，柯长华，徐福江，等 . 北京工人体育馆抗震加固 [J]. 建筑结构，2008（1）：50-53.

[148] 康雪薇 . 综合体育场馆改建方舱医院功能置换与流线组织研究：以武昌方舱和大花山方舱为例 [J]. 华中建筑，2022，40（6）：69-75.

[149] 王毅 . 建筑的再利用 [J]. 世界建筑，1998，1：22-24.

[150] 王健，陈元欣 . 大型体育场馆运营：理论与实务 [M]. 北京：北京体育大学出版社，2012.

[151] 邵韦平，陈晓民 . 冬奥北京赛区场馆改造与建设的科技创新 [J]. 世界建筑，2022（6）：22-31.

[152] 盛平，柯长华，徐福江，等 . 北京工人体育馆抗震加固 [J]. 建筑结构，2008（1）：50-53.

[153] THE FÉDÉRATION INTERNATIONALE DE FOOTBALL ASSOCIATION.FIFA Stadium and Safety and Security Regulations[EB/OL].（2011-01-01）[2022-02-23].https：// digitalhub.fifa.com/m/682f5864d03a756b/original/xycg4m3h1r1zudk7rnkb-pdf.

[154] THE UNION OF EUROPEAN FOOTBALL ASSOCIATIONS.UEFA Safety and Security Regulations [EB/OL].（2019-06-15）[2022-02-23].https：//documents.uefa.com/r/ UPE0QDp~FJso7vSx8slqLQ/root.

[155] 康雪薇 . 综合体育场馆改建方舱医院功能置换与流线组织研究：以武昌方舱和大花山方舱为例 [J]. 华中建筑，2022，40（6）：69-75.

[156] 王毅 . 建筑的再利用 [J]. 世界建筑，1998，1：22-24.

[157] 王健，陈元欣 . 大型体育场馆运营：理论与实务 [M]. 北京：北京体育大学出版社，2012.

[158] 邵韦平，陈晓民 . 冬奥北京赛区场馆改造与建设的科技创新 [J]. 世界建筑，2022（6）：22-31.